全国高职高专医药院校“十三五”规划教材

数字案例版

▶ 供护理、助产、临床医学、药学、医学检验技术、
康复治疗技术、医学影像技术等专业使用

生物化学

（数字案例版）

主　编　武红霞　卢秀真　雷　湘

主　审　刘培茹

副主编　江伟敏　李敏艳　魏菊香

编　者　(以姓氏笔画为序)

王双冉　上海济光职业技术学院

卢秀真　镇江高等专科学校

代传艳　贵州工程职业学院

江伟敏　阜阳职业技术学院

刘培茹　聊城市东昌府人民医院

李敏艳　汉中职业技术学院

张　佳　湖北三峡职业技术学院

武红霞　聊城职业技术学院

赵永琴　山西同文职业技术学院

雷　湘　武汉铁路职业技术学院

廖小立　湖南交通工程学院

魏菊香　湖南交通工程学院

華中科技大學出版社

http://www.hustp.com

中国·武汉

内容提要

本书是全国高职高专医药院校“十三五”规划教材(数字案例版)。全书理论部分共分十三章,内容包括绪论,蛋白质的结构与功能,核酸的结构与功能,维生素,酶,生物氧化,糖代谢,脂类代谢,氨基酸代谢,核苷酸代谢,肝的生物化学,水、无机盐代谢及酸碱平衡,遗传信息的传递与表达。理论部分后附有实验指导,共有六个实验,理论联系实际,具有指导意义。

本书根据最新教学改革的要求和理念,结合我国高等职业教育发展的特点,按照相关教学大纲的要求编写而成,内容系统、全面,详略得当。本书以二维码的形式增加了网络增值服务,内容包括教学ppt、具体任务分析答案、直通护考答案,提高了学生学习的趣味性。

本书适用性、实用性、可读性强,主要适合于护理、临床医学、药学、医学检验技术、康复治疗技术、医学影像技术、助产等专业学生使用。

图书在版编目(CIP)数据

生物化学:数字案例版/武红霞,卢秀真,雷湘主编. —武汉:华中科技大学出版社,2020.1(2024.1 重印)
全国高职高专医药院校“十三五”规划教材:数字案例版
ISBN 978-7-5680-5830-8

Ⅰ. ①生… Ⅱ. ①武… ②卢… ③雷… Ⅲ. ①生物化学-高等职业教育-教材 Ⅳ. ①Q5

中国版本图书馆 CIP 数据核字(2019)第 290527 号

生物化学(数字案例版) 武红霞 卢秀真 雷 湘 主编
Shengwu Huaxue(Shuzi Anliban)

策划编辑:史燕丽
责任编辑:李 佩
封面设计:原色设计
责任校对:阮 敏
责任监印:周治超
出版发行:华中科技大学出版社(中国·武汉) 电话:(027)81321913
武汉市东湖新技术开发区华工科技园 邮编:430223
录 排:华中科技大学惠友文印中心
印 刷:武汉市籍缘印刷厂
开 本:880mm×1230mm 1/16
印 张:12 插页:1
字 数:290 千字
版 次:2024 年 1 月第 1 版第 4 次印刷
定 价:48.00 元

网络增值服务使用说明

欢迎使用华中科技大学出版社医学资源服务网yixue.hustp.com

1.教师使用流程

（1）登录网址：http://yixue.hustp.com（注册时请选择教师用户）

注册 → 登录 → 完善个人信息 → 等待审核

（2）审核通过后，您可以在网站使用以下功能：

2.学员使用流程

建议学员在PC端完成注册、登录、完善个人信息的操作。

（1）PC端学员操作步骤

①登录网址：http://yixue.hustp.com（注册时请选择普通用户）

注册 → 登录 → 完善个人信息

② 查看课程资源

如有学习码，请在个人中心-学习码验证中先验证，再进行操作。

（2）手机端扫码操作步骤

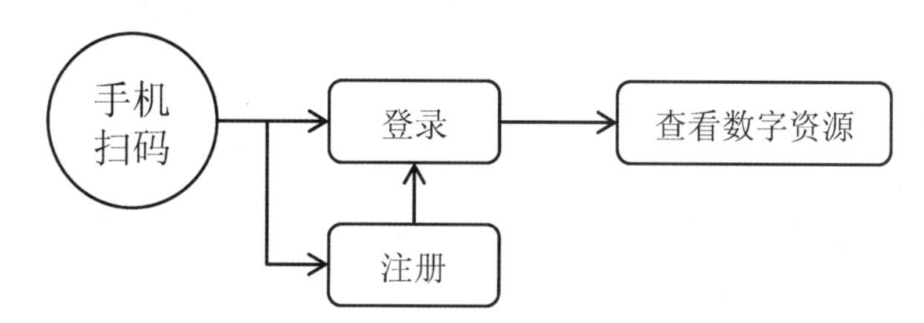

Preface 前言

生物化学是医药院校学生必修的基础医学课程，与其他医学基础学科和临床课程有着广泛的交叉与联系。生物化学的基本知识和技能为在分子水平探讨疾病发生机理、诊断、预防、治疗奠定了理论基础。学生掌握生物化学的知识，为学习医药专业的其他基础课程和临床课程奠定基础。

本教材是全国高职高专医药院校"十三五"规划教材（数字案例版），是按照全国高等职业教育的要求，以护理工作岗位的胜任能力为核心，参考国家护士执业资格考试内容的要求，根据高职高专学生的认知特点编写的符合高职教育的数字案例版教材。本教材适用性、实用性、可读性强，主要适合于高职高专医药院校护理、临床医学、药学、医学检验技术、康复治疗技术、医学影像技术、助产等专业学生使用。

本教材在编写过程中，力求定位准确，符合高职高专教育特点与规律，以理论知识必需、够用为原则，教学内容的选择与组织紧贴护理工作岗位需要，为后续临床课程服务。在教材的编写形式上，除绪论外，每章都设有"案例导入""知识链接""直通护考"。案例设有具体任务，引导学生进入课程。知识链接增加教材的知识性、趣味性、可读性。直通护考题目的设计以国家护士执业资格考试题型为依据，满足学生在学完每一章节后进行自我检测。

本教材理论部分共十三章，内容包括绪论，蛋白质的结构与功能，核酸的结构与功能，维生素，酶，生物氧化，糖代谢，脂类代谢，氨基酸代谢，核苷酸代谢，肝的生物化学，水、无机盐代谢及酸碱平衡，遗传信息的传递与表达。理论部分后附有实验指导，共有六个实验，包括血清蛋白质醋酸纤维薄膜电泳、酶的特异性、影响酶促反应速度的因素、血糖含量的测定、肝中酮体的生成、血清丙氨酸氨基转移酶（ALT）测定——改良赖氏法等。在教学过程中，各学校可根据现有的教学条件和具体学时对教材内容做适当调整。

本教材由10所院校的具有丰富教学经验的11位老师编写而成，其中武红霞老师编写第1章，赵永琴老师编写第2章，李敏艳老师编写第3章和第6章，魏菊香老师编写第4章和第10章，卢秀真老师编写第5章，雷湘老师编写第7章，张佳老师编写第8章，代传艳老师编写第9章，王双冉老师编写第11章，江伟敏老师编写第12章，廖小立老师编写第13章，部分老师还参与了实验指导的编写，刘培茹老师作为行业专家，对本教材进行主审。本教材在编写过程中得到了各位参编老师所在学校领导和华中科技大学出版社的大力支持，在此表示衷心感谢！

由于编者水平有限，书中难免存在不妥和错误之处，敬请广大师生批评指正。

编者

目　录

MULU

第一章　绪论

第二章　蛋白质的结构与功能

第三章　核酸的结构与功能

第四章　维生素

第五章　酶

第六章 生物氧化

第七章 糖代谢

第八章 脂类代谢

第九章 氨基酸代谢

第十章 核苷酸代谢

第十一章 肝的生物化学

第一章　绪　　论

能力目标

1. 掌握：生物化学的概念。
2. 熟悉：生物化学的研究内容。
3. 了解：生物化学的发展史，生物化学和医学的关系。

生物化学是用化学的基本理论和基本方法研究生命现象、探索生命奥秘的一门基础理论学科，其任务主要是了解生命的物质组成、组成生命的物质的结构及代谢过程中发生各种化学变化。根据研究对象的不同，生物化学可分为人体生物化学、植物生物化学、微生物生物化学等。现今生物化学与其他学科融合产生了一些边缘学科如生化药理学、生化生态学等。这些边缘学科与医学领域中的众多学科有着广泛的交叉与联系，它们的理论和技术已涉及基础医学及临床医学的各个学科，是现代医学发展的重要支柱，也是医学实践和医学研究的重要理论基础和技术手段。

第一节　生物化学的发展简史

“生物化学”(biochemistry)一词在 1882 年就已经有人使用，但直到 1903 年，德国化学家 Carl Neuberg 使用后，“生物化学”这一词汇才被广泛接受。生物化学的发展大体经历了三个阶段。

一、静态生物化学阶段

19 世纪末到 20 世纪 30 年代，主要研究生命的化学组成，是静态地描述生命物质组成的阶段，该时期发现生命主要由糖、脂、蛋白质和核酸组成，并对组成生命的成分进行分离、纯化、结构测定、合成及理化性质的研究。这一阶段的主要成果如下。

(1) 1911 年，Funk 结晶出治疗“脚气病”的复合维生素 B，与此同时，肾上腺素、胰岛素等激素也在这一时期发现。

(2) 1926 年，Sumner 从半刀豆中制得脲酶结晶，并证明它的化学本质是蛋白质，为酶是蛋白质这一概念的提出奠定基础。

(3) 1929 年，德国化学家 Fischer Hans 发现了血红素是血红蛋白的一部分，但不属于氨基酸，进一步确定了分子中的每一个原子，获 1930 年诺贝尔化学奖。

Note

二、动态生物化学阶段

20 世纪 30 年代到 50 年代，主要研究生命体内物质的代谢途径，是动态地描述生命体内物质化学变化的阶段，该时期确定了生物体内主要物质的代谢途径，如糖酵解途径、脂肪酸的 β-氧化、尿素的合成以及三羧酸循环等。这一阶段的主要成果如下。

(1) 1932 年，英国科学家 Krebs 证实了尿素合成反应，提出了鸟氨酸循环，并进一步对生物体内物质氧化过程进行研究，并于 1937 年提出了物质代谢的中心环节——三羧酸循环的基本代谢途径。

(2) 1940 年，德国科学家 Embden 和 Meyerhof 提出了糖酵解代谢途径。

(3) 1949 年，E. Kennedy 等证明 F. Knoop 提出的脂肪酸 β-氧化过程是在线粒体中进行的，并提出氧化的产物是乙酰 CoA。

三、现代生物化学阶段

20 世纪 50 年代以 DNA 双螺旋结构的提出为标志，主要研究各种生物大分子物质的结构及其功能的关系，生物化学在这一阶段的发展，以及物理学、微生物学、遗传学、细胞学等其他学科的渗透，产生了分子生物学，并成为生物化学的主体。这一阶段的主要成果如下。

(1) 1953 年，Watson 和 Crick 推导出 DNA 分子的双螺旋结构模型，并于 1962 年获诺贝尔生理学或医学奖。

(2) 1958 年，F. Crick 提出分子遗传的中心法则。

(3) 1961 年，Jacob 和 Monod 提出了操纵子学说。

(4) 1972 年，Berg 和 Boyer 等创建了 DNA 重组技术。

(5) 1977 年，Berget 等发现了“断裂”基因，并于 1993 年获诺贝尔生理学或医学奖。

(6) 1985 年，美国科学家 R. Sinsheimer 首次提出“人类基因组计划”，2003 年 4 月 14 日，美、中、日、德、法、英 6 国科学家宣布人类基因组图绘制成功，已完成序列图覆盖人类基因组所含基因的 99%。

知识链接

我国生物化学研究的主要成果

1. 中国生物化学家吴宪（1893—1959 年）在 1931 年提出了蛋白质变性的概念。

2. 1965 年，王应睐和邹承鲁等人工合成具有生物活性的蛋白质——结晶牛胰岛素。

3. 1979 年，洪国藩创造了测定 DNA 序列的直读法。

第二节　生物化学研究的主要内容

生物化学的研究范围很广，当代生物化学的研究主要集中在以下几个方面。

一、生命的物质组成

生命的基本特征之一是由化学元素构成的，除了水和无机盐之外，活细胞的有机物主要由碳、氢、氧、氮、磷、硫等元素组成，并且组成生物体的每一种物质在生物体内都有一定的比例和含量，其比例如下：水(55%～67%)、无机盐(3%～4%)、糖类(1%～2%)、脂类(10%～15%)、蛋白质(15%～18%)，另外生物体内还存在生物活性的小分子物质，如维生素、氨基酸、单糖等。在这些物质中，糖类、蛋白质、脂类因为可以在代谢过程中释放能量供生物体进行生命活动需要被称为三大营养素。生物化学研究生命体中这些物质的元素组成，为进一步解释这些物质的结构、功能、代谢打下基础。

在生物化学发展初期就对生物体组成进行了研究，但直到今天，新物质仍不断被发现。如陆续发现的干扰素、环核苷一磷酸、钙调蛋白、黏连蛋白、外源凝集素等，已成为现代生物化学重要的研究内容。

二、生物分子的结构与功能

结构是功能的基础，生物大分子多种多样的功能与它们特定的结构有密切关系。核酸、蛋白质、多糖等是体内重要的大分子物质，它们都是由各自组成单位构成的多聚体。蛋白质主要具有运输、储存、机械支持、运动、免疫防护、接受和传递信息、调节代谢和基因表达等功能，其分子结构分为4个层次，由于结构分析技术的进展，人们能在分子水平上深入研究它的各种功能。如镰状细胞贫血是蛋白质一级结构中起关键作用的氨基酸残基缺失或被替代，影响空间结构和生理功能的结果。

三、物质代谢及其调节

【护考提示】

生命体不同于非生命体的基本特征。

生命体不同于非生命体的基本特征是新陈代谢，新陈代谢由合成代谢和分解代谢组成。前者是生物体从外界环境中获取食物，转化为体内新的物质的过程，也叫同化作用；后者是生物体内的原有物质分解代谢转化为环境中的物质的过程，也叫异化作用。物质代谢就是研究同化作用、异化作用过程中的物质变化及调节的途径。新陈代谢是在生物体的调节控制下有条不紊地进行的。这种调控有三种途径：一是通过代谢物的诱导或阻遏作用控制酶的合成进行调控，二是通过激素与靶细胞的作用引发一系列生化过程调节，三是效应物通过变构效应直接影响酶的活性实现调节，生物体内绝大多数调节过程是通过变构效应实现的。

四、遗传信息的传递与调控

生命体不同于非生命体的另一突出特点是具有繁殖能力及遗传特性。基因是具有一定功能的DNA片段，是遗传的物质基础。遗传信息传递涉及生、老、病、死整个生命周期，与糖尿病、恶性肿瘤、心血管病等多种疾病的发病机制有关。因此，遗传信息的研究在生命科学中尤为重要。DNA分子测序工作的完成，表明人们不但能在分子水平上研究遗传，而且还有可能改变遗传，控制遗传，这不但能解除人们一些疾患，而且还可以改良动、植物的品种，甚至还可能使一些生物，尤其是微生物，更好地为人类服务。

第三节　生物化学与医学的关系

生物化学是当今生命科学领域的前沿学科，它的发展对于整个生命科学的研究起着巨大的推动作用。生物化学与医学的发展关系密切，已渗透到医学科学的各个领域。在临床诊断治疗方面，对一些常见病的生化问题进行研究，有助于对常见病进行预防、诊断和治疗，如血清中肌酸激酶同工酶谱的测定用于诊断冠心病、转氨酶用于肝病诊断、淀粉酶用于胰腺炎诊断等。在制药方面，根据酶的竞争性抑制原理用磺胺类药物治疗细菌性感染疾病，许多属于抗代谢物的抗癌药物，如甲氨蝶呤、5-氟尿嘧啶、6-巯基嘌呤等用于治疗肿瘤。生物化学的理论和方法与临床实践的结合，还产生了医学生物化学的新领域，如：研究生理功能失调与代谢紊乱的病理生物化学，以酶的活性、激素的作用与代谢途径为中心的生化药理学，与器官移植和疫苗研制有关的免疫生化等。

因此，学习和掌握生物化学的基本理论、基本知识、基本技能，一方面可以深入理解生命现象和疾病本质，为进一步学习其他医学基础课程和临床医学课程打下基础，另一方面，生物化学已成为生命科学和医学领域的工具学科，是当代医护专业工作人员的必备知识和职业发展基础。

直通护考
答案

A_1 型题

1. 生命体不同于非生命体的基本特征是(　　)。

A. 新陈代谢　B. 遗传　C. 繁殖　D. 呼吸　E. 消化

2. 生物化学的研究内容不包括(　　)。

A. 生命的物质组成　B. 基因信息的传递与调控

C. 物质代谢及其调节　D. 生物分子的结构与功能

E. 肝的形态结构

（武红霞）

Note

第二章　蛋白质的结构与功能

扫码看课件

能力目标

1. 掌握：蛋白质的元素组成及基本组成单位，蛋白质各级结构的概念及维系结构稳定的主要化学键，蛋白质结构与功能的关系。

2. 熟悉：肽键，蛋白质的主要理化性质。

3. 了解：蛋白质的分类。

4. 学会运用蛋白质的理化性质进行实际应用，解释临床工作及实际生活中的相关问题与现象。

5. 培养学生具有诚实守信、尊重生命、严谨认真的职业道德与职业素质。

蛋白质(protein)是组成生命的基本成分之一，是由氨基酸通过肽键构成的具有特定空间结构的一类含氮化合物，也是生物体中含量最多的生物大分子。生物体结构越复杂，其所含蛋白质的种类越多，功能也越强大。人体内蛋白质达10万多种，约占细胞干重的45%，几乎分布于所有的组织器官中。蛋白质是生命活动的主要承担者，也是生命的物质基础。酶的催化作用、物质的运输、代谢调节、肌肉收缩、免疫防御等都与蛋白质有关。

第一节　蛋白质的分子组成

一、蛋白质的元素组成

蛋白质的种类繁多，元素分析结果表明，组成蛋白质的基本元素主要是碳、氢、氧、氮四种，大多数蛋白质含有硫，此外，有些蛋白质还含有少量磷或金属元素铁、锌、铜、锰、钴、钼，个别蛋白质还含有碘。

【护考提示】
100 g生物样品中蛋白质的质量(g)的计算方法。

氮元素是蛋白质的特征元素，各种蛋白质的含氮量十分接近且恒定，平均为16%，即每克蛋白氮相当于6.25 g蛋白质。因为在生物组织中，蛋白质是主要的含氮物质，因此，只要测定生物样品中的含氮量，就可以推算出样品中蛋白质的大致含量。在食品营养成分分析中，蛋白质含量习惯上以每100 g样品中蛋白质的质量(g)来表示。

100 g样品中蛋白质的质量(g)＝每克样品中含氮克数(g)×6.25×100

案例导入 2-1

案例导入分析

2008 年，震惊全国的婴幼儿奶粉事件的发生，其罪魁祸首是乳品企业生产的婴幼儿配方奶粉中被有意加入三聚氰胺。三聚氰胺是一种重要的化工原料，有一定的毒性，不能作为食品添加剂。儿童食用这样的“问题奶粉”会导致肾结石，甚至有的危及生命。

具体任务：

试分析乳品企业为什么要在奶粉中添加三聚氰胺？

二、蛋白质的基本组成单位——氨基酸

蛋白质是有机高分子化合物，与酸、碱或蛋白水解酶作用后，彻底水解为氨基酸(amino acid，AA)，所以说氨基酸是组成蛋白质的基本单位。

(一) 氨基酸的结构特点

存在于自然界中的氨基酸有 300 多种，但构成人体蛋白质的氨基酸只有 20 种，它们具有共同的结构通式：

$$\begin{array}{c} \text{H} \\ | \\ \text{R—C—COOH} \\ | \\ \text{NH}_2 \end{array}$$

结构式中与羧基(—COOH)相连的碳原子称为 α-碳原子，α-碳原子还连接着一个氨基($—NH_2$)、一个氢原子(—H)和一个 R 基团。R 基团代表氨基酸侧链，R 不同则氨基酸不同。

组成人体蛋白质的 20 种氨基酸除脯氨酸(α-亚氨基酸)外，其余结构均为 α-氨基酸。除了 R 基团为氢原子的甘氨酸外，其他氨基酸中的 α-碳原子相连的四个原子或基团各不相同，所以 α-碳原子是不对称碳原子，因而具有旋光异构现象，有 D 构型和 L 构型两种。组成人体蛋白质的氨基酸(除甘氨酸外)都为 L-α-氨基酸。

(二) 氨基酸的分类

氨基酸的不同主要体现在其侧链基团 R 的不同，根据 R 侧链基团的结构和理化性质，可将 20 种氨基酸分为非极性疏水性氨基酸、极性中性氨基酸、酸性氨基酸、碱性氨基酸四种(表 2-1)。

1. 非极性疏水性氨基酸 8 种，包括丙氨酸、亮氨酸、异亮氨酸、缬氨酸、脯氨酸、苯丙氨酸、蛋(甲硫)氨酸、色氨酸。

2. 极性中性氨基酸 7 种，包括甘氨酸、丝氨酸、谷氨酰胺、苏氨酸、半胱氨酸、天冬酰胺、酪氨酸。

3. 酸性氨基酸 2 种，包括天冬氨酸和谷氨酸。

4. 碱性氨基酸 3 种，包括赖氨酸、精氨酸和组氨酸。

表 2-1　氨基酸的分类

名称	中文缩写	英文缩写		结构式
非极性疏水性氨基酸				
丙氨酸	丙	Ala	A	$H_3C-CH(NH_2)-COOH$
亮氨酸	亮	Leu	L	$CH_3-CH(CH_3)-CH_2-CH(NH_2)-COOH$
异亮氨酸	异亮	Ile	I	$CH_3-CH_2-CH(CH_3)-CH(NH_2)-COOH$
缬氨酸	缬	Val	V	$CH_3-CH(CH_3)-CH(NH_2)-COOH$
脯氨酸	脯	Pro	P	（吡咯烷环）$CH-COOH$，环中 NH
苯丙氨酸	苯丙	Phe	F	$C_6H_5-CH_2-CH(NH_2)-COOH$
蛋(甲硫)氨酸	蛋	Met	M	$CH_3-S-CH_2-CH(NH_2)-COOH$
色氨酸	色	Trp	W	（吲哚环，NH）$-CH_2-CH(NH_2)-COOH$
极性中性氨基酸				
甘氨酸	甘	Gly	G	$H-CH(NH_2)-COOH$
丝氨酸	丝	Ser	S	$HO-CH_2-CH(NH_2)-COOH$
谷氨酰胺	谷胺	Gln	Q	$H_2N-C(=O)-CH_2-CH_2-CH(NH_2)-COOH$

续表

名称	中文缩写	英文缩写		结构式
苏氨酸	苏	Thr	T	HO—CH(CH₃)—CH(NH₂)—COOH
半胱氨酸	半胱	Cys	C	HS—CH₂—CH(NH₂)—COOH
天冬酰胺	天胺	Asn	N	H₂N—C(=O)—CH₂—CH(NH₂)—COOH
酪氨酸	酪	Tyr	Y	HO—C₆H₄—CH₂—CH(NH₂)—COOH
酸性氨基酸				
天冬氨酸	天	Asp	D	HOOC—CH₂—CH(NH₂)—COOH
谷氨酸	谷	Glu	E	HOOC—CH₂—CH₂—CH(NH₂)—COOH
碱性氨基酸				
赖氨酸	赖	Lys	K	H₂N—CH₂—CH₂—CH₂—CH₂—CH(NH₂)—COOH
精氨酸	精	Arg	R	H₂N—C(=NH)—NH—CH₂—CH₂—CH(NH₂)—COOH
组氨酸	组	His	H	(咪唑基, HN⌒N)—CH₂—CH(NH₂)—COOH

三、氨基酸的连接方式

氨基酸的连接方式是肽键。由一个氨基酸的α-羧基(—COOH)与另一个氨基酸的α-氨基($—NH_2$)脱水缩合形成的酰胺键(—CO—NH—)称为肽键。蛋白质分子中的氨基酸通过肽键连接起来(图 2-1)。

四、氨基酸与多肽

1. 肽 氨基酸通过肽键相连而成的化合物称为肽(peptide)。两个氨基酸通过肽键

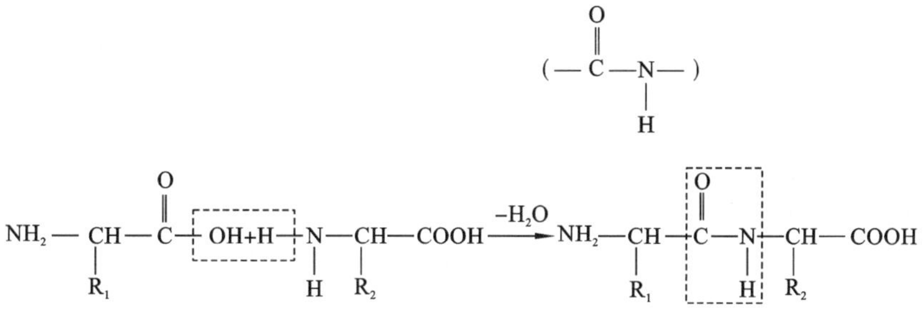

$$(-\overset{\overset{\displaystyle O}{\|}}{C}-\underset{\underset{\displaystyle H}{|}}{N}-)$$

$$NH_2-\underset{\underset{\displaystyle R_1}{|}}{CH}-\overset{\overset{\displaystyle O}{\|}}{C}-\boxed{OH+H}-\underset{\underset{\displaystyle H}{|}}{N}-\underset{\underset{\displaystyle R_2}{|}}{CH}-COOH \xrightarrow{-H_2O} NH_2-\underset{\underset{\displaystyle R_1}{|}}{CH}-\boxed{\overset{\overset{\displaystyle O}{\|}}{C}-\underset{\underset{\displaystyle H}{|}}{N}}-\underset{\underset{\displaystyle R_2}{|}}{CH}-COOH$$

图 2-1　肽键

相连形成二肽，三个氨基酸通过肽键相连形成三肽，以此类推。通常将 10 个以内氨基酸相连而成的肽称为寡肽，10 个以上氨基酸相连而成的肽称为多肽。多肽中氨基酸相互连接，形状像一条链，所以也称为多肽链。多肽链中的氨基酸因为参与肽键的形成，已经不是完整的氨基酸，称为氨基酸残基。多肽链有两个末端：一端具有游离的羧基，称为羧基末端也称 C-端；另一端具有游离的氨基，称为氨基末端也称 N-端。通常将氨基末端写在左边，羧基末端写在右边，肽链的书写和命名都是从 N-端开始到 C-端结束。

2. 生物活性肽　人体内存在许多小分子活性肽，发挥着重要的生理功能，称为生物活性肽。例如谷胱甘肽(glutathione，GSH)，它是由谷氨酸、半胱氨酸和甘氨酸组成的三肽。分子中半胱氨酸的巯基(—SH)是重要的功能基团，具有还原性，参与细胞内氧化还原反应，保护含有巯基的蛋白质和酶不被氧化；GSH 的巯基还具有嗜核特性，能与外源性毒物如致癌剂或药物结合，使它们不能与 DNA、RNA 或蛋白质结合，保护机体免遭毒物损害，所以临床上可将 GSH 作为解毒、抗辐射和治疗肝病的药物。

机体中还有一些激素是肽类激素，比如催产素、促肾上腺皮质激素、抗利尿激素、促甲状腺激素释放激素，以及在体内神经传导过程中起着信号转导作用的神经肽类激素如脑啡肽、β-内啡肽、强啡肽等，均属于生物活性肽，因为神经肽类激素与中枢神经系统产生的痛觉抑制有关，所以临床上常用于镇痛治疗。

第二节　蛋白质的分子结构

蛋白质是由许多氨基酸通过肽键连接而成的生物大分子，蛋白质种类多样，功能各异，是由于其分子结构不同。蛋白质的分子结构分为一级结构、二级结构、三级结构和四级结构，其中一级结构是蛋白质的基本结构，二级结构、三级结构和四级结构为空间结构。

一、蛋白质的基本结构

【护考提示】
蛋白质的一级结构。

蛋白质的一级结构是其基本结构，也是唯一的平面结构，决定蛋白质的空间结构。蛋白质多肽链中氨基酸的排列顺序称为蛋白质的一级结构。维持蛋白质一级结构的主要作用力是肽键，有的蛋白质还含有二硫键。

世界上第一个被确定一级结构的蛋白质是牛胰岛素，它包括 A、B 两条肽链，A 链由 21 个氨基酸残基构成，B 链由 30 个氨基酸残基构成，分子中共有 3 个二硫键，其中 A、B 链之间有 2 个二硫键，A 链内有 1 个二硫键(图 2-2)。

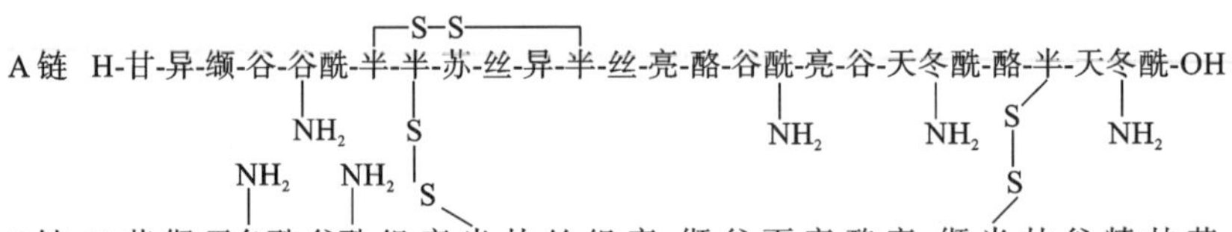

图 2-2　牛胰岛素的一级结构

二、蛋白质的空间结构

蛋白质分子的二级结构是在一级结构的基础上，通过卷曲、折叠形成的特定的空间结构，又称为构象，它决定着蛋白质的分子形状、理化性质和生物活性。蛋白质的构象分为主链构象和侧链构象。主链构象是指肽链中各原子的排布顺序及相互关系，侧链构象是指 R 基团中各原子的排布顺序及相互关系。

（一）蛋白质的二级结构

蛋白质的二级结构是指多肽链主链各原子的排布顺序，不包括氨基酸残基侧链的构象。它是在其一级结构的基础上，多肽链主链盘旋、折叠形成的主链构象。

【护考提示】

蛋白质的二级结构形式。

1. 蛋白质二级结构的结构基础——肽平面　肽键中的 C、H、O、N 四个原子和与它们相邻的两个 α-碳原子 C_{α_1}、C_{α_2} 位于同一个平面上，称为肽平面。肽键中的 C—N 不能旋转，但肽平面可以围绕 α-碳原子旋转、盘曲、折叠，形成不同的结构构象。

2. 蛋白质二级结构的基本形式　蛋白质二级结构的基本形式包括 α-螺旋、β-折叠、β-转角、无规卷曲等，其中 α-螺旋和 β-折叠是蛋白质二级结构的主要形式，维持二级结构稳定的主要作用力是氢键。

1）α-螺旋　多肽链的主链围绕中心轴有规律地旋转形成的稳定的螺旋构象（图 2-3），α-螺旋结构特点如下。

（1）一般是右手螺旋，走向是顺时针方向。

（2）每螺旋一圈含有 3.6 个氨基酸残基，螺距是 0.54 nm。

（3）每个肽键中的亚氨基（—NH）氢和第四个肽键中的羰基（—C═O）氧之间形成氢键，是维持 α-螺旋结构稳定的重要作用力。

（4）各氨基酸残基中的 R 基团伸向螺旋的外侧，其性状、大小、性质、所带电荷都将影响 α-螺旋的形成及稳定。例如，脯氨酸存在时，α-亚氨基与羧基形成肽键后，没有氢原子形成氢键，故不能形成 α-螺旋，天冬酰胺、苯丙氨酸、亮氨酸等的侧链基团较大，造成空间位阻，也会影响 α-螺旋的形成，酸性氨基酸或碱性氨基酸带有相同电荷集中时，由于同种电荷相互排斥，也不利于 α-螺旋的形成。

α-螺旋是蛋白质分子中最常见的二级结构形式。肌红蛋白、血红蛋白分子中的许多肽段是 α-螺旋结构，构成毛发的角蛋白、肌肉的肌球蛋白以及胶原蛋白类，它们的多肽链几乎全都卷曲成 α-螺旋。

2）β-折叠　又称为 β-片层结构，是多肽链主链比较伸展、呈锯齿状的一种蛋白质二级结构形式（图 2-4），该结构特点如下。

（1）多肽链延伸，相邻肽平面以 α-碳原子为旋转点折叠成锯齿状结构。

（2）相邻肽链走向相同称为顺向平行，相邻肽链走向相反称为逆向平行。

（3）维持 β-折叠结构稳定的主要作用力是相邻肽链主链的亚氨基（—NH）和羰基（—C═O）氧之间形成的氢键。

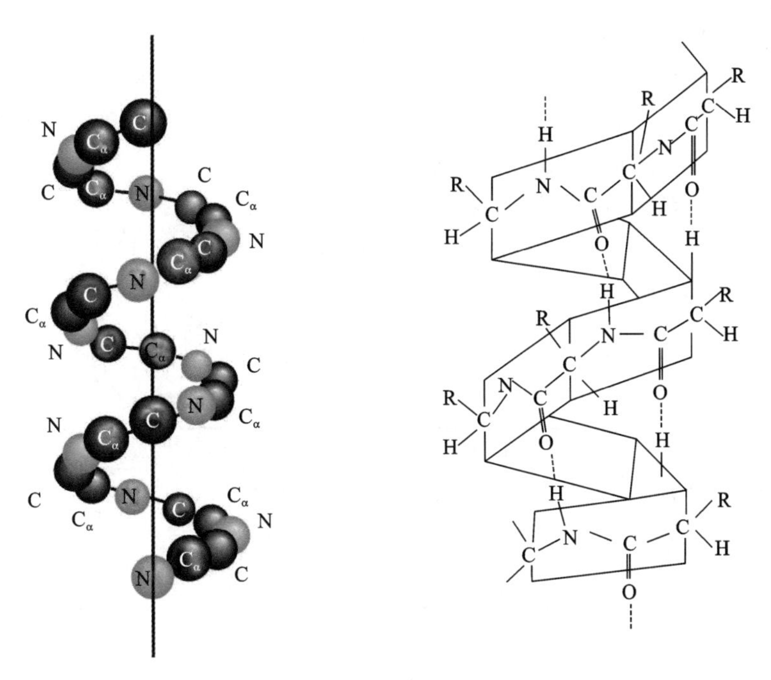

图 2-3　α-螺旋

β-折叠的形成需要一定的条件，肽链中的氨基酸残基 R 较大造成空间位阻或同种电荷的相互排斥都会妨碍 β-折叠的形成，蚕丝蛋白是典型的 β-折叠，因为该蛋白中含有大量的甘氨酸和丙氨酸残基。

3）β-转角　多肽链主链在形成空间构象时，常会出现 180°的回折，这一回折结构称为 β-转角。

4）无规卷曲　多肽链中没有确定规律性的部分空间构象。

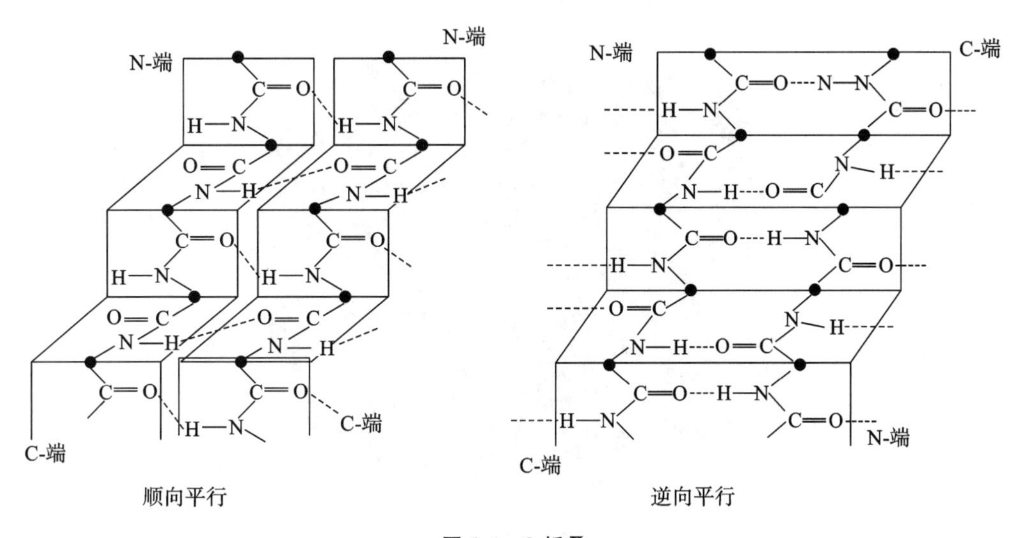

图 2-4　β-折叠

（二）蛋白质的三级结构

蛋白质的多肽链在二级结构的基础上，进一步盘曲、折叠形成的有一定规律的空间结构，称为蛋白质的三级结构，即整条多肽链中所有原子的排布方式，既包括主链构象，又包括侧链构象。蛋白质三级结构的形成和稳定主要靠次级键来维系，如疏水键、氢键、

二硫键、离子键和范德华力等，其中疏水键最为重要(图 2-5)。

由一条多肽链组成的蛋白质，只有具有三级结构才能发挥生物活性。相对分子质量较大的蛋白质在形成三级结构时，肽链中的某些局部二级结构汇集在一起形成能发挥生物活性的特定区域，称为结构域。一般每个结构域由 100～300 个氨基酸残基组成，它们各自具有独特的空间结构，承担各自特定的功能。

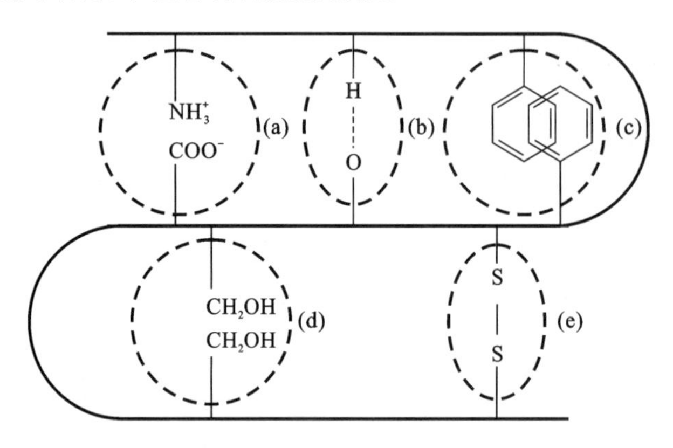

(a)盐键；(b)氢键；(c)疏水键；(d)范德华力；(e)二硫键

图 2-5　维持蛋白质三级结构的化学键

(三) 蛋白质的四级结构

蛋白质的四级结构(图 2-6)是指由两条或两条以上具有独立三级结构的多肽链构成的复杂空间结构。其中每一条具有独立三级结构的多肽链，单独存在时没有生物学功能，称为亚基。维持其结构稳定的作用力主要是亚基之间的非共价键，如氢键、离子键、疏水键等，亚基可以相同，也可以不同，如血红蛋白为 $\alpha_2\beta_2$ 四聚体，含有两个 α 亚基和两个 β 亚基。

图 2-6　蛋白质的四级结构

三、蛋白质结构与功能的关系

蛋白质的结构复杂，功能多种多样，蛋白质的功能是由其结构所决定的。

(一) 蛋白质一级结构与功能的关系

1. 一级结构是形成空间结构的物质基础　不同的蛋白质其氨基酸数量、排列顺序均

不相同,肽链一旦合成,即根据一级结构盘曲、折叠,形成的空间结构不同,功能自然也不相同,所以蛋白质的一级结构决定其空间结构和功能。例如,胰岛素是由 2 条多肽链、51 个氨基酸残基组成的蛋白质分子,其主要功能是降低血糖;而血红蛋白是由 4 条多肽链、574 个氨基酸残基组成的蛋白质分子,它的主要功能是运输氧。

一级结构相似,功能也相似。不同哺乳动物的胰岛素分子都是由 51 个氨基酸残基组成的 A、B 两条肽链,通过二硫键连接而成。在各自的一级结构中仅有个别氨基酸残基不同,空间结构也极其相似,在体内都发挥着调节糖代谢的生理作用。一级结构改变,功能也随之改变。如将胰岛素分子中 A 链 N-端的第一个氨基酸残基切去,其活性只剩下 2%～10%,若再将紧邻的第 2～4 位氨基酸残基切去,其活性则完全丧失;若将胰岛素 A、B 两链之间的二硫键破坏,其功能也会完全丧失(图 2-7)。

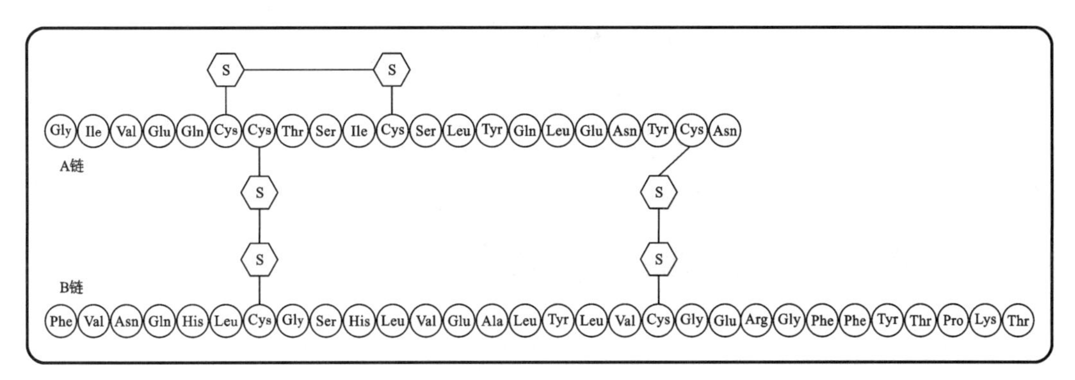

图 2-7　胰岛素分子结构图

2. 一级结构改变与疾病　镰状细胞贫血(图 2-8)患者的血红蛋白分子结构与正常人血红蛋白分子仅有微小差异。正常人血红蛋白 β 氨基的第 6 位氨基酸是谷氨酸,而镰状细胞贫血患者血红蛋白谷氨酸被缬氨酸代替,仅此一个氨基酸的改变,致使患者红细胞中血红蛋白在低氧状态溶解性降低,聚集成丝,相互粘连,导致红细胞收缩成镰刀状极易破碎,产生贫血。蛋白质一级结构中氨基酸排列顺序是由遗传密码决定的,根本原因是 DNA 碱基序列的改变,所以研究蛋白质一级结构有利于从分子水平诊断和治疗遗传性疾病。

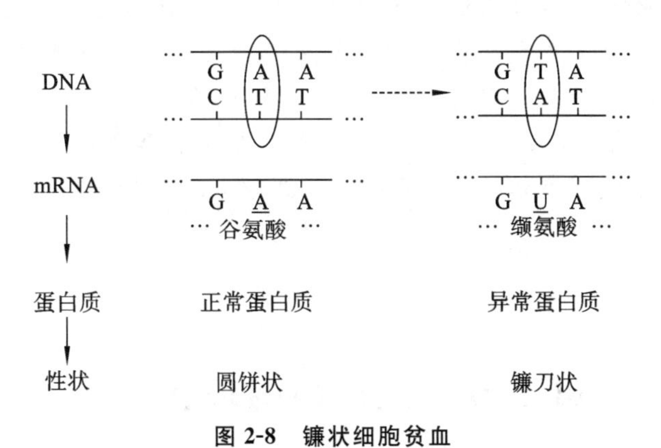

图 2-8　镰状细胞贫血

(二) 蛋白质空间结构与功能的关系

蛋白质的功能与其空间结构密切相关,空间结构影响其生物学功能。空间结构改变,即使一级结构没有改变,也会导致其功能的改变。例如,核糖核酸酶能催化核酸水解。在尿素和巯基乙醇的作用下,其二硫键和氢键断裂,空间结构被破坏,虽一级结构完

整，但酶活性丧失，失去催化核酸水解的功能，如果去除变性因素，使其空间结构恢复，酶活性也随之恢复。

血红蛋白(图 2-9)是红细胞的主要成分，其主要功能是运输氧，它是由 2 个 α 亚基和 2 个 β 亚基组成的四聚体。血红蛋白未与 O_2 结合时，其 4 个亚基之间靠离子键连接，结构比较紧密，与 O_2 的亲和力小，称为 T 构象。在需氧的组织里，血红蛋白呈 T 构象，可以快速脱氧，供组织利用。在氧丰富的肺里，随着 O_2 的结合，4 个亚基之间的离子键断裂，其空间结构发生变化，使血红蛋白的结构比较松弛，与 O_2 的亲和力变大，称为 R 构象。

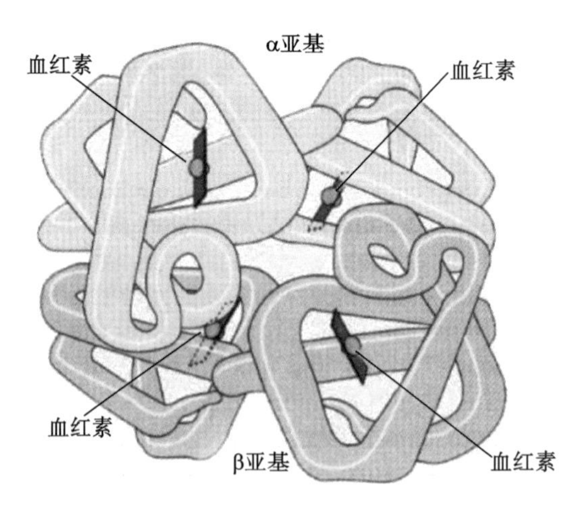

图 2-9　血红蛋白

知识链接

朊病毒蛋白与疯牛病

朊病毒蛋白(PrP)是存在于正常哺乳动物细胞表面的一种高度保守的糖蛋白。疯牛病是由朊病毒蛋白引起的一组人和动物神经退行性病变，具有传染性、遗传性或散在发病的特点，典型的症状是痴呆、丧失协调性以及神经系统障碍。正常 PrP 水溶性强、对蛋白酶敏感，二级结构以 α-螺旋为主。在某种未知蛋白质作用下，使得 α-螺旋结构转变为 β-折叠，从而使 PrP 变为致病分子，导致构象不稳定易相互聚集，使蛋白质发生淀粉样纤维沉淀而致病。

预防疯牛病的重点是严格消毒。在临床护理工作中，医护人员在接触患者时，要避免皮肤受损部位接触，并戴手套，以免造成传染。

第三节　蛋白质的理化性质

一、蛋白质的两性解离与等电点

蛋白质是由氨基酸组成的，氨基酸具有碱性的氨基和酸性的羧基。蛋白质分子中肽链的两个末端有可解离出氢离子的 α-羧基和结合氢离子的 α-氨基，除此之外，还有侧链

R 基团中的某些基团，也可解离出氢离子或结合氢离子。如碱性氨基酸赖氨酸 R 基团上的氨基、精氨酸侧链上的胍基和组氨酸侧链上的咪唑基可结合氢离子；酸性氨基酸谷氨酸和天冬氨酸 R 基团上的羧基可解离出氢离子等。在不同 pH 的溶液中，蛋白质分子能进行两性解离，既可以解离出含有 H^+ 的酸性基团，又可以解离出结合 H^+ 的碱性基团，因此蛋白质和氨基酸一样，具有两性解离的性质，是两性电解质。

【护考提示】等电点。

当蛋白质处于某一 pH 溶液中，蛋白质分子解离成阳离子和阴离子的趋势相等，正、负电荷数相同，静电荷为零，蛋白质呈兼性离子状态，此时溶液的 pH 称为该蛋白质的等电点，用 pI 表示。当蛋白质溶液 pH>pI 时，该蛋白质带负电荷，成为阴离子；当蛋白质溶液 pH<pI 时，该蛋白质带正电荷，成为阳离子；当蛋白质溶液 pH＝pI 时，该蛋白质不带电，成为兼性离子。

$P(NH_2)(COOH)$　蛋白质分子

⇌

$P(NH_3^+)(COOH)$ $\underset{+H^+}{\overset{+OH^-}{\rightleftharpoons}}$ $P(NH_3^+)(COO^-)$ $\underset{+H^+}{\overset{+OH^-}{\rightleftharpoons}}$ $P(NH_2)(COO^-)$

蛋白质的阳离子（pH<pI）　　蛋白质的兼性离子（pH=pI）　　蛋白质的阴离子（pH>pI）

等电点是蛋白质的特征性常数，由于蛋白质的一级结构不同，所含碱性基团和酸性基团的解离程度和数目不同，体内各种蛋白质的等电点也不相同。体内大多数蛋白质的 pI 为 5.0 左右，在人体体液 pH 为 7.35～7.45 的环境中，大多数蛋白质带负电荷。

不同的蛋白质 pI 不同，在同一 pH 的溶液中，蛋白质所带净电荷的性质不同，电荷数量也不同，带电粒子在电场中，向其电性相反的方向移动的现象，称为电泳。带电粒子的移动速度和方向与所带电荷的性质、数量、分子的大小、形状都有关，带电量大、相对分子质量小的蛋白质泳动速度快；反之，泳动速度慢。依据这一原理，通过电泳的方法，可以将混合蛋白质进行分离、纯化。电泳技术是临床检验和实验研究常用的技术。

二、蛋白质的胶体性质

蛋白质是有机高分子化合物，其相对分子质量一般为 10000～100000，在溶液中形成的颗粒直径为 1～100 nm，已达到胶体颗粒的范围，所以蛋白质具有胶体的性质，其溶液是亲水胶体溶液。

蛋白质分子中疏水性基团借疏水键聚合并隐藏在分子内部，亲水性基团大多位于分子表面，吸引水分子并与水分子发生水化作用，使得蛋白质分子表面形成一层比较稳定的水化膜，可以阻断蛋白质分子之间的相互接触，避免其颗粒聚集而形成沉淀析出。此外，蛋白质分子表面的亲水性基团大都能解离，在溶液 pH 不等于 pI 的情况下，蛋白质分子表面带有一定量的同种电荷，同种电荷相互排斥，同样阻止了蛋白质颗粒聚集沉淀。所以，分子表面的水化膜和同种电荷层是蛋白质维持亲水胶体溶液稳定的主要因素（图 2-10）。

蛋白质分子颗粒大，不能透过半透膜。若蛋白质溶液中混有小分子杂质时，将此溶液放在半透膜制成的袋中，置于蒸馏水或适宜的缓冲液中，小分子杂质即可从半透膜制

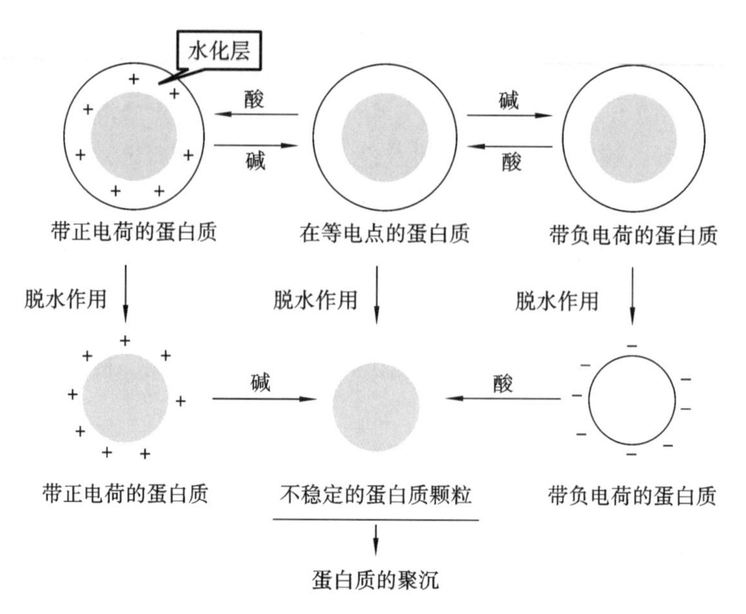

图 2-10　蛋白质胶体颗粒的稳定因素

成的袋中逸出，大分子蛋白质留在袋中，使蛋白质得以纯化，这种方法称为透析。人体的细胞膜、线粒体膜、微血管壁等具有半透膜的性质，使各种蛋白质有规律地分布在膜内外。

知识链接

透　析

透析分为血液透析和腹膜透析两种。血液透析简称血透，利用半透膜的原理，通过扩散将血液中各种有害、多余的代谢废物及过多的电解质排出体外，同时补充体内所需的物质，达到净化血液，纠正水、电解质失调，维持酸碱平衡的目的。人体的腹膜也是半透膜，同样，将适量透析液引入腹腔，停留一段时间后，可把血液中的尿素等小分子废物和毒性物质与溶液进行交换，这是临床上腹膜透析的原理。

【护考提示】
蛋白质变性的特点。

三、蛋白质的变性与沉淀

（一）蛋白质变性

在某些物理或化学因素的影响下，蛋白质的空间结构被破坏，导致其理化性质改变和生物活性丧失，这种现象称为蛋白质的变性。造成蛋白质变性的因素有很多种，物理因素有高温、高压、紫外线、超声波、X 射线、强烈的振荡或搅拌等，化学因素有强酸、强碱、有机溶剂、重金属离子、生物碱试剂等。

蛋白质变性的实质是维系蛋白质空间结构的次级键断裂，不涉及肽键的断裂，所以其一级结构并未被破坏。变性的蛋白质，其理化性质发生很大的改变，如溶解度降低，黏度增加，结晶能力消失，生物活性丧失，易被蛋白酶水解等。蛋白质空间结构被破坏后，多肽链的构象由卷曲变成伸展、松散，肽键暴露，易被酶水解，故变性的蛋白质容易消化，这也是熟食比生食易消化的原因。溶解度降低是因为蛋白质空间结构被破坏后，肽链伸展，使原来隐藏在分子内部的疏水基团暴露，而分子表面的亲水基团却被掩盖起来，亲水

能力降低，易从溶液中析出而形成沉淀。变性的蛋白质易于沉淀，但沉淀的蛋白质不一定变性。

大多数蛋白质变性后，不能再恢复其天然状态，称为不可逆变性。但有些变性的蛋白质去除变性因素后，又可恢复其空间结构和生物活性，称为蛋白质的复性。如用尿素和β-巯基乙醇作用于核糖核酸酶使其变性，在去除尿素和β-巯基乙醇后，该酶又可恢复其原有的空间结构和生物活性。

蛋白质的变性被广泛应用于临床或实际生活中。例如，用75%乙醇溶液、高温、高压和紫外线等方式消毒灭菌；保存生物制品激素、疫苗、血清、抗体等时，为了防止蛋白质变性且保持其生物活性，应当将其保存在低温4 ℃的条件下，且防止剧烈振荡、强光照射。

（二）蛋白质沉淀

蛋白质溶液能保持稳定的胶体性质是由于蛋白质颗粒表面的水化膜和同种电荷层，破坏这两个稳定因素，蛋白质分子聚集从溶液中析出的现象称为蛋白质的沉淀。沉淀蛋白质的常用方法有以下几种。

1. 盐析法　在蛋白质溶液中加入一定浓度的中性盐如硫酸钠、硫酸铵或氯化钠等，使蛋白质从溶液中析出的现象，称为盐析。中性盐在水中的溶解性大，亲水能力强，与蛋白质分子共同争夺水分子，破坏蛋白质表面的水化膜，且中性盐是强电解质，解离能力强，能中和蛋白质分子所带电荷，破坏蛋白质表面的电荷层，所以蛋白质从溶液中析出。盐析出的蛋白质因未破坏其天然状态而不变性，且溶液pH等于蛋白质的等电点时，沉淀效果更好。各种蛋白质的等电点、亲水性、分子大小不同，盐析时所需的盐浓度、pH也不同，用不同浓度的盐溶液将混合蛋白质分别沉淀分离的方法称为分段盐析。如用半饱和硫酸铵溶液可将血浆中的球蛋白析出，若用饱和硫酸铵溶液，则可将清蛋白沉淀出来。因此，盐析法是蛋白质进行初步分离的常用方法。

2. 有机溶剂沉淀法　甲醇、乙醇、丙酮等有机溶剂与水的亲和力比较大，能破坏蛋白质表面的水化膜从而使蛋白质沉淀。低温下，蛋白质变性的速度减慢，所以用有机溶剂沉淀蛋白质时，需在低温下快速地进行。

3. 重金属盐沉淀法　Cu^{2+}、Pb^{2+}、Ag^{+}、Hg^{+}等重金属离子可与蛋白质结合形成不溶于水的蛋白质盐沉淀，使蛋白质变性。重金属离子带正电荷，所以使用时，应使溶液pH大于蛋白质的pI，蛋白质分子带负电荷，才能与重金属离子结合成蛋白质盐。临床上利用此原理急救重金属盐中毒的患者，早期可以口服大量的新鲜牛奶或蛋清，使重金属离子在消化道内与蛋白质结合生成不溶性的重金属盐，阻止该重金属离子的吸收，然后再用催吐剂或洗胃将其排出得以解毒。

$$P\begin{cases}COO^-\\NH_3^+\end{cases}\xrightarrow[-H_2O]{OH^-}P\begin{cases}COO^-\\NH_2\end{cases}\xrightarrow{Ag^+}P\begin{cases}COO^-\ {}^+Ag\\NH_2\end{cases}\downarrow$$

4. 生物碱试剂沉淀法　生物碱试剂如苦味酸、浓硝酸、磺酰水杨酸、三氯乙酸、磷钨酸等可与蛋白质正离子结合形成不溶性的蛋白质盐而沉淀。使用时，应使溶液pH小于蛋白质的pI，使蛋白质解离成正离子，易与酸根负离子结合成盐，在临床检验中常用这一方法沉淀蛋白质，制备无蛋白血滤液。

$$P\begin{cases}COO^-\\NH_3^+\end{cases}\xrightarrow{H^+}P\begin{cases}COOH\\NH_3^+\end{cases}\xrightarrow{Cl_3CCOO^-}P\begin{cases}COOH\\NH_3^+\cdot{}^-OOC-CCl_3\end{cases}$$

四、蛋白质的紫外吸收特征

蛋白质分子中常含有色氨酸、酪氨酸、苯丙氨酸等芳香族氨基酸，这些氨基酸分子中含有共轭双键，使蛋白质在280 nm紫外光谱处有特征性的最大吸收峰。在此波长范围内，蛋白质溶液的浓度与其吸光度成正比，所以可以利用蛋白质的紫外吸收特征来对其进行定量分析。

五、蛋白质的呈色反应

蛋白质分子中的肽键、氨基酸残基的各种特殊基团，可以和某些化学试剂作用产生颜色反应，称为蛋白质的呈色反应。

（一）双缩脲反应

蛋白质和多肽分子中的肽键在碱性溶液中加热能与铜离子（Cu^{2+}）反应，生成紫红色的化合物，这一反应称为双缩脲反应。该反应颜色的深浅和蛋白质的含量成正比，所以此方法可用于蛋白质、多肽的定性、定量分析，还可根据颜色变化检测蛋白质的水解程度。

（二）茚三酮反应

蛋白质分子中游离的α-氨基在弱酸性溶液中，加热能与茚三酮反应，生成蓝紫色的化合物。蛋白质和氨基酸都可产生蓝紫色，颜色的深浅与蛋白质和氨基酸的含量成正比，所以该反应可用于蛋白质的定性、定量分析。

（三）Folin-酚试剂反应

在碱性溶液中，蛋白质分子中的酪氨酸残基能与酚试剂（含磷钼酸-磷钨酸化合物）反应，生成蓝色化合物。此反应的灵敏度比双缩脲反应高，临床检验和医学科研中常用于蛋白质的定量分析。

第四节　蛋白质的分类

蛋白质的结构复杂，功能多样，分类的方法也不同。

一、按组成分类

根据蛋白质分子的组成特点，将蛋白质分为单纯蛋白质和结合蛋白质。

（一）单纯蛋白质

在蛋白质分子中除了氨基酸，不含有其他成分的蛋白质称为单纯蛋白质。如清蛋白、球蛋白、谷蛋白、精蛋白、醇溶谷蛋白、组蛋白等。

（二）结合蛋白质

在蛋白质分子中除了蛋白质部分外，还含有非蛋白质成分，非蛋白质部分通常是一些糖类、脂质、核酸和金属离子等，称为辅基。根据辅基的不同，将结合蛋白质分为糖蛋白、核蛋白、脂蛋白、色蛋白、金属蛋白、磷蛋白等。

二、按分子形状分类

根据分子形状的不同，将蛋白质分为球状蛋白质和纤维状蛋白质。球状蛋白质的长轴与短轴相差不大，整个分子盘曲、折叠成球状或椭球状。大多数蛋白质属于球状蛋白质，如血红蛋白、酶、免疫球蛋白、胰岛素等。而纤维状蛋白质长轴与短轴相差很大，一般长短轴之比在10倍以上，整个分子呈长纤维状，大多难溶于水。如皮肤、骨骼、结缔组织中的胶原蛋白和弹性蛋白，毛发、指甲中的角蛋白等属于纤维状蛋白质。

三、按功能分类

生物体内，蛋白质的功能多种多样，根据其功能的不同，可将蛋白质分为活性蛋白质和非活性蛋白质。活性蛋白质有具有催化功能的酶、具有调节功能的激素、运输和储存的蛋白质、受体蛋白质、膜蛋白等；非活性蛋白质有胶原蛋白、角蛋白、弹性蛋白等。

直通护考

直通护考答案

一、A_1 型题

1. 维持蛋白质二级结构稳定的主要化学键是(　　)。

A. 二硫键　　B. 疏水作用　　C. 肽键　　D. 离子键　　E. 氢键

2. 大多数蛋白质的含氮量十分接近，平均约为(　　)。

A. 6.25%　　B. 16%　　C. 18%　　D. 20%　　E. 25%

3. 蛋白质的变性不包括(　　)。

A. 一级结构的破坏　　B. 二级结构的破坏

C. 三级结构的破坏　　D. 四级结构的破坏

E. 一、二、三、四级结构都被破坏

4. 以下氨基酸中哪个含有巯基？(　　)

A. 半胱氨酸　　B. 谷氨酸　　C. 亮氨酸　　D. 苯丙氨酸　　E. 甘氨酸

5. 蛋白质带负电荷时，其溶液的pH(　　)。

A. <7　　B. >7　　C. =pI　　D. <pI　　E. >pI

6. 蛋白质在以下哪个波长处有最大吸收峰？(　　)

A. 200 nm　　B. 220 nm　　C. 260 nm　　D. 280 nm　　E. 300 nm

7. 人血浆蛋白质的pI大多是5.6，其在血液中主要以何种形式存在？(　　)

A. 疏水分子　　B. 带正电荷　　C. 带负电荷　　D. 非极性分子　　E. 兼性离子

8. 有一混合蛋白质溶液，其各蛋白质的等电点分别是4.5、5.1、5.8、6.4、7.8。电泳时要使蛋白质有4种向正极移动，缓冲液的pH应为(　　)。

A. 8.0　　B. 7.0　　C. 6.0　　D. 5.0　　E. 4.0

9. 以下不是蛋白质二级结构的形式的是(　　)。

A. 无规卷曲　　B. α-螺旋　　C. β-折叠　　D. α-片层　　E. β-转角

10. 下列氨基酸哪个不属于L-α-氨基酸？(　　)

A. 甘氨酸　　B. 色氨酸　　C. 酪氨酸　　D. 脯氨酸　　E. 苯丙氨酸

11. 测得某生物样品中含氮量是8 g，则该生物样品中所含蛋白质的量为(　　)。

A. 50 g　　B. 62.5 g　　C. 31.25 g　　D. 40.25 g　　E. 52 g

12. 两条或两条以上具有三级结构的多肽链，进一步折叠盘曲形成的是(　　)。

Note

A. 一级结构　B. 亚基　C. 三级结构　D. 四级结构　E. 二级结构

13. 维持蛋白质亲水胶体溶液稳定的主要因素是(　　)。

A. 水化膜和电荷层　B. 异种电荷层　C. 疏水基团
D. 亲水基团　E. 氨基酸

14. (　　)是蛋白质空间构象的基本单位。

A. 肽键　B. 氨基酸　C. 肽平面　D. 羧基　E. 氨基

15. 按蛋白质分子性状分类,毛发中的角蛋白属于(　　)。

A. 球状蛋白质　B. 单纯蛋白质　C. 纤维状蛋白质
D. 活性蛋白质　E. 结合蛋白质

二、案例解析题

2003 年春季我国发生了“非典”疫情,之后人们深刻地认识到良好的卫生习惯对于预防疾病传播的重要性,当时杀菌消毒的产品供不应求,人们家中的碗筷每天进行蒸煮消毒,以杜绝病原菌的传播,现在讲卫生的好习惯已经深入到千家万户。

问题:

1. 你认为这样做是利用了蛋白质的什么性质?
2. 临床上除了蒸煮,消毒杀菌还有哪些方法?
3. 这样做蛋白质的理化性质发生了哪些变化?

(赵永琴)

第三章　核酸的结构与功能

能力目标

1. 掌握：核酸的元素组成及特点；核酸的基本组成单位核苷酸；DNA 二级结构右手双螺旋结构模型要点。

2. 熟悉：DNA 的三级结构；RNA 的空间结构；核酸的理化性质。

3. 了解：核酸的高级结构；DNA 的变性与复性；核酸分子杂交。

扫码看课件

核酸是生物体内具有重要功能的生物大分子物质，具有复杂的结构，是生物遗传的物质基础。各种生物生长、繁殖、遗传、变异及体现生命代谢的模式等特征都是由核酸决定的。天然存在的核酸有两大类，分别是核糖核酸（ribonucleic acid，RNA）和脱氧核糖核酸（deoxyribonucleic acid，DNA）。在真核细胞中，DNA 主要分布于细胞核，少部分分布于核外如线粒体、质粒等。DNA 携带遗传信息，决定细胞和个体的基因型。RNA 绝大部分分布于细胞质，少部分分布于细胞核。RNA 参与遗传信息的复制与表达，也可作为某些病毒的遗传信息载体。核酸研究是现代生物化学、分子生物学与医药学发展的重要领域。

案例导入 3-1

某男，2010 年 6 月 1 日出生，因出生证明父亲信息有误无法登记户籍，根据公安部规范新生儿及历史遗留未登记户籍人员的户籍补登程序，要求凡是 1996 年 1 月 1 日以后出生的小孩，在登记户籍的时候如果无法提供国家统一的医学出生证明或者原出生证明父母信息有误的，必须要先做司法亲子鉴定。

具体任务：

为什么 DNA 能鉴定亲子关系？

案例导入分析

第一节　核酸的分子组成

一、核酸的元素组成

核酸是由许多个核苷酸连接而成的生物大分子，由 C、H、O、N、P 五种元素组成，其

中 P 的含量比较稳定，占 9%～10%，以磷酸分子的形式作为基本成分存在于核酸分子中。故测定样品中磷的含量即可算出其核酸含量。核酸其余两种成分是戊糖和含氮碱基。P 含量的相对恒定是实验室进行核酸定量测定的理论基础。

【护考提示】
核酸的元素组成特点是含有哪种元素较为稳定？

二、核酸的基本组成单位——核苷酸

核酸是一种多聚核苷酸，它的基本组成单位是核苷酸。

- 核苷酸
  - 磷酸
  - 核苷
    - 碱基
      - 嘧啶：C、T、U
      - 嘌呤：A、G
    - 戊糖
      - 脱氧核糖
      - 核糖

（一）戊糖

RNA 和 DNA 两类核酸是因含戊糖不同而进行分类的，RNA 含 β-D-核糖，DNA 含 β-D-2-脱氧核糖，某些 RNA 中还含有少量的 β-D-2-O-甲基核糖。核酸分子中的戊糖都是 β-D 型，其结构见图 3-1。

β-D-核糖　　β-D-2-脱氧核糖

图 3-1　β-D 型核糖的结构

（二）碱基

核酸成分中的含氮碱基有嘌呤碱和嘧啶碱两类。嘌呤碱有腺嘌呤（A）与鸟嘌呤（G），嘧啶碱有胞嘧啶（C）、胸腺嘧啶（T）和尿嘧啶（U），含氮碱基的结构见图 3-2。另外，核酸中还有一些含量甚少的其他碱基，称为稀有碱基。很多稀有碱基是甲基化碱基，如：1-甲基腺嘌呤、1-甲基鸟嘌呤、1-甲基次黄嘌呤、次黄嘌呤和双氢尿嘧啶等。

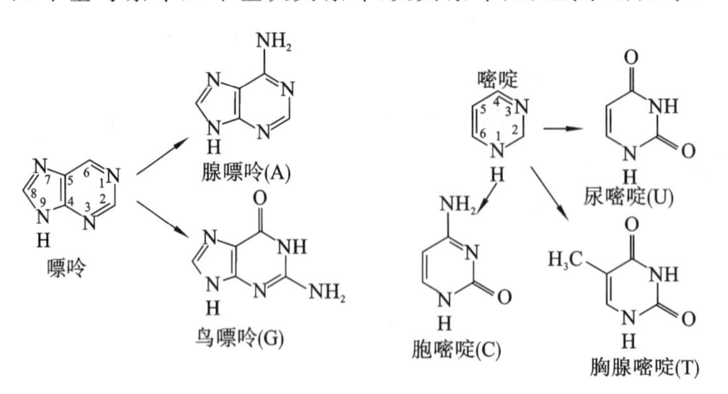

图 3-2　核酸中主要含氮碱基的结构

（三）核苷

戊糖和碱基缩合而成的糖苷称为核苷。戊糖 C_1 原子上的羟基和嘌呤的 N_9 原子或嘧啶的 N_1 原子上的氢脱水缩合形成糖苷键，核糖与碱基形成的化合物称为核苷，脱氧核糖与碱基形成的化合物称为脱氧核苷（图 3-3）。

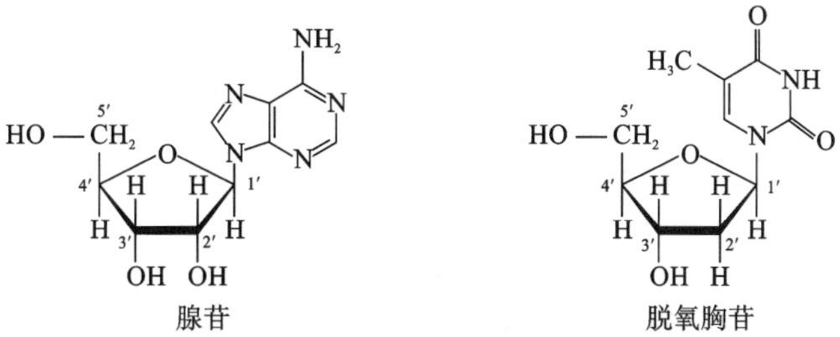

图 3-3　腺苷和脱氧胸苷的结构

（四）核苷酸

核苷中戊糖 C_5 原子的自由羟基与磷酸通过脱水缩合，以磷酸酯键相连而生成核苷酸。根据戊糖的不同，核苷酸可分为两大类，即核糖核苷酸和脱氧核糖核苷酸。核苷酸是构成核酸分子的基本结构单位。核糖核苷的糖基在 2′、3′、5′位上有自由羟基，故能和磷酸缩合形成 2′-核苷酸、3′-核苷酸、5′-核苷酸三种，而脱氧核糖核苷的糖基上只有 3′、5′位上两个自由羟基，因此能和磷酸缩合形成 3′-脱氧核苷酸、5′-脱氧核苷酸两种。生物体内游离存在的多是 5′-核苷酸，一般其代号 5′可略去，称为核苷酸。

核苷酸有 AMP、GMP、UMP、CMP，脱氧核苷酸有 dAMP、dGMP、dTMP、dCMP。（脱氧）核苷与一个磷酸结合表示为 MP，如（d）AMP、（d）GMP、（d）CMP、（d）TMP、UMP；（脱氧）核苷与二个磷酸结合表示为 DP，如（d）ADP、（d）GDP、（d）CDP、（d）TDP、UDP；（脱氧）核苷与三个磷酸结合表示为 TP，如（d）ATP、（d）GTP、（d）CTP、（d）TTP、UTP。腺苷三磷酸（ATP）的结构式如图 3-4 所示。

【护考提示】
DNA 中有 RNA 中没有的碱基是什么？RNA 中有 DNA 中没有的碱基是什么？

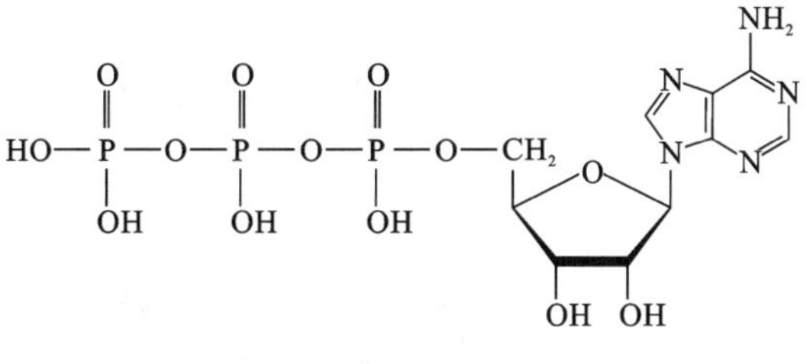

图 3-4　腺苷三磷酸（ATP）的分子结构

三、体内重要的游离核苷酸及其衍生物

核苷酸（NMP 和 dNMP）的磷酸基团进一步磷酸化可生成核苷二磷酸（NDP 或 dNDP），或者生成核苷三磷酸（NTP 或 dNTP），例如：腺嘌呤核苷二磷酸（ADP）、腺嘌呤核苷三磷酸（ATP）、鸟嘌呤核苷二磷酸（GDP）、鸟嘌呤核苷三磷酸（GTP）等。NTP 和 dNTP 都是高能磷酸化合物，是合成 DNA 和 RNA 的原料，核苷三磷酸在多种物质的合成中起活化或供能作用，尤其是 ATP，在细胞的能量代谢中有着重要意义。

在体内还有一类自由存在的环化核苷酸，重要的有 3′，5′-环腺苷酸（cAMP）和 3′，5′-环鸟苷酸（cGMP），如图 3-5 所示。它们含量极微，作为激素的第二信使在信息传递中起着重要的生理作用。

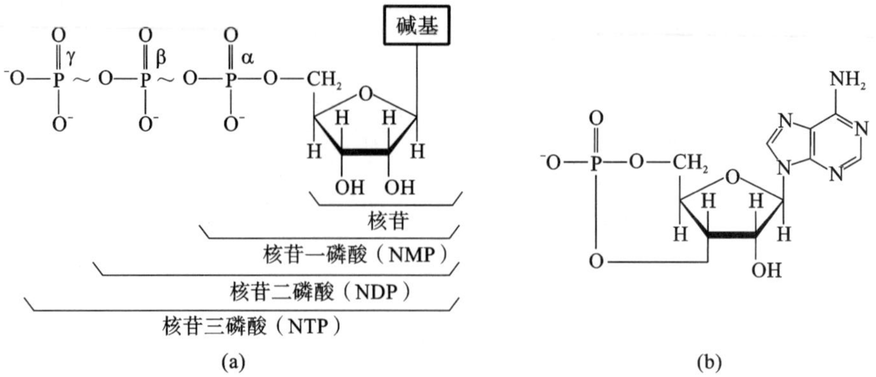

图 3-5　多磷酸核苷酸(a)与环腺苷酸(b)

第二节　核酸的结构与功能

核酸(RNA 和 DNA)是由许多核苷酸通过 3′,5′-磷酸二酯键连接而形成的多级核苷酸链。

一、DNA 的结构与功能

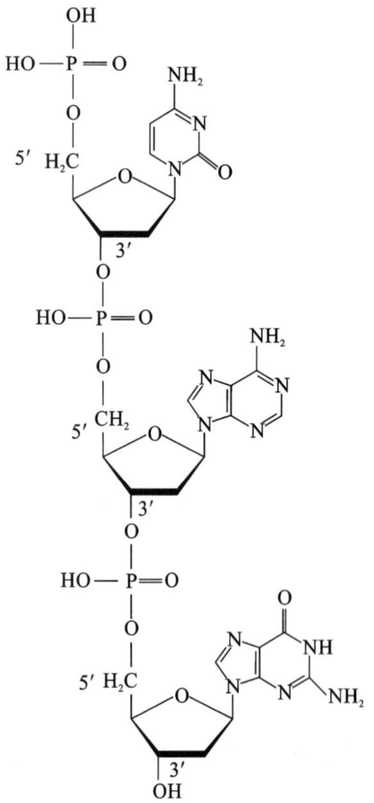

图 3-6　DNA 分子中核苷酸的连接方式

DNA 是由许多脱氧单核苷酸组成的线型双螺旋大分子，主要存在于细胞核的染色体内，各种生物的遗传信息均蕴藏于 DNA 的碱基序列中。DNA 的结构可分为一级结构、二级结构和三级结构。

(一) DNA 的一级结构

DNA 的一级结构是指 DNA 分子中脱氧核糖核苷酸的排列顺序。实验表明，DNA 分子中，每个脱氧核糖核苷酸是由其脱氧核糖的第 5 位碳原子上的磷酸基与相邻的脱氧核糖核苷酸的脱氧核糖第 3 位碳原子上的羟基脱水缩合，通过 3′,5′-磷酸二酯键相连，形成核酸的基本结构骨架。

每条 DNA 链都有其严格的方向性，一端为未形成磷酸二酯键的 5′-磷酸基的 5′-末端，另一端为未被酯化的糖基的 3′-羟基称为 3′-末端，如图 3-6 所示。

DNA 分子中脱氧核苷酸遵循从 5′-末端到 3′-末端的排列顺序。由于脱氧核苷酸间的差异主要是碱基不同，所以 DNA 的一级结构也就是其碱基的排列序列。习惯上将 5′-末端作为多核

苷酸链的头，写在左边，3′-末端作为多核苷酸链的尾，写在右边，即按照 5′→3′的方向书写。

由于 DNA 链中每个核苷酸分子中戊糖和磷酸均相同，竖线表示糖的碳链，A、T、C、G 表示碱基，P 和斜线表示 3′,5′-磷酸二酯键，DNA 分子中核苷酸的连接方式可简化为图 3-7。不同的 DNA 核苷酸数目和排列顺序不同，生物的遗传信息储存于 DNA 的脱氧核苷酸的序列中。DNA 是生物信息大分子，碱基顺序就是信息所表达的内容，碱基顺序略有改变，可能引起遗传信息的巨大变化，可见各种生物 DNA 一级结构的分析研究对阐明 DNA 结构和功能具有根本性的意义。

（二）DNA 的二级结构

DNA 的二级结构是指两条 DNA 单链形成的双螺旋结构。1953 年，Watson 和 Crick 在总结前人研究的基础上，提出了著名的 DNA 分子双螺旋结构模型（图 3-8），这一模型的提出可以认为是生物学发展的里程碑。它揭示了遗传信息是如何储存在 DNA 分子中，又是如何得以传递和表达的，由此揭开了生物界遗传性状得以世代相传的分子奥秘。

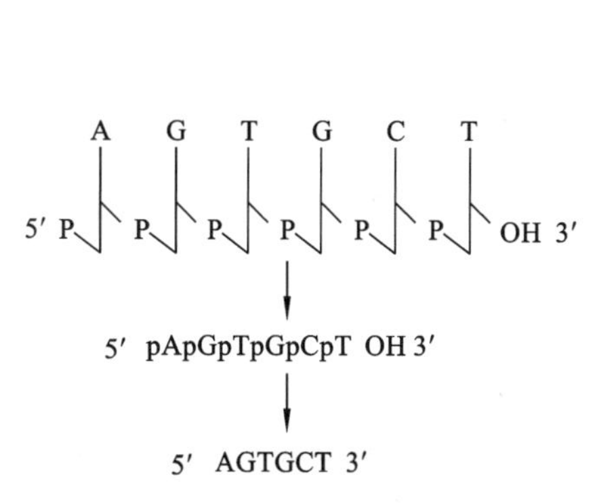

图 3-7　DNA 分子中核苷酸链的缩写方法

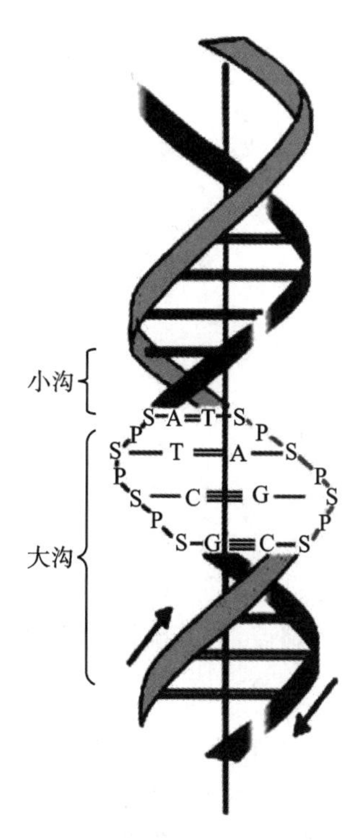

图 3-8　DNA 分子双螺旋结构模型

除某些小分子噬菌体 DNA 是单链结构外，大多数生物的 DNA 分子都是双链，具有双螺旋结构。双螺旋结构模型的特点如图 3-9 所示。

（1）DNA 分子是由两条平行但走向相反的多聚脱氧核苷酸链围绕同一中心轴构成的，以右手螺旋方式形成双螺旋结构，结构的表面有一个大沟与小沟。

（2）DNA 双螺旋结构的螺旋直径为 2.4 nm，螺距为 3.4 nm，每一个螺旋有 10 个碱基对，每两个相邻的碱基对平面之间的垂直距离为 0.34 nm。

（3）双螺旋结构的外侧是由磷酸与脱氧核糖组成的亲水性骨架，内侧是疏水的碱基，碱基平面与中心轴垂直。两条链同一平面上的碱基形成氢键，使两条链连接在一起。氢键维持双链横向稳定性，碱基堆积力维持双链纵向稳定性。

(4) A 与 T 之间形成两个氢键，G 与 C 之间形成三个氢键。A-T、G-C 配对的规律称为碱基互补配对规律，两条链则互为互补链。

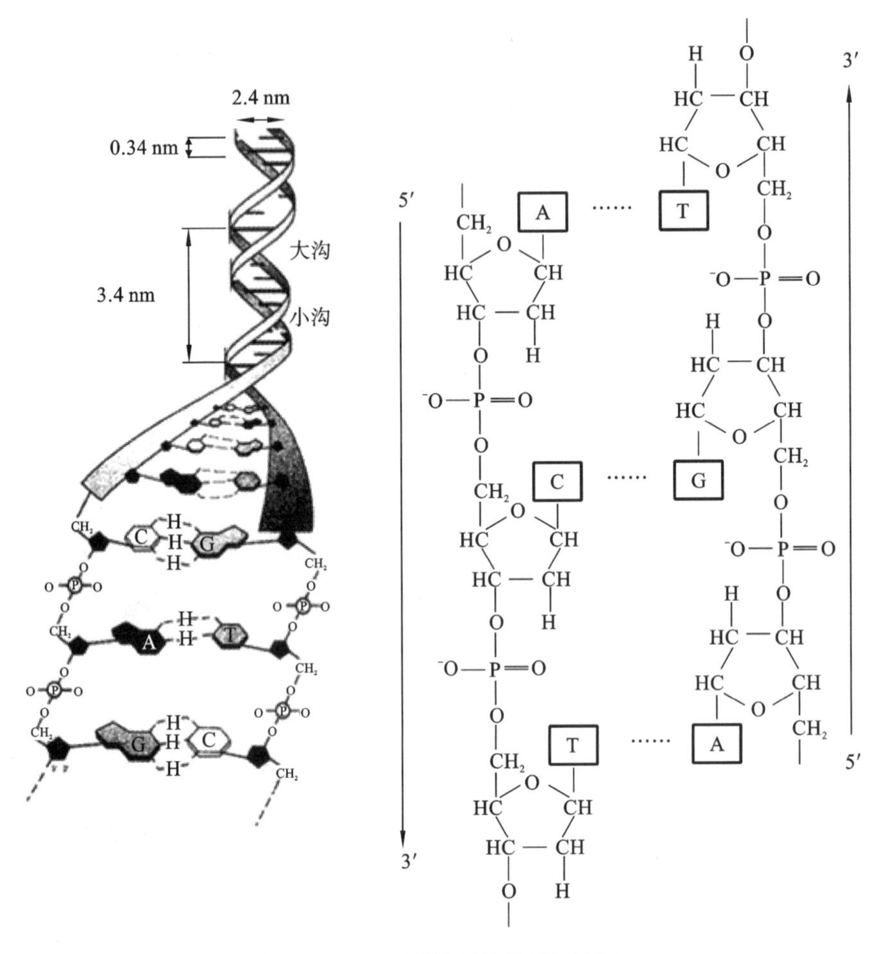

图 3-9　DNA 双螺旋结构模型示意图

在自然界原核生物和真核生物基因组中，还发现左手双螺旋的 DNA，可能参与基因表达的调控，但其确切的生物学功能尚待研究。

（三）DNA 的三级结构

DNA 在形成双螺旋结构的基础上，还要进一步盘绕和压缩，形成致密的超级结构，即 DNA 的超螺旋结构。超螺旋的形成如果是由双螺旋绕数减少所引起的，称为负超螺旋，反之称为正超螺旋，如图 3-10 所示。

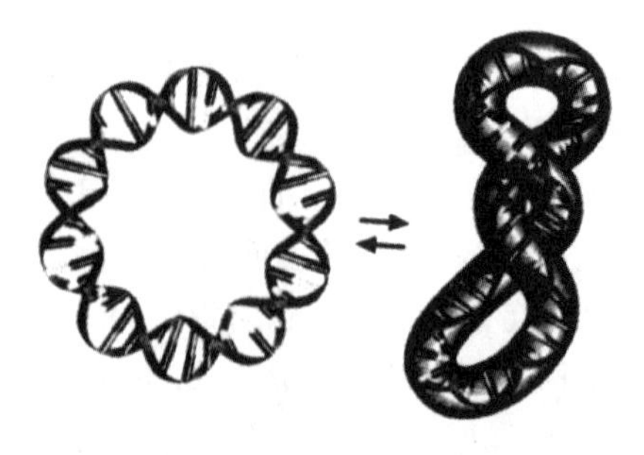

图 3-10　DNA 的超螺旋结构示意图

生物体的闭环 DNA 主要是以负超螺旋形式存在的，如细菌、质粒、某些病毒、线粒体的 DNA 等。一般来讲，进化程度越高的生物体，其 DNA 的分子结构越大，越复杂。超螺旋结构可能有两方面的生物学意义，一方面是超螺旋结构的 DNA 比松弛型 DNA 结构上更紧密，使 DNA 分子体积更小，对其在细胞内的包装过程更为有利；另一方面超螺旋结构能影响双螺旋的解链程序，因而影响 DNA 分子与其他分子（如酶、蛋白质）之间的相互作用。

知识链接

染色体的结构

染色体的主要化学成分由脱氧核糖核酸（DNA）和蛋白质构成，染色体上的蛋白质有两类：一类是相对分子质量较小的碱性蛋白质即组蛋白（histones），另一类是酸性蛋白质，即非组蛋白蛋白质（non-histone proteins）。非组蛋白蛋白质的种类和含量不稳定，而组蛋白的种类和含量都很稳定，其含量大致与 DNA 相等。所以人们早就猜测，组蛋白在 DNA-蛋白质纤丝的形成上起着重要作用。Kornberg 根据生化资料和电镜照相，最先在 1974 年提出绳珠模型，用来说明 DNA-蛋白质纤丝的结构。纤丝的结构单位是核小体，它是染色体结构的最基本单位。

（四）DNA 的功能

DNA 的基本功能是作为生物遗传信息的携带者，是基因复制和转录的模板，并通过 mRNA 的碱基序列决定蛋白质中氨基酸的排列顺序。DNA 是生命遗传的物质基础，也是个体生命活动的信息基础。

二、RNA 的结构与功能

RNA 的一级结构是指 RNA 分子中核糖核苷酸的排列顺序。除 AMP、GMP、UMP、CMP 外，有些 RNA 分子中还含有少量的稀有碱基核苷酸残基，RNA 一般要比 DNA 小得多，由十几个至数千个核苷酸组成，它在 DNA 的遗传信息表达过程中，发挥着重要作用。RNA 根据结构和功能的不同，主要分为信使 RNA、转运 RNA、核糖体 RNA 三种类型（表 3-1）。

表 3-1　RNA 分布部位、分类及功能

细胞核和胞液		线粒体	功能
核蛋白体 RNA	rRNA	mtrRNA	核蛋白体组分
信使 RNA	mRNA	mtmRNA	蛋白质合成模板
转运 RNA	tRNA	mttRNA	转运氨基酸
核内不均一 RNA	hnRNA		成熟 mRNA 的前体
核内小 RNA	snRNA		参与 hnRNA 的剪接、转运
核仁小 RNA	snoRNA		rRNA 的加工、修饰
胞浆小 RNA	scRNA/7SL-RNA		蛋白质内质网定位合成的信号识别体的组分

（一）信使 RNA（mRNA）的结构与功能

mRNA 占细胞总 RNA 的 2%～5%，代谢非常活跃，在细胞核内初合成的 RNA 分子

比成熟的 mRNA 大得多，是 mRNA 前体，经剪接、加工转变为成熟的 mRNA。mRNA 的结构特点如下。

1. 帽子结构 大部分真核细胞 mRNA 的 5′-末端都以 7-甲基鸟苷三磷酸(m^7GpppN)为起始结构，这种结构称为帽子结构。

2. 多聚腺苷酸尾 在真核生物 mRNA 的 3′-末端，有数十至数百个腺苷酸连接而成的多聚腺苷酸结构，称为多聚腺苷酸尾或多聚 A 尾。

mRNA 的功能是将 DNA 所携带的遗传信息，按碱基互补配对原则，转录并传送至核糖体，用以决定其合成蛋白质的氨基酸排列顺序。

(二) 转运 RNA(tRNA)的结构与功能

tRNA 是相对分子质量最小的 RNA，占细胞总 RNA 的 15%左右，主要功能是转运氨基酸到核蛋白体上，参与翻译 mRNA 的遗传信息，细胞内 tRNA 的种类很多，每一种氨基酸由一种或几种相应的 tRNA 携带而转运至核蛋白体。

tRNA 的一级结构特点：tRNA 是单链小分子，由 73～93 个核苷酸组成，tRNA 的结构共同特点为 3′-末端为 CCA-OH，5′-末端大多数为 G，含有较多具有修饰作用的稀有碱基和稀有核苷。

tRNA 的二级结构特点：tRNA 的二级结构具有三环一臂结构，形似“三叶草”，如图 3-11 所示，位于左右两侧的环状结构根据其含有的稀有碱基的特征，分别称为 DHU 环和 TΨC 环，位于下方的环称为反密码环，反密码环由 7 个碱基组成，其中间的三个碱基构成反密码子，不同 tRNA 的反密码子不同。

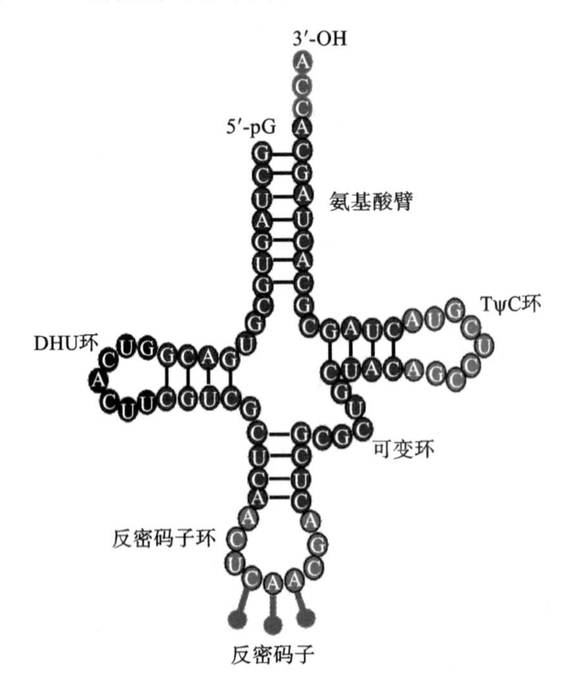

图 3-11 tRNA 的二级结构

tRNA 的三级结构的特点：所有 tRNA 分子都有相似的三级结构，均呈倒 L 形，如图 3-12 所示，其中一端为含 CCA-OH 的 3′-末端，是结合氨基酸的部位，另一端为反密码环，DHU 环和 TΨC 环在 L 形结构的拐角上。

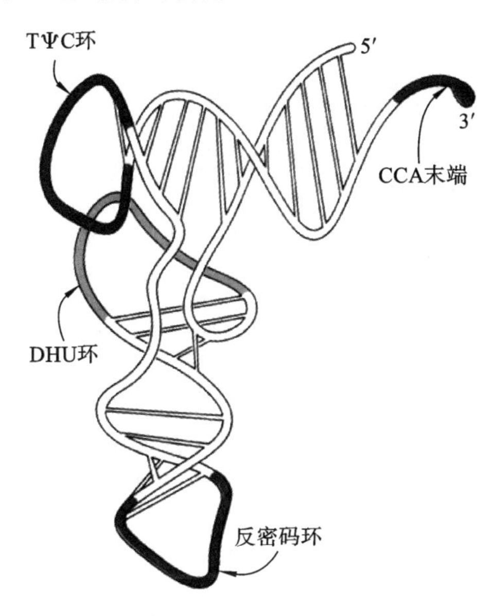

图 3-12　tRNA 的三级结构

（三）核糖体 RNA(rRNA)的结构与功能

核糖体 RNA 是细胞内含量最多的 RNA，占细胞总 RNA 的 80%以上，是一类代谢稳定、相对分子质量最大的 RNA，rRNA 参与组成核糖体的大、小亚基，它们与核蛋白体蛋白共同构成核糖体，核糖体是细胞内蛋白质生物合成的场所。rRNA 的结构为多茎环结构。

在蛋白质生物合成中，各种 rRNA 本身并无单独执行功能的本领，必须与蛋白质结合成核蛋白体，才能发挥作用，而核蛋白体的功能则是在蛋白质生物合成中起装配机的作用。

【护考提示】
生物体中含量最多的 RNA 是哪一种？

第三节　核酸的理化性质

一、核酸的一般性质

DNA 是线型生物大分子，具有严格的双螺旋结构，天然 DNA 分子的长度可达几厘米，而分子的直径只有 2 nm，呈细线状，黏度极大，在机械力的作用下易发生断裂。RNA 分子比 DNA 分子短得多，呈无定形，黏度也小得多，DNA 和 RNA 都是极性化合物，微溶于水，不溶于乙醇、乙醚、氯仿等有机溶剂。DNA 和 RNA 的溶液由于碱基具有共轭双键，能强烈吸收 260～290 nm 波段紫外光，最大吸收峰在 260 nm 附近，如图 3-13 所示，碱基成分的紫外吸收特征是 DNA 和 RNA 定量测定最常用的方法。

【护考提示】
核酸的最大紫外吸收峰波长为多少？

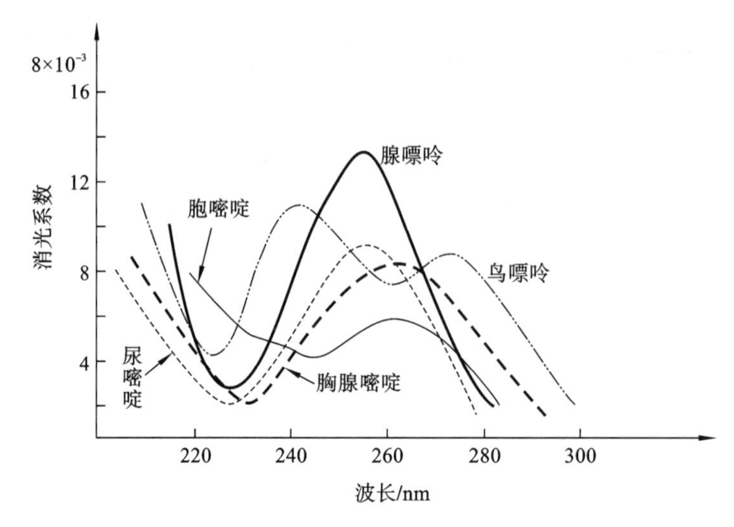

图 3-13　核酸的紫外吸收性质示意图

二、DNA 的变性

DNA 变性是指在某些理化因素的作用下，DNA 双链互补碱基对之间的氢键发生断裂，使 DNA 双螺旋解开变为单链的过程，如图 3-14 所示。由于 DNA 变性并不涉及核苷酸间磷酸二酯键的断裂，故变性作用并不引起 DNA 一级结构的改变。

引起 DNA 变性的因素有加热、有机溶剂、酸、碱、尿素和酰胺等。实验室最常用的使 DNA 变性的方法是加热。加热使 DNA 在解链过程中，更多的碱基共轭双键得以暴露，DNA 在 260 nm 处的吸光度增大，称为增色效应。增色效应是监测 DNA 双链是否发生变性的常用指标。

DNA 的热变性是在一个狭窄的温度范围内发生并迅速完成的。DNA 热变性时，其紫外吸收增加值达到总增加值一半时的温度称为 DNA 的解链温度，又称熔解温度（T_m）。其大小与 G+C 含量成正比。

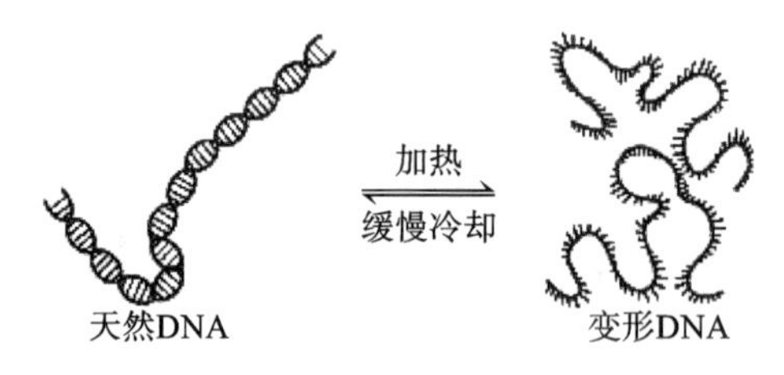

图 3-14　DNA 变性示意图

三、DNA 的复性与分子杂交

DNA 复性是指当 DNA 热变性后，温度缓慢下降，在适当条件下，变性 DNA 的两条互补链重新由氢键连接恢复天然的双螺旋构象的现象，也称退火。DNA 复性时，其吸光度降低的现象称为减色效应。

在 DNA 变性后的复性过程中，将不同种类的 DNA 单链分子或 RNA 分子放在同一溶液中，只要两种单链分子之间存在着一定程度的碱基配对关系，在适宜的条件下，就可以在不同的分子间形成杂化双链。杂化双链可以在不同的 DNA 与 DNA 之间形成，也可以在 DNA 与 RNA 分子间或者 RNA 与 RNA 分子间形成，这种现象称为核酸分子杂交。

分子杂交技术已广泛应用于核酸结构及功能的研究、遗传病诊断、肿瘤病因学研究及基因工程，该技术可分为 Southern 印迹、Northern 印迹、斑点杂交、原位杂交等。

知识链接

DNA 指纹技术

生物个体间的差异本质上是 DNA 分子序列的差异，人类不同个体(同卵双生除外)的 DNA 各不相同。如人类 DNA 分子中存在着高度重复序列，不同个体重复单位的数目不同，差异很大，但重复序列两侧的碱基组成高度保守，且重复单位有共同的核心序列。因此，针对保守序列选择同一种限制性核酸内切酶，针对重复单位的核心序列设计探针，将人基因组 DNA 经酶切、电泳、分子杂交及放射自显影等处理，可获得检测的杂交图谱，杂交图谱上的杂交带数目和分子量大小具有个体差异性，这如同一个人的指纹图形一样各不相同。因此，把这种杂交带图谱称为 DNA 指纹。DNA 指纹技术已被广泛应用于法医学、疾病诊断、肿瘤研究等领域。

直通护考

直通护考答案

A_1 型题

1. 遗传的物质基础是(　　)。

A. 核酸　B. 核苷酸　C. 蛋白质　D. 氨基酸　E. 糖类

2. 核酸的平均含磷量为(　　)。

A. 16%　B. 9%～10%　C. 19%　D. 15%　E. 8.5%

3. 脱氧腺苷酸是指(　　)。

A. dAMP　B. dGMP　C. dCMP　D. dTMP　E. dUMP

4. DNA 中有 RNA 中没有的碱基是(　　)。

A. A　B. C　C. G　D. T　E. U

5. 核酸的基本组成单位是(　　)。

A. 核苷　B. 核苷酸　C. 戊糖　D. 磷酸　E. 磷酸和戊糖

6. 嘌呤和戊糖形成糖苷键，其彼此连接的位置是(　　)。

A. N_9-C_1　B. N_1-C_1　C. N_3-C_1　D. N_7-C_1　E. N_9-C_3

7. 嘧啶和戊糖形成糖苷键，其彼此连接的位置是(　　)。

A. N_9-C_1　B. N_1-C_1　C. N_3-C_1　D. N_7-C_1　E. N_9-C_3

8. 核酸分子中含量比较稳定的元素是(　　)。

A. C　B. H　C. O　D. N　E. P

9. 核酸分子中各单核苷酸间的主要连接键是(　　)。

A. 3′,5′-磷酸二酯键　B. 5′,3′-磷酸二酯键

C. 2′,5′-磷酸二酯键　D. 5′,2′-磷酸二酯键

E. 1′,5′-磷酸二酯键

10. 核酸的最大紫外吸收峰在(　　)处。

A. 280 nm　B. 270 nm　C. 260 nm　D. 250 nm　E. 240 nm

11. 维系 DNA 双螺旋结构稳定最主要的力是(　　)。

A. 氢键　　B. 盐键　　C. 疏水键　　D. 范德华力　　E. 碱基堆积力

12. 关于 DNA 分子中碱基组成的定量关系错误的是(　　)。

A. A=T　　B. C=G　　C. A+T=C+G

D. A+C=T+G　　E. A+G=T+C

13. 生物体中含量最多的 RNA 是(　　)。

A. rRNA　　B. tRNA　　C. mRNA　　D. hnRNA　　E. snRNA

14. tRNA 三级结构是(　　)。

A. 倒 L 形　　B. 三叶草形　　C. 多茎环　　D. 双螺旋　　E. 超螺旋

(李敏艳)

第四章　维　生　素

扫码看课件

能力目标

1. 掌握：维生素的概念及B族维生素与辅酶的关系。
2. 熟悉：各种维生素的生理作用及缺乏症。
3. 了解：维生素的化学本质、性质、分类与命名。

维生素是维持机体生命活动必需的一类小分子有机化合物，也是保持机体健康的重要活性物质。维生素在体内不能合成或合成量很少，但不可或缺。机体对维生素的需求量甚微，每日以毫克或微克计算。维生素的种类很多，它们不参与构成机体组织的成分，也不氧化供能，然而它们在生命活动中却发挥着如下重要作用：①维持和调节机体正常代谢、参与机体某些具有特殊功能蛋白质的合成；②对机体的新陈代谢、生长、发育等有极其重要的作用；③作为激素的前体物质，活化后发挥作用。当机体长期缺乏某种维生素，就会引起生理功能障碍而发生维生素缺乏病。

第一节　概　　述

案例导入 4-1

患者，女，32岁。自述皮肤干燥、舌尖疼痛。医生检查患者发现舌乳头红肿、舌尖处有糜烂，诊断为维生素 B_2 缺乏症（核黄素缺乏症）。

具体任务：

1. 分析为什么维生素 B_2 缺乏会出现这些症状？
2. 如何对患者进行饮食指导？

案例导入分析

一、维生素的命名和分类

（一）维生素的命名

维生素一般按照其被发现的先后以英文字母顺序命名，如A、B、C、D等字母，有些维生素混合存在时，在字母右下角注以1、2、3……加以区别；也可以按照化学结构特点命

名，如视黄醇、核黄素、吡哆醇等；或根据其生理功能和治疗作用命名，如抗干眼病维生素、抗佝偻病维生素等。

（二）维生素的分类

维生素按照其溶解性可分为脂溶性维生素和水溶性维生素。脂溶性维生素包括维生素 A、维生素 D、维生素 E 和维生素 K，水溶性维生素包括 B 族维生素和维生素 C。B 族维生素包括维生素 B_1、维生素 B_2、维生素 PP、泛酸、维生素 B_6、生物素、叶酸、维生素 B_{12} 等。

二、维生素的缺乏原因

由于机体对维生素每日的需要量并不多，一般而言，只要膳食合理就可以得到机体所需的全部维生素，假如有某种维生素长期供应缺乏，就会出现相应的维生素缺乏症。

维生素缺乏的常见原因如下。

（1）摄入量不足如食物在烹调、加工、储存时维生素的丢失与破坏。

（2）一些病理因素导致机体对维生素的吸收利用率降低如长期腹泻、消化道或胆道梗阻、胃酸分泌减少等造成维生素吸收与利用减少。

（3）机体本身对维生素的需要量相对增大，如妊娠与哺乳期妇女、生长发育期的儿童、某些疾病等使机体对维生素的需要量相对增大。

第二节　脂溶性维生素

脂溶性维生素属于疏水性化合物，包括维生素 A、维生素 D、维生素 E、维生素 K。它们一般不溶于水，易溶于脂类及有机溶剂。在食物中，它们常和脂类共存，并随脂类物质一同被吸收，吸收后的脂溶性维生素主要储存在肝和脂肪组织中。其在体内可蓄积，若大剂量摄入，可引起中毒。脂类吸收障碍或食物中长期缺乏，就会引起维生素缺乏症。

一、维生素 A

维生素 A 又称抗干眼病维生素，其化学性质活泼，易被空气氧化。故维生素 A 的制剂应装在棕色瓶内避光储存。天然维生素 A 有 A_1 和 A_2 两种形式。维生素 A_1 又称视黄醇，维生素 A_2 又称 3-脱氢视黄醇。维生素 A 在体内的活性形式包括视黄醇、视黄醛和视黄酸。

【护考提示】
维生素 A 的活性形式。

（一）维生素 A 的来源

植物中不存在维生素 A，但很多植物性食品如胡萝卜、红辣椒、菠菜、芥菜等有色蔬菜中含有丰富的胡萝卜素，其中最重要的为 β-胡萝卜素。胡萝卜素本身无生理活性，但 β-胡萝卜素在小肠黏膜或肝中可转变成为维生素 A。动物肝、蛋黄、牛奶、鱼肝油含有较多维生素 A。正常成年人每日维生素 A 的需要量为 80～100 μg。

（二）维生素 A 的生化作用

1. 参与构成视觉细胞内的感光物质发挥视觉功能　人体视网膜含有由 11-顺视黄醛（维生素 A 的活性形式）和视蛋白合成的能够感受暗光与弱光的视紫红质。当视紫红质感光时，11-顺视黄醛转变为全反型视黄醛，并引起视蛋白变构，激发神经冲动，刺激大脑

引起视觉(图 4-1)。

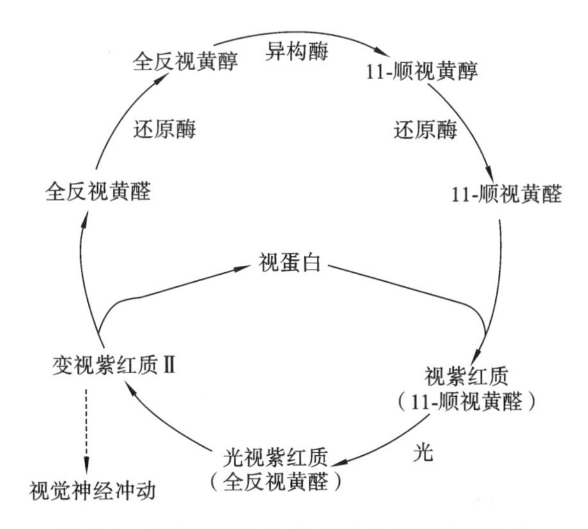

图 4-1　视紫红质的合成、分解与视黄醛的关系

维生素 A 缺乏时,11-顺视黄醛补充不足,视紫红质的合成减少,视网膜感受弱光能力降低,暗适应时间延长,严重时会导致"夜盲症"。

2. 参与细胞膜糖蛋白的合成,维持上皮结构的完整与健全　维生素 A 作为调节糖蛋白合成的辅助因子,可稳定上皮细胞的细胞膜,维持上皮细胞形态和功能的完整与健全,其中对眼、呼吸道、消化道、泌尿管道及生殖系统等上皮细胞影响最为显著。维生素 A 缺乏时,可引起泪腺的上皮角化、泪液分泌减少,致使角膜、结膜干燥,泪腺萎缩,导致眼干燥症(干眼病)。维生素 A 缺乏还可导致上皮组织发育不健全,易受微生物感染,因此老人、儿童易引起呼吸道炎症。

3. 促进生长、发育和维持生殖功能作用　视黄酸参与类固醇激素的合成,维生素 A 缺乏时,影响儿童的生长发育,出现生长停滞、骨骼生长不良等。

此外,维生素 A 过量时可导致中毒,表现为剧烈头痛、恶心腹泻、共济失调等中枢神经系统表现。妊娠期摄取过多,易发生胎儿畸形。

二、维生素 D

维生素 D 又称抗佝偻病维生素,是类固醇衍生物,主要包括维生素 D_3(胆钙化醇)和维生素 D_2(麦角钙化醇)。在体内,胆固醇可变为 7-脱氢胆固醇,储存在皮下,在紫外线作用下再转变为维生素 D_3。酵母和植物油含有不被人体吸收的麦角固醇,在紫外线照射下可变为能被吸收的维生素 D_2。维生素 D 在体内需要经过肝和肾的两次羟化作用,才能转变成活性形式 $1,25\text{-}(OH)_2\text{-}D_3$。因此,肝肾功能有障碍的患者会影响维生素 D 的活化,肝胆疾病、肾病或某些药物也会抑制维生素 D 的羟化,从而导致骨质疏松症。

(一) 维生素 D 的来源

储存在人体皮下的 7-脱氢胆固醇经紫外线照射后可转化为维生素 D_3。只要有足够的日光照射,就完全可以满足人体对维生素 D 的需要。另外,鱼肝油、牛奶、蛋黄及虾中也含有丰富的维生素 D。正常成年人每日维生素 D 的需要量为 5～10 μg。

(二) 维生素 D 的生化作用

1. 调节钙、磷代谢　$1,25\text{-}(OH)_2\text{-}D_3$ 主要作用是促进小肠黏膜和肾小管对钙、磷的

吸收与重吸收，维持血浆中钙、磷的正常浓度，调节血钙、血磷水平，有利于新骨的生成和钙化。维生素 D 缺乏，儿童可发生佝偻病，成人引起软骨病。

【护考提示】
维生素 D 的缺乏症。

2. 调控细胞的生长和分化 $1,25\text{-}(OH)_2\text{-}D_3$ 对某些肿瘤细胞的增殖和分化有抑制作用，还能促进胰岛 β 细胞合成和胰岛素分泌，具有抗糖尿病的功能。

维生素 D 过量时，也有严重的毒性，轻则食欲缺乏、恶心、呕吐，重则对软组织造成伤害，钙沉积在心肌和肾，非常危险。因储存于皮下的 7-脱氢胆固醇有限，故日光浴不会引起维生素 D 中毒。

三、维生素 E

维生素 E 包括生育酚和生育三烯酚两大类。维生素 E 在无氧条件下相对稳定，但对氧十分敏感，易于自身氧化，因而能够保护其他易被氧化的物质。

（一）维生素 E 的来源

维生素 E 广泛存在于植物油、油性种子和麦芽中，以大豆油、麦胚油、玉米油和葵花籽油中最为丰富。体内维生素 E 主要存在于细胞膜、血浆脂蛋白和脂库中。正常成年人每日维生素 E 的需要量为 8～10 mg。

（二）维生素 E 的生化作用

1. 抗氧化作用 维生素 E 易被氧化，在体内可保护不饱和脂肪酸、维生素 A、维生素 C 及某些酶免受氧化，从而维持细胞膜的正常结构和功能。维生素 E 缺乏时，生物膜中的脂质易被氧化而受损，导致红细胞破裂而溶血。

知识链接

过量摄入维生素的危害

长期服用维生素，会导致身体对维生素的依赖性，如果在机体并不缺乏维生素的情况下去补充维生素，身体反而会感到疲劳，会对身体造成极大的伤害，打乱身体的平衡，增加人体各功能的负重。

1. 维生素 A 摄入过量 大量摄入维生素 A 会导致人脱发、恶心、拉肚子、皮肤呈现鱼磷状并伴随大片大片的脱落、手脚酸痛、视力模糊、肝脏肿大，对人体的危害极大，正常情况下，食物的摄入就可以达到人体的需要量。

2. 维生素 E 摄入过量 大量摄入维生素 E，会引起血小板聚集和血栓的形成，从而造成心脑血管疾病，也正因为如此，像血脂稠等血管类疾病的人一定要控制维生素 E 的摄入量，以免造成更大的伤害，如脑梗等的加重。

3. 维生素 D 摄入过量 维生素 D 摄入过量会产生口干舌燥，眼睛肿痛、恶心，拉肚子、皮肤奇痒无比，过量食用还会引起尿频、尿急，含量过高还可导致血液中钙质浓度增加，引发急性高钙血症，近而增加肾脏负担，引起肾功能不全或者肾结石。

4. 维生素 K 摄入过量 维生素 K 的过量摄入，会产生溶血性贫血、肝脏疾病、呼吸器官功能障碍，严重者可导致呼吸困难，危及生命。

2. 维持正常的生育功能 维生素 E 能够使促性腺激素分泌增加，促进精子生成和活动，增加卵泡生长及孕酮作用。维生素 E 缺乏，会造成女性不育，孕后胎盘萎缩，胚胎死亡或流产；男性睾丸萎缩，无生育能力。临床上维生素 E 常用于治疗先兆流产、习惯性

流产、不孕不育症等。

3. 促进血红素代谢 维生素E能提高血红素合成过程中的关键酶S-氨基-7-酮戊酸合成酶和脱水酶的活性，促进血红素的合成。

4. 调节某些基因的表达 维生素E还具有调节信号转导和基因表达的重要作用，具有抗炎、维持正常免疫、抑制细胞增殖、降低血浆低密度脂蛋白浓度，在防治动脉粥样硬化、肿瘤和抗衰老等方面具有一定的作用。

维生素E广泛存在于植物油及其产物中，故一般不易缺乏。目前人类也尚未发现维生素E中毒。

四、维生素K

维生素K又称凝血维生素，有K_1、K_2和K_3、K_4四种。维生素K_1存在于绿叶植物中，维生素K_2由肠道细菌合成，维生素K_3、维生素K_4由人工合成并且是水溶性的。维生素K_3作用最强，常作为药用。

（一）维生素K的来源

维生素K_1在深绿色蔬菜（如甘蓝、菠菜、莴苣等）和动物肝脏中含量丰富。维生素K_2是人体肠道细菌的产物，维生素K_3、维生素K_4是由人工合成的。体内维生素K的储存量有限，脂类吸收障碍时，容易引起维生素K缺乏症。正常成年人每日维生素K的需要量为60～80 μg。

（二）维生素K的生化作用

维生素K的最主要作用是促进活性凝血因子（Ⅱ、Ⅶ、Ⅸ、Ⅹ）在肝中的合成。另外，维生素K对骨代谢有重要作用，可以增加骨密度，减少动脉钙化，降低动脉硬化的发生率。

维生素K缺乏的主要症状是易于出血。但因维生素K在食物中分布广泛，肠道细菌也可以合成，所以，一般情况下很少缺乏。长期使用抗生素及肠道灭菌药、肝功能异常及脂类吸收障碍的疾病可导致维生素K缺乏症。

第三节 水溶性维生素

水溶性维生素的共同特点是多在自然界中共存，酵母和肝脏中较多；作为酶的辅基而发挥其调节物质代谢的作用（表4-1），大多易溶于水，对酸稳定，易被碱破坏。水溶性维生素在体内只有少量储存，当摄入过量时，因其易从尿中排出，一般不易引起机体中毒。

表4-1 含B族维生素的辅酶或辅基在酶催化中的作用及缺乏症

辅酶或辅基	所含维生素	主要功能	缺乏症或中毒
焦磷酸硫胺素（TPP）	维生素B_1	脱羧	缺乏时导致脚气病及胃肠功能障碍
黄素单核苷酸（FMN）	维生素B_2	递氢	缺乏时导致皮肤干燥，舌尖疼痛、舌乳头红肿，口角糜烂、阴囊炎
黄素腺嘌呤二核苷酸（FAD）	维生素B_2		

续表

辅酶或辅基	所含维生素	主要功能	缺乏症或中毒
尼克酰胺腺嘌呤二核苷酸(NAD^+)	维生素 PP	递氢	1. 缺乏时导致癞皮病 2. 中毒:血管扩张、肝损害
尼克酰胺腺嘌呤二核苷酸磷酸($NADP^+$)	维生素 PP	递氢	
磷酸吡哆醛、磷酸吡哆胺	维生素 B_6	转移氨基	1. 缺乏时导致高同型半胱氨酸血症,增加心脑血管疾病的危险 2. 中毒:周围感觉神经受损
辅酶 A(CoA)	泛酸	转移酰基	缺乏症未见
四氢叶酸(FH_4)	叶酸	转移一碳单位	缺乏时导致巨幼红细胞性贫血、高同型半胱氨酸血症,增加心脑血管疾病的危险
甲基钴胺素	维生素 B_{12}	转移甲基	缺乏时导致巨幼红细胞性贫血、高同型半胱氨酸血症(增加心脑血管疾病的危险)、神经脱髓鞘病变

一、维生素 B_1

【护考提示】
维生素 B_1 的活性形式。

维生素 B_1 又名硫胺素,广泛存在于植物中,谷类、豆类种子外皮含量丰富,在氧化剂存在时易被氧化产生脱氢硫胺素,体内活性形式为焦磷酸硫胺素(TPP)。维生素 B_1 易被小肠吸收,入血后主要在肝及脑组织中经硫胺素焦磷酸激酶作用生成 TPP,参与氧化脱羧反应。当维生素 B_1 缺乏时,丙酮酸的氧化脱羧受阻,组织内丙酮酸和乳酸堆积,导致细胞功能障碍,特别是神经传导的障碍,最终导致肌肉萎缩、心肌无力、周围神经疾患,以及中枢容易兴奋、疲劳等,即干性脚气病,如伴有水肿,则为湿性脚气病。

二、维生素 B_2

【护考提示】
维生素 B_2 的活性形式。

维生素 B_2 又称核黄素,分布广泛,在牛奶、蔬菜、肉类中含量丰富。从食物中被吸收后在小肠黏膜黄素激酶的作用下可生成黄素单核苷酸(FMN),在焦磷酸化酶催化下生成黄素腺嘌呤二核苷酸(FAD)。FMN、FAD 是其在体内的活性形式。在生物氧化过程中主要起到递氢体的作用,能促进糖、脂肪、蛋白质的代谢。维生素 B_2 缺乏时,主要表现为口角炎、舌炎、阴囊炎及角膜血管增生和巩膜充血等。

三、维生素 PP

【护考提示】
维生素 PP 的活性形式。

维生素 PP 又称抗癞皮病维生素,包括烟酸(尼克酸)和烟酰胺(尼克酰胺),广泛存在于自然界,食物中的维生素 PP 以烟酰胺腺嘌呤二核苷酸(NAD^+)和烟酰胺腺嘌呤二核苷酸磷酸($NADP^+$)的形式存在。人体需要的维生素 PP 主要从食物中摄取。蘑菇、谷物、肉类等物质中含量丰富。维生素 PP 缺乏时,主要表现为癞皮病,其特征是体表暴露部分出现对称性皮炎,此外还有消化不良、精神不安等症状,严重时可出现顽固性腹泻和精神失常。临床上利用烟酸扩张血管、降低血胆固醇的作用治疗心绞痛和高胆固醇血症。

四、泛酸

泛酸因在自然界广泛存在，又称遍多酸。参与辅酶A（CoA）和酰基载体蛋白（ACP）的组成。CoA和ACP是各种酰基转移酶的辅酶，主要起传递酰基的作用，广泛参与糖、脂肪、蛋白质代谢及肝的生物转化作用。临床上泛酸缺乏症很少见。

五、生物素

生物素广泛分布于酵母、肝、牛奶、鱼类、蛋类及谷物等食物中，人体肠道细菌也能合成，故很少缺乏。生物素耐酸不耐碱，高温和氧化剂可使其灭活。生物素作为体内多种羧化酶（丙酮酸羧化酶）的辅基，在羧化反应中起CO_2载体作用。

大量食用生鸡蛋清可引起生物素缺乏。新鲜鸡蛋中有一种抗生物素蛋白，它能与生物素结合使其不能被吸收。蛋清加热后，这种蛋白质即被破坏而失去作用。长期服用抗生素可抑制肠道细菌正常生长，也可能造成生物素的缺乏，主要表现为疲乏、恶心、呕吐、食欲缺乏、皮炎及脱屑性红皮病等。

六、维生素B_6

维生素B_6包括吡哆醇、吡哆醛和吡哆胺三种化合物，广泛存在于食品中，肉类、蔬菜、未脱皮的谷物、蛋黄中含量较多，在体内以磷酸酯的形式存在，参与氨基酸的转氨基、某些氨基酸的脱羧作用，临床用于对小儿惊厥及妊娠呕吐的治疗。维生素B_6缺乏时，血中同型半胱氨酸含量增高，发生高同型半胱氨酸血症，后者是诱发动脉粥样硬化的重要因素。

七、叶酸

叶酸在食物中含量较多，肠道细菌也能够合成，所以一般不会发生缺乏症。叶酸在体内必须转变成四氢叶酸（FH_4）才有生理活性，四氢叶酸是一碳单位转移酶的辅酶，一碳单位参与嘌呤和嘧啶等物质的合成，在核酸的生物合成中起重要作用。叶酸缺乏时可导致DNA合成障碍，骨髓幼红细胞分裂增殖速度下降，细胞体积增大，核内染色质疏松，造成巨幼红细胞性贫血。

八、维生素B_{12}

维生素B_{12}又称钴胺素，广泛存在于动物性食物中，不易发生缺乏症。在体内的活性形式有甲基钴胺素和5′-脱氧腺苷钴胺素。甲基钴胺素参与体内甲基移移反应和叶酸代谢，是N_5-甲基四氢叶酸甲基移移酶的辅酶。维生素B_{12}缺乏会导致巨幼红细胞性贫血。

九、硫辛酸

硫辛酸分布广泛，在肝和酵母中含量最为丰富。硫辛酸是酰基载体，是硫辛酸乙酰转移酶的辅酶，参与丙酮酸、α-酮戊二酸的氧化脱羧反应，有抗脂肪肝和降低胆固醇的作用。食物中硫辛酸和维生素B_1同时存在，人体也可以合成。目前未见有硫辛酸缺乏症。

十、维生素C

维生素C又名抗坏血酸，味酸，耐酸不耐碱，对热不稳定。维生素C广泛存在于新鲜蔬菜、水果和豆芽中。植物组织中含有抗坏血酸氧化酶，能将维生素C氧化而失活。故

【护考提示】
维生素C的缺乏症。

食物储存过久，维生素C会大量破坏，维生素C主要生理作用如下。

（一）参与羟化反应

羟化反应是体内许多重要物质合成或分解的必要步骤，在羟化过程中，必须有维生素C参与。

（1）促进胶原蛋白的合成：维生素C缺乏时，胶原合成障碍，从而导致坏血病。

（2）促进神经递质5-羟色胺及去甲肾上腺素合成。

（3）促进类固醇羟化：高胆固醇患者，应补给足量的维生素C。

（4）促进有机物或毒物羟化解毒：维生素C能提升氧化酶的活性，增强药物或毒物的解毒过程。

（二）还原作用

维生素C可以是氧化型，又可以是还原型存在于体内，所以可作为供氢体，又可作为受氢体，在体内氧化还原过程中发挥重要作用。

1. 促进抗体形成 高浓度的维生素C有助于食物蛋白质中的胱氨酸还原为半胱氨酸，进而合成抗体。

2. 促进铁的吸收 维生素C能使难以吸收的三价铁还原为易于吸收的二价铁，从而促进铁的吸收。此外，还能使亚铁络合酶等的巯基处于活性状态，以便有效地发挥作用，故维生素C是治疗贫血的重要辅助药物。

3. 促进四氢叶酸形成 维生素C能促进叶酸还原为四氢叶酸后发挥作用，故对巨幼红细胞性贫血也有一定疗效。

（三）其他功能

1. 解毒 体内补充大量的维生素C后，可以缓解铅、汞、镉、砷等重金属对机体的毒害作用。

2. 预防癌症 许多研究证明维生素C可以阻断致癌物N-亚硝基化合物合成，预防癌症。

3. 清除自由基 维生素C可通过逐级供给电子而转变为半脱氧抗坏血酸和脱氢抗坏血酸的过程清除体内超负氧离子及各种自由基，使生育酚自由基重新还原成生育酚，反应生成的抗坏血酸自由基在一定条件下又可被还原为抗坏血酸。

直通护考

A_1 型题

1. 维生素C缺乏会引起（　　）。

A. 贫血　B. 夜盲　C. 糙皮病　D. 坏血病　E. 脚气病

2. 维生素 B_1 的活性形式是（　　）。

A. TPP　B. CoA　C. FAD　D. FMN　E. NAD^+

3. 下列营养成分中，缺乏可造成丙酮酸积累的是（　　）。

A. 叶酸　B. 吡哆醇　C. 硫胺素　D. 生物素　E. 维生素PP

4. 构成FAD的维生素是（　　）。

A. 泛酸　B. 维生素 B_1　C. 维生素 B_2　D. 维生素PP　E. 维生素 B_{12}

5. 下列维生素中，长期服用异烟肼会引起缺乏的是（　　）。

A. 维生素A　B. 维生素C　C. 维生素E　D. 维生素K　E. 维生素PP

直通护考答案

6. 抗干眼病维生素是指(　　)。

A. 维生素 A　　B. 维生素 C　　C. 维生素 D　　D. 维生素 E　　E. 维生素 K

7. 下列关于维生素 D 的叙述,错误的是(　　)。

A. 在肝肾活化　　B. 是类固醇代谢物

C. 活性形式是 $1,24\text{-}(OH)_2\text{-}D_3$　　D. 成人缺乏会引起骨软化症

E. 可促进小肠对钙、磷的吸收

8. 下列维生素属于脂溶性抗氧化剂的是(　　)。

A. 核黄素　　B. 硫胺素　　C. 维生素 D　　D. 维生素 E　　E. 维生素 K

9. 长期、大剂量使用头孢菌类抗菌药,可出现低凝血酶原血症,增加出血风险,应及时补充的维生素是(　　)。

A. 维生素 A　　B. 维生素 C　　C. 维生素 D　　D. 维生素 E　　E. 维生素 K

10. 维生素 D_3 转化为 $25\text{-}OH\text{-}D_3$ 的部位是(　　)。

A. 肝脏　　B. 骨骼　　C. 脾脏　　D. 肾脏　　E. 小肠

(魏菊香)

Note

第五章 酶

扫码看课件

案例导入分析

能力目标

1. 掌握：酶、酶原激活、酶的活性中心、K_m 值等概念，竞争性抑制、非竞争性抑制和反竞争性抑制对酶促反应的影响。

2. 熟悉：酶促反应的特点；酶浓度、温度、底物浓度、pH、激活剂等对酶促反应的影响。

3. 了解：酶作用的机制以及酶与医学的关系。

案例导入 5-1

患儿，女，6 个月，患儿的头发变浅，身上有特殊的臊味，而且患儿刚出生时睡觉总是闹，近期嗜睡，反应迟钝，医生通过生化检查发现患儿血中的 PKU（苯丙氨酸）>1200 μmol/L（正常浓度<120 μmol/L），患儿尿三氯化铁（$FeCl_3$）及 2,4-二硝基苯肼试验（DNPH）阳性，诊断为苯丙酮尿症，病因是先天性缺乏苯丙氨酸羟化酶。

具体任务：

酶是什么？酶的作用特点以及影响酶促反应的因素有哪些？

第一节 概 述

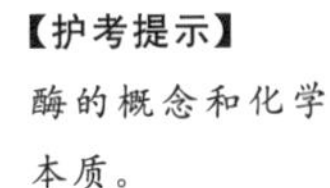

【护考提示】

酶的概念和化学本质。

机体在极为温和的条件下就能进行有序、连续不断、有条不紊的各种各样的化学反应，是因为体内存在一种生物催化剂——酶。酶（enzyme）是由活细胞产生，并对其底物具有高度特异性和高度催化效能的生物催化剂。由酶催化的化学反应称为酶促反应，催化的物质称为底物（substrate），生成物为产物（product）。

绝大多数的新陈代谢反应都是由酶催化完成的，如果没有酶，生物体就没有新陈代谢，也就没有生命。

一、酶的分子组成

酶的化学本质是蛋白质。根据酶的分子组成可分为单纯酶和结合酶。仅含有蛋白

质的酶为单纯酶，如某些蛋白酶、淀粉酶、脂酶等；结合酶是由蛋白质部分和非蛋白质部分组成的，其中蛋白质部分称为酶蛋白，非蛋白质部分为辅助因子。酶蛋白主要决定酶促反应的特异性及其催化机制；辅助因子主要决定酶促反应的性质和类型。酶蛋白和辅助因子结合在一起称为全酶，二者单独存在时均无催化活性，只有全酶才有催化活性。

全酶＝酶蛋白＋辅助因子

辅助因子根据与酶蛋白结合的紧密程度分为辅酶和辅基。辅酶与酶蛋白结合疏松，可以用透析或超滤的方法除去。在酶促反应中，辅酶作为底物接受质子或基团后离开酶蛋白，参与另一酶促反应并将所携带的质子或基团转移出去，或者相反。辅基与酶蛋白结合紧密，不能用透析或超滤的方法除去。

辅助因子多为小分子的有机化合物或金属离子；作为辅助因子的有机化合物多为B族维生素的衍生物或卟啉化合物，主要参与传递电子、质子或基团；金属离子是最常见的辅助因子（表5-1），约2/3的酶含有金属离子，如Fe^{2+}、Na^{+}、Zn^{2+}等。

表5-1　部分辅酶或辅基在酶催化中的作用

辅酶或辅基	缩写	所含的维生素	转移的基团
烟酰胺腺嘌呤二核苷酸（辅酶Ⅰ）	NAD^+	维生素PP（烟酰胺）	H^+、电子
烟酰胺腺嘌呤二核苷酸磷酸（辅酶Ⅱ）	$NADP^+$	维生素PP（烟酰胺）	H^+、电子
焦磷酸硫胺素二核苷酸	TPP	维生素B_1	醛基
黄素腺嘌呤	FAD	维生素B_2	氢原子
辅酶A	CoA	泛酸	酰基
四氢叶酸	FH_4	叶酸	一碳单位
磷酸吡哆醛		维生素B_6	氨基
生物素		生物素	二氧化碳
辅酶B_{12}		维生素B_{12}	氢原子、烷基
硫辛酸		硫辛酸	酰基

二、酶的命名与分类

酶有两种最常见的分类方法，一是根据酶催化的反应类型分为六大类，另一种是系统命名法。

（一）根据酶催化的反应类型分类

1. 氧化还原酶类　催化氧化还原反应的酶包括催化传递电子、氢以及需氧参加的反应的酶，例如过氧化氢酶、细胞色素氧化酶等。

2. 转移酶类　催化底物之间基团转移或交换的酶，例如氨基转移酶、乙酰转移酶等。

3. 水解酶类　催化底物发生水解反应的酶，如蛋白酶、脂肪酶和淀粉酶等。

4. 裂合酶类　催化从底物移去一个基团并形成双键或其逆反应的酶属于裂合酶，如脱羧酶、水化酶等。

5. 异构酶类　催化分子内部基团的位置互变，几何或光学异构体互变以及醛酮互变的酶属于异构酶，如变位酶、异构酶、表构酶等。

6. 合成酶类　催化两种底物形成一种产物并同时偶联有高能键水解和释能的酶属于合成酶或称连接酶，如DNA连接酶、氨基酰-tRNA合成酶等。

（二）系统命名法和推荐名称

此种命名法标明酶的所有底物与反应性质，如 D-甘油醛-3-磷酸醛-酮异构酶。由于有些酶的底物化学名称太长，使一些酶的系统名称太长，太过复杂，为了应用方便，国际酶学委员会又从每种酶的数个习惯名称中选出一个简单实用的推荐名称。

第二节　酶促反应的特点

酶是一种生物催化剂，与一般化学催化剂相比，具有高催化活性、高度特异性、高度不稳定性和可调节性。

一、酶对底物具有高催化活性

酶的催化效率比一般催化剂高 $10^7 \sim 10^{13}$ 倍，比非催化反应高 $10^8 \sim 10^{20}$ 倍，如：H_2O_2 分解生成 H_2O 和 O_2，用胶体钯作催化剂时，反应的活化能降至 48951 J/mol，而用 H_2O_2 酶催化时反应的活化能降至 8368 J/mol。

二、酶对底物具有高度特异性

一种酶仅作用于一种或一类化合物，或一定的化学键，催化一定的化学反应并产生一定的产物，称为酶的特异性或专一性。根据酶对底物选择的特点，酶的特异性分为绝对特异性和相对特异性。

（一）绝对特异性

酶只作用于特定结构的底物分子，生成一种特定结构的产物，称为绝对特异性。如琥珀酸脱氢酶仅催化琥珀酸与延胡索酸的氧化还原反应；麦芽糖酶只催化麦芽糖水解成葡萄糖，而不能催化其他二糖水解成葡萄糖。

另外还有一些具有绝对特异性的酶可以区分光学异构体和立体异构体，只能催化一种光学异构体或立体异构体，如乳酸脱氢酶只催化 L-乳酸转变成丙酮酸，而对 D-乳酸没有催化作用。

（二）相对特异性

一种酶可作用于特定的化学键或特定的基团，因而可以作用于含有相同化学键或化学基团的一类化合物称为酶的相对特异性。如：脂肪酶不仅可以水解脂肪，也可以水解酯；消化系统中的蛋白酶、磷酸酶等具有相对特异性。

三、酶催化活性的可调节性

体内许多酶的活性和酶量可以受体内的代谢物或激素调节。如胰岛素可以诱导 HMG-CoA 还原酶的合成，而胆固醇则阻遏该酶的合成。

四、酶具有不稳定性

酶的化学本质是蛋白质，因而只要能使蛋白质变性的理化因素如强酸、强碱、紫外线、高温、高压等都可使酶失活或减弱酶的活性。因此酶促反应常常是在常温、常压和接近中性的条件下进行的。

知识链接

人体内的解酒酶

人们通常所说的解酒酶是乙醇脱氢酶和乙醛脱氢酶，人饮酒后乙醇通过胃肠道的吸收进入肝脏代谢，乙醇在乙醇脱氢酶的作用下转化为乙醛，乙醛再在乙醛脱氢酶的作用下转化为对人体无毒的乙酸，而后在相关酶的作用下转化为二氧化碳和水。乙醇和乙醛对人体的伤害比较大，人体内都含有乙醇脱氢酶，而且含量基本相等，而缺乏乙醛脱氢酶的人比较多，缺乏此种酶导致乙醛不能转化为乙酸而出现恶心、呕吐以及昏迷不醒等醉酒症状。

第三节　酶的结构与作用机制

一、酶的活性中心

酶的活性中心(active center)或活性部位是指酶分子中能与底物特异性结合并将底物转化为产物的具有三维结构的区域。

在酶分子中，有些与酶的活性密切相关的基团称为必需基团，位于活性中心内的必需基团有结合基团和催化基团，这些基团在一级结构时可以相距较远，但在空间构象上相互接近，共同形成酶的活性中心(图 5-1)，还有一些活性中心外的必需基团，不直接参与活性基团的构成，却为维持酶的活性中心的构象所必需。

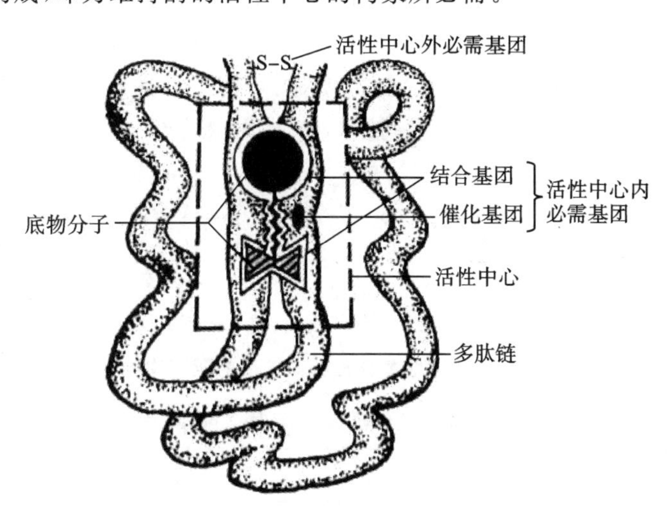

图 5-1　酶的活性中心示意图

二、酶原与酶原的激活

机体内多数酶在某种生理状态下没有活性，这种无活性酶的前身称为酶原。如凝血酶在机体内多数以酶原的形式存在，而一些消化腺分泌的消化酶如胰蛋白酶、胰脂肪酶、胃蛋白酶都是以酶原的形式出现的，通过某些物质激活才具有活性。

无活性的酶原在特定的状态下变为有活性的酶的过程称为酶原激活。酶原激活的本质是酶的活性中心形成或暴露的过程(图 5-2)。

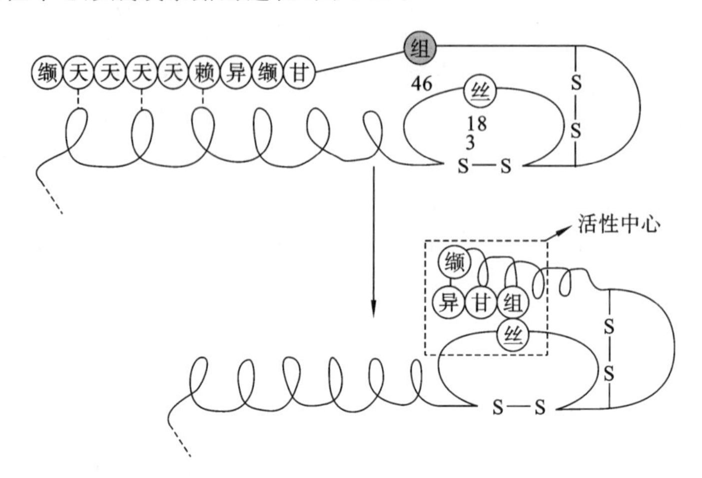

图 5-2 胰蛋白酶原激活模拟图

【护考提示】
酶原激活的概念和本质以及临床意义。

酶原激活的生理意义在于保护自身组织细胞不被酶水解消化,维持机体的正常生理状态。

三、同工酶

【护考提示】
5 种 LDH 同工酶的正常酶谱以及临床意义。

同工酶(isoenzyme)是指催化相同的化学反应,但酶蛋白的分子结构、理化性质和免疫学特性都不同的一组酶。同工酶的一级结构虽然不同,但其活性中心的三维结构相同或相似。

现已发现有百余种酶具有同工酶,可以存在于同一个体的不同组织,也可存在于同一组织甚至同一细胞中。如乳酸脱氢酶(LDH)有五种同工酶(图 5-3)存在于不同的组织细胞,临床可以通过检测患者血清中 LDH 的同工酶,再根据同工酶在不同组织器官的分布,作为诊断的依据,如:血清中 LDH_1 增高明显,可能是心肌梗死;LDH_5 增高明显,可能是肝脏出现坏死。LDH 同工酶在不同组织的分布如表 5-2 所示。

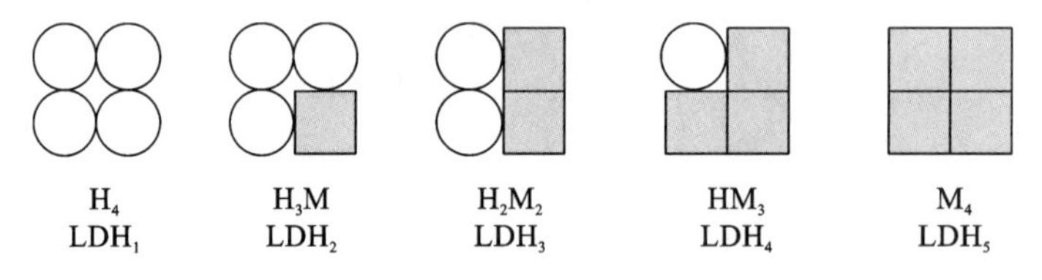

图 5-3 乳酸脱氢酶五种同工酶的亚基构成

表 5-2 人体各组织器官 LDH 同工酶谱(活性) 单位:%

LDH 同工酶	血清	骨骼肌	心肌	肺	肾	肝
LDH_1	27	0	73	14	43	2
LDH_2	34.7	0	24	34	44	4
LDH_3	20.9	5	3	35	12	11
LDH_4	11.7	16	0	5	1	27
LDH_5	5.7	79	0	12	0	56

四、酶的作用机制

酶作用的机制目前还不是太明确，有以下几种学说。

（一）酶有效降低反应活化能

酶与一般催化剂一样，通过降低化学反应的活化能提高反应效率，酶能使底物分子获得更少能量便进入过渡态（图 5-4）。

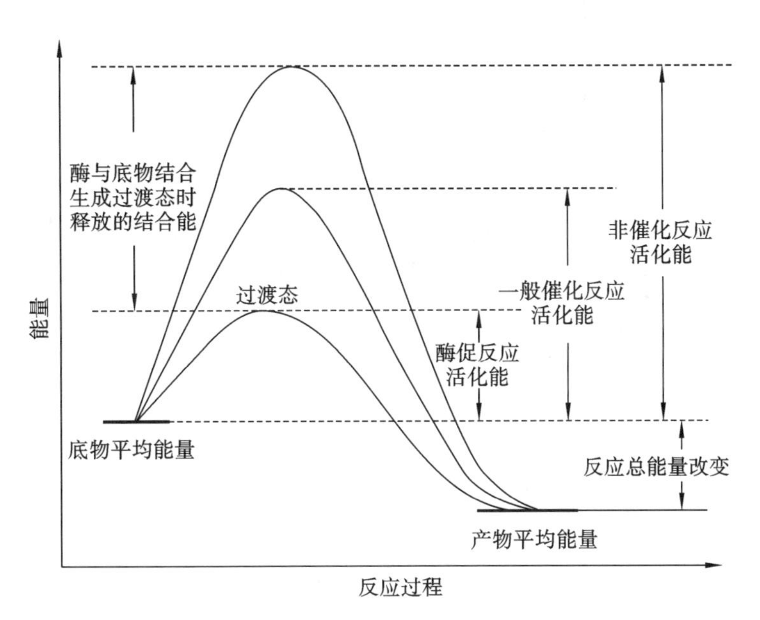

图 5-4　酶促反应活化能的变化

（二）酶与底物结合形成中间产物

酶的活性中心能否有效地与底物结合，并将底物转化为过渡态，是能否发挥其催化作用的关键。目前，酶的活性中心与底物结合的模式有诱导契合作用（图 5-5）、邻近效应与定向排列（图 5-6）、表面效应（图 5-7）。

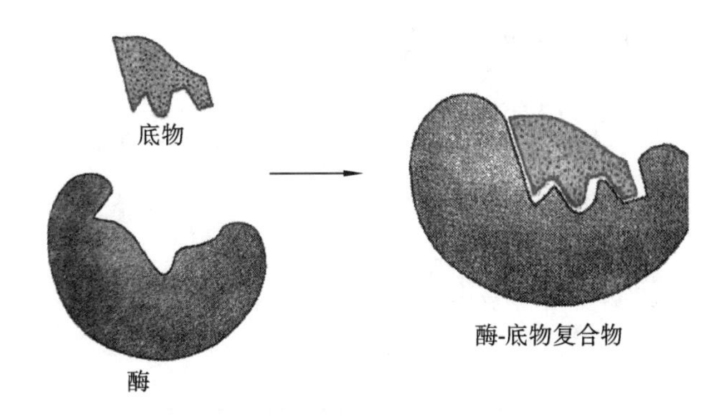

图 5-5　酶与底物结合的诱导契合作用

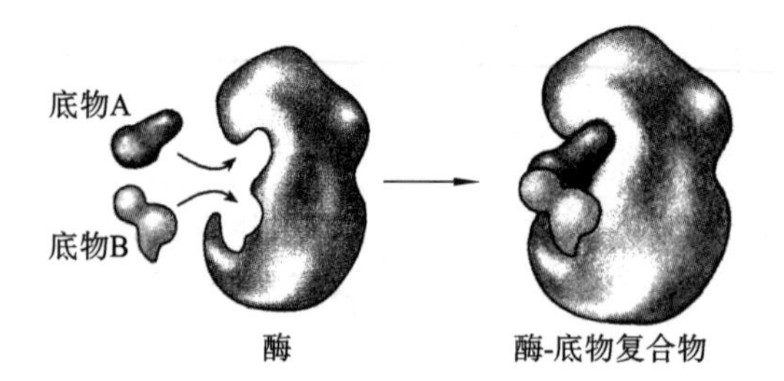

图 5-6 酶与底物的邻近效应与定向排列

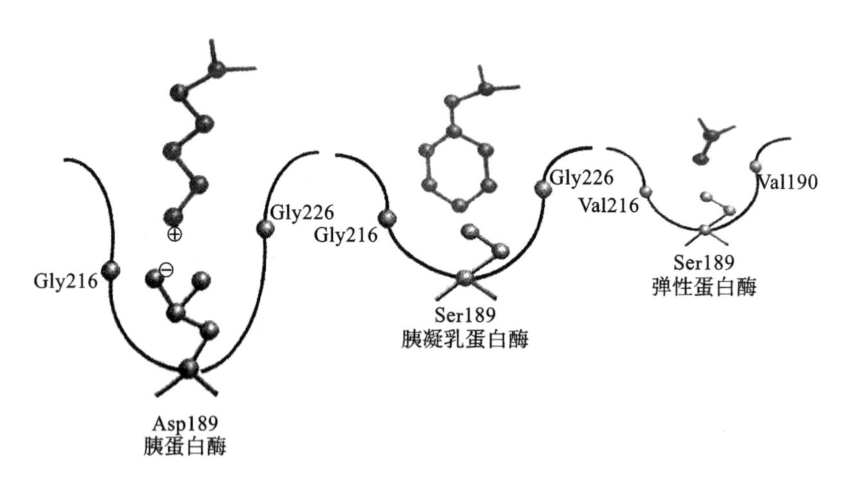

图 5-7 表面效应

第四节 影响酶促反应速度的因素

酶促反应的速度受多种因素的影响，主要因素有底物浓度、酶浓度、温度、pH、激活剂和抑制剂。

一、底物浓度对反应速度的影响

在酶浓度不变的情况下，底物浓度对反应速度的影响呈矩形双曲线(图 5-8)。

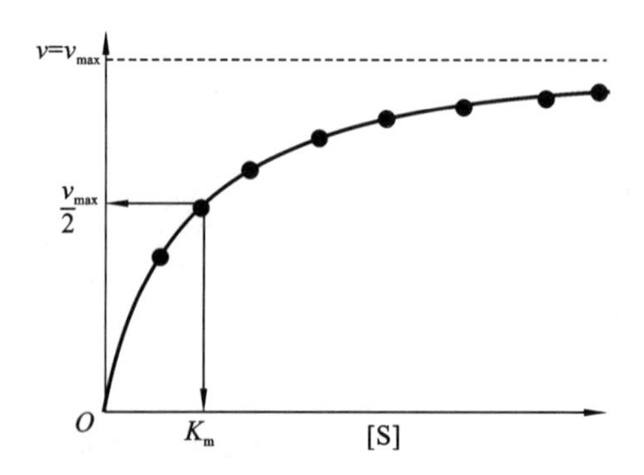

图 5-8 底物浓度对反应速度的影响

底物浓度与酶促反应速度之间的关系可以用米-曼氏方程表示：

$$v=\frac{v_{max}[S]}{K_m+[S]}$$

其中[S]表示底物浓度；v 表示不同[S]时的反应速度；v_{max}表示最大反应速度，是指所有酶均与底物结合形成 ES 时的反应速度；K_m 是米氏常数，等于酶促反应速度为最大反应速度一半时的底物浓度，是酶的特征性常数。K_m 的大小并非固定不变，它与酶的结构、底物结构、反应环境 pH、温度和离子强度有关，与酶的浓度无关，K_m 在一定条件下可用来表示酶与底物的亲和力大小：K_m 越大，酶与底物的亲和力越小；K_m 越小，酶与底物的亲和力越大。

【护考提示】
影响酶促反应的因素。K_m 值的概念以及与酶亲和力的特点。

二、酶浓度对反应速度的影响

在一定的温度和 pH 条件下，当底物浓度足够大时，酶的浓度与反应速度成正比（图 5-9）。

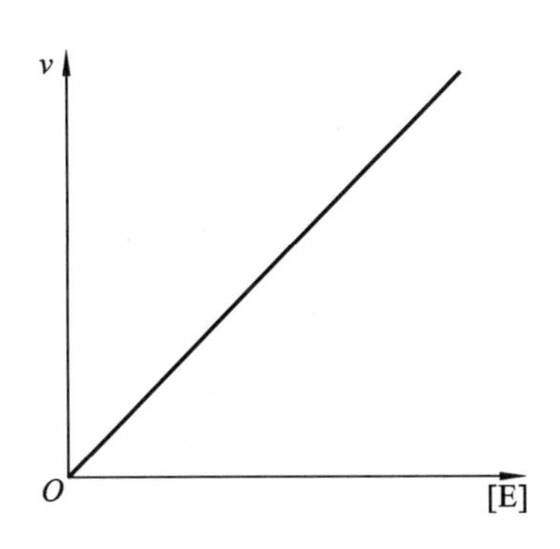

图 5-9　酶浓度对反应速度的影响

【护考提示】
温度对酶的双重影响以及临床应用。

三、温度对反应速度的影响

温度对酶促反应速度具有双重影响，一方面反应速度随温度升高而加快，但当温度达到一定临界值时，温度的升高可使酶变性，使酶促反应速度下降甚至使酶失活（图 5-10）。当反应速度达到最大反应速度时的温度为酶的最适温度，人体内大多数酶的最适温度为 35～40 ℃。

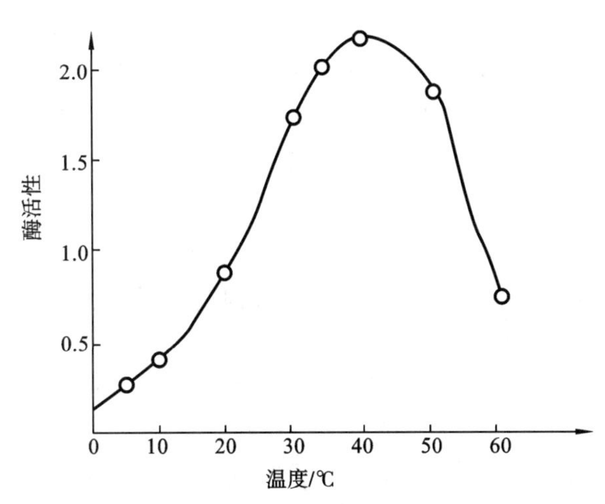

图 5-10　温度对酶促反应速度的影响

四、pH 对反应速度的影响

酶反应介质的 pH 可通过影响酶活性中心上的必需基团的解离程度、底物和辅酶的解离程度，影响酶与底物的结合。只有在特定的 pH 条件下，酶、底物和辅酶的解离状态最适宜它们结合并发生催化作用，使反应速度达到最大值，此时的 pH 为酶的最适 pH（图 5-11）。人体大多数酶的最适 pH 接近中性，但也有例外，如胃蛋白酶的最适 pH 为 1.8，而肝的精氨酸酶的最适 pH 是 9.8。

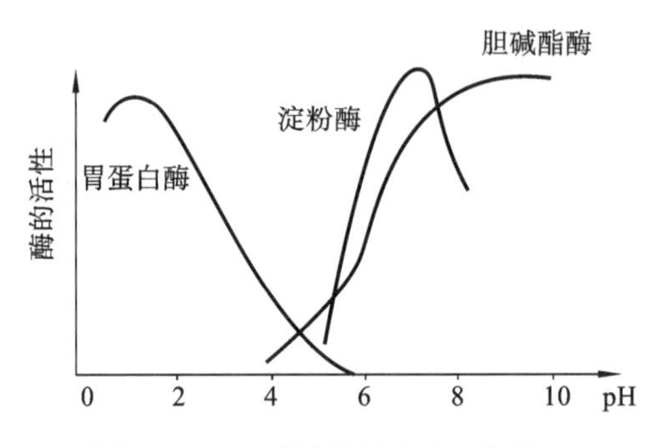

图 5-11　pH 对酶促反应速度的影响

五、激活剂对反应速度的影响

使酶由无活性变为有活性或使酶的活性升高的物质称为酶的激活剂（activator）。激活剂多数为金属离子，如 Mg^{2+}、K^{+}、Mn^{2+} 等，少数为阴离子，如 Cl^{-}，也有一些化合物是激活剂，如盐酸、胆汁酸盐等。

六、抑制剂对反应速度的影响

能使酶的活性下降但不引起酶蛋白变性的物质称为酶的抑制剂（inhibitor）。根据抑制剂与酶结合的紧密程度，可分为不可逆性抑制和可逆性抑制。

【护考提示】
比较竞争性抑制、非竞争性抑制和反竞争性抑制的作用机制以及三种抑制剂的酶动力学特点。磺胺类药物作用的机制。

（一）不可逆性抑制

抑制剂与酶的活性中心以共价键结合，使酶失活，不能通过透析、超滤等方法解除抑制作用。如：某些重金属 Cu^{2+}、Pb^{2+}、Hg^{2+}、As^{3+} 等可与酶分子的巯基共价结合，而对巯基酶起抑制作用，用含有巯基的化合物可解除抑制效应；有机磷农药专一与胆碱酯酶活性中心的羟基共价结合而抑制胆碱酯酶的活性，可用含有特定羟基的解药解磷定解除抑制。

（二）可逆性抑制

抑制剂与酶以非共价键结合，可用透析、超滤等物理方法解除抑制，使酶的活性恢复。根据抑制剂与酶结合的部位不同可分为三种抑制作用：竞争性抑制、非竞争性抑制、反竞争性抑制。

1. 竞争性抑制　抑制剂与底物的结构相似，可与底物竞争酶的活性中心，从而阻碍酶与底物结合形成中间产物；抑制程度取决于抑制剂与底物浓度的相对比例，可通过增加底物浓度减弱或解除抑制效应，酶促反应中 K_m 值增大，但 v_{max} 不变（图 5-12）。如丙二酸对琥珀酸脱氢酶的抑制是竞争性抑制，抑制琥珀酸生成延胡索酸。

临床上很多药物的作用机制是竞争性抑制。最典型的是磺胺类药物，与底物对氨基苯甲酸结构相似，竞争二氢叶酸合成酶，从而阻止细菌合成二氢叶酸，进而减少四氢叶酸

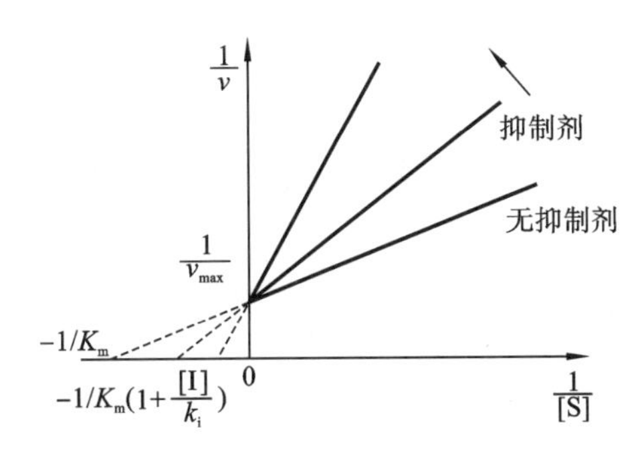

图 5-12 竞争性抑制作用双倒数作图

的合成，抑制细菌的快速繁殖(图 5-13)。

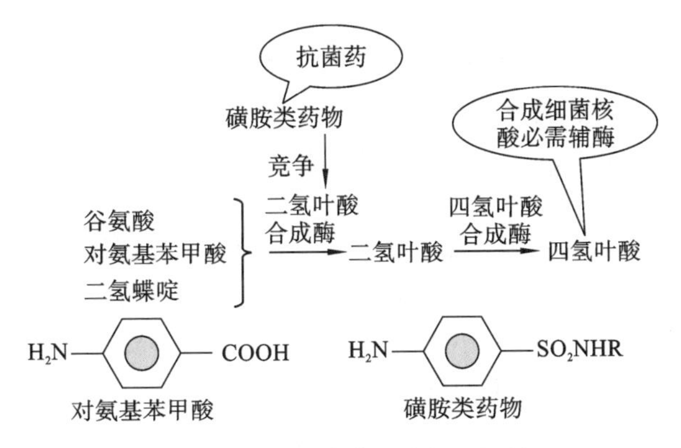

图 5-13 磺胺类药物的作用机制

2. 非竞争性抑制 抑制剂与底物的结构不同，抑制剂与酶活性中心外的基团结合，不影响酶与底物的结合，底物也不影响酶与抑制剂的结合，底物与抑制剂之间无竞争关系，但抑制剂-酶-底物复合物不能生成产物，此种抑制反应 K_m 值不变，但 v_{max} 变小(图 5-14)。如亮氨酸对精氨酸酶的抑制等。

3. 反竞争性抑制 与非竞争性抑制一样，抑制剂与酶活性中心外的调节位点结合。但不同的是，没有底物结合时，游离的酶并不能与抑制剂结合，当底物与酶结合后，酶才能与抑制剂结合。因此，抑制剂仅与酶-底物复合物结合，使 ES 的量下降，不影响酶与底物的结合，底物也不影响酶与抑制剂的结合，底物与抑制剂之间无竞争关系，但抑制剂-酶-底物复合物不能生成产物，此种抑制反应 K_m 值减小，v_{max} 变小(图 5-15)。

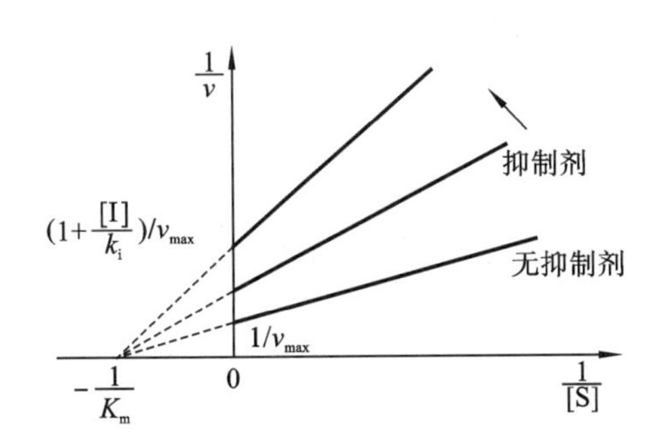

图 5-14 非竞争性抑制作用双倒数作图

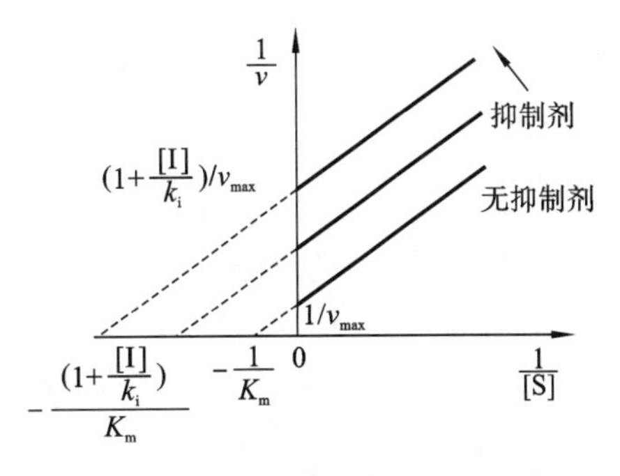

图 5-15 反竞争性抑制作用双倒数作图

第五节　酶与医学的关系

酶与疾病的发生、诊断、治疗有密切的关系。

一、酶与疾病的发生

酶的先天性缺陷是产生先天性疾病的重要原因之一，目前发现140多种先天性代谢缺陷多数是由酶的先天性缺失导致的。如苯丙氨酸羟化酶缺乏导致苯丙酮尿症；酪氨酸酶缺乏导致白化病；6-磷酸葡萄糖脱氢酶缺乏可致蚕豆病等。

有些疾病是由于酶的活性受到抑制所致。如有机磷农药中毒是抑制了胆碱酯酶，氰化物中毒是抑制了细胞色素氧化酶等。

二、酶与疾病的诊断

组织器官损伤可使组织特异性的酶释放入血，临床可根据体液（血浆、尿液等）中酶的活性的改变对疾病做出诊断。如：肝细胞损伤时，血清中丙氨酸氨基转移酶的活性会明显升高，而发生心肌梗死时血清中LDH_1的活性会明显升高；胰腺炎时，血、尿中淀粉酶活性升高；骨癌患者血中碱性磷酸酶含量会升高。

三、酶与疾病的治疗

酶制品可以用于临床疾病的治疗。酶作为药物最早用于助消化，如胃蛋白酶、胰脂肪酶、胰淀粉酶等用于消化不良的治疗；现在也可用一些酶清洁伤口和抗炎，在清洁伤口时加入胰蛋白酶、溶菌酶等可加强伤口的净化，同时也可用一些酶抗血栓，如链激酶、尿激酶及纤溶酶等用于治疗心、脑血管栓塞等疾病。

直通护考

直通护考答案

A_1 型题

1. 酶的化学本质是（　　）。

A. 糖类　　B. 小分子有机化合物　　C. 核酸
D. 蛋白质　　E. 脂类

2. 酶的活性中心是指（　　）。

A. 酶分子的中心部位　　B. 辅酶
C. 酶分子的催化基团　　D. 酶分子的结合基团
E. 由必需基团构成的具有一定空间构象的区域

3. 与酶促反应速度成正比的影响因素是（　　）。

A. 底物浓度　　B. 温度　　C. 溶液 pH
D. 抑制剂的浓度　　E. 最适温度及 pH、底物浓度足够大时的酶浓度

4. 酶原没有活性是因为（　　）。

A. 缺乏辅酶或辅基　　B. 酶蛋白肽链合成不完全
C. 酶原是普通蛋白质　　D. 酶原已经变性

E. 活性中心未形成或未暴露

5. 磺胺类药物是下列哪种酶的抑制剂?(　　)

A. 四氢叶酸合成酶　B. 二氢叶酸合成酶

C. 四氢叶酸还原酶　D. 二氢叶酸还原酶

E. 转肽酶

6. 影响酶促反应的因素是(　　)。

A. 底物浓度　B. 温度　C. pH　D. 酶浓度　E. 以上都是

7. 当发生心肌细胞缺血坏死,血液中的乳酸脱氢酶含量明显增多的是(　　)。

A. LDH_1　B. LDH_2　C. LDH_3　D. LDH_4　E. LDH_5

8. 当发生急性肝炎时,血液中的乳酸脱氢酶含量明显增多的是(　　)。

A. LDH_1　B. LDH_2　C. LDH_3　D. LDH_4　E. LDH_5

9. 关于米氏常数 K_m 的说法,哪一项是正确的?(　　)

A. 饱和底物浓度时的速度

B. 在一定酶浓度下,最大速度的一半时的底物浓度

C. 饱和底物浓度的一半

D. 速度达最大速度一半时的底物浓度

E. 以上都不是

10. 下列哪项不是酶作用的特点?(　　)

A. 高效性　B. 高度专一性　C. 高度的稳定性

D. 酶活性的可调节性　E. 高度的不稳定性

11. 温度对酶促反应的影响是(　　)。

A. 温度越高,反应速度越快　B. 双向性的　C. 成正比

D. 呈矩形双曲线　E. 低温使酶失活

12. 竞争性抑制的特点是(　　)。

A. 抑制剂与底物竞争酶的活性中心　B. 增加底物浓度,抑制效应增强

C. 增加底物浓度,抑制效应不变　D. K_m值减小,v_{max}变小

E. K_m值不变,v_{max}变大

13. 非竞争性抑制的特点是(　　)。

A. 抑制剂与底物竞争酶的活性中心　B. 增加底物浓度,抑制效应增强

C. 增加底物浓度,抑制效应不变　D. K_m值减小,v_{max}变小

E. K_m值不变,v_{max}变小

14. 结合酶在下列哪种情况下才有活性?(　　)

A. 酶蛋白单独存在　B. 辅酶单独存在

C. 辅基单独存在　D. 全酶形式存在

E. 全酶或酶蛋白都有活性

(卢秀真)

Note

第六章　生物氧化

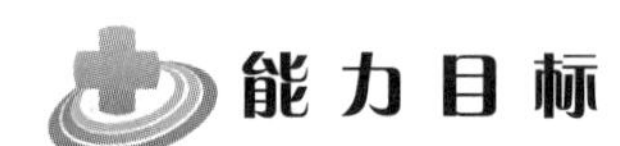

扫码看课件

1. 掌握：生物氧化的概念；体内水和二氧化碳的生成方式；体内 ATP 的生成方式；体内两条重要的呼吸链。

2. 熟悉：氧化磷酸化和底物水平磷酸化；生物氧化中能量的转变；线粒体外 NADH 的氧化；呼吸链抑制剂。

3. 了解：需氧脱氢酶和氧化酶；过氧化物酶体中的氧化酶；超氧化物歧化酶；微粒体中的氧化酶类等。

生物体内，物质常可通过加氧、脱氢、失电子的方式被氧化。营养物质经柠檬酸循环或其他代谢途径进行脱氢反应，产生的成对氢原子（2 个氢质子和 2 个电子）以还原当量 $NADH+H^+$ 或 $FADH_2$ 的形式存在，是生物氧化过程中产生的主要还原性电子载体。机体在进行有氧呼吸时，这些还原性电子载体通过一系列的酶催化和连续的氧化还原反应逐步失去电子（电子传递），最终使氢质子与氧结合生成水，同时释放能量，使 ADP 磷酸化生成 ATP，供机体各种生命活动的需要。

案例导入 6-1

案例导入分析

感冒或患传染性疾病时，为什么体温会升高？

具体任务：

用氧化磷酸化解偶联剂的作用原理解释感冒或传染性疾病患者体温升高的机制。

第一节　概　　述

一、生物氧化的概念

物质在生物体内进行的氧化过程称为生物氧化（biological oxidation）。生物氧化主要是指营养物质（糖、脂肪、蛋白质等）在生物体内彻底氧化分解生成 CO_2 和 H_2O，并逐步释放能量的过程。另外还包括微粒体、过氧化物酶体等氧化体系，其主要与代谢物、药

物或者毒物的生物转化有关，不伴随能量的产生。

生物氧化的方式与普通化学的氧化反应相同，有脱氢反应、失电子反应、加氧反应等，其中以脱氢反应为主要的生物氧化方式。

1. 脱氢反应　底物分子脱去一对氢原子而被氧化，脱下的氢由受体接受。

2. 加氧反应　底物分子中直接加入氧原子或氧分子。

3. 失电子反应　底物分子失去电子，其正价数升高，也是氧化。

【护考提示】
生物体内生物氧化的主要方式为哪种？

二、生物氧化的特点

在化学本质上，生物氧化与物质在体外的氧化相同，遵循化学氧化反应的一般规律，耗氧量、最终产物和释放的能量均相同，但生物氧化又具有以下特点。

1. 反应条件温和　生物氧化在细胞内温和环境(37 ℃，pH 7.35～7.45)中经酶催化逐步进行。

2. 能量逐步释放　生物氧化释放的能量一部分以热能形式散失，可用于维持体温；一部分以化学能的形式使 ADP 磷酸化生成 ATP，ATP 是能被细胞直接利用的主要能量形式。

3. 水的生成方式　水由代谢物脱下的氢经氧化呼吸链传递与氧结合生成，二氧化碳由有机酸脱羧反应产生。

【护考提示】
生物体内二氧化碳的主要生成方式为哪种？

三、参与生物氧化的酶类

体内参与生物氧化的酶类可分为氧化酶类、需氧脱氢酶类、不需氧脱氢酶类和其他酶类。

1. 氧化酶类　氧化酶类能直接以氧分子为受氢体，催化代谢物脱氢生成水，如细胞色素氧化酶。该类酶的辅基中常含有铁、铜等金属离子。

2. 需氧脱氢酶类　需氧脱氢酶类也能直接以氧分子为受氢体，催化代谢物脱氢生成的产物是 H_2O_2。需氧脱氢酶类属于黄素酶，其辅基为 FMN 和 FAD，如黄嘌呤氧化酶。

3. 不需氧脱氢酶类　不需氧脱氢酶类是生物氧化中最重要的酶。此类酶不能直接以氧分子为受氢体，催化代谢物脱下的氢必须以其辅酶(辅基)为直接受氢体，然后经过一系列的传递，最终将氢传递给氧生成水。

不需氧脱氢酶的辅酶(辅基)有两类：一类是以 NAD^+ 和 $NADP^+$ 为辅酶的，如苹果酸脱氢酶；另一类是以 FMN 或 FAD 为辅基的，如琥珀酸脱氢酶。

4. 其他酶类　体内还有一些其他参与氧化反应的酶类，如加氧酶类和过氧化氢酶。

第二节　呼　吸　链

生物体内物质氧化的主要方式是脱氢反应。体内代谢物经脱氢酶催化，脱下的成对氢原子(2H)在线粒体内通过多种酶和辅酶(辅基)所催化的链锁反应逐步传递，最终与氧结合生成水，并逐步释放能量。

生物体将氢传递给氧并生成水和 ATP 的过程与细胞的呼吸有关，需要消耗氧，参与氧化还原反应的组分由含辅助因子的多种蛋白酶复合体组成，形成一个连续的传递链，因此称为氧化呼吸链(oxidative respiratory chain)。真核细胞 ATP 的生成主要在线粒

体中进行，在氧化呼吸链中，参与传递反应的酶复合体按一定顺序排列在线粒体内膜上，发挥着传递电子或氢的作用。其中传递氢的酶蛋白或辅助因子称为递氢体，传递电子的酶蛋白成辅助因子则称为递电子体。由于递氢过程也需传递电子（$2H^{+}+2e^{-}$），所以氧化呼吸链也称为电子传递链（electron transfer chain）。

一、呼吸链的递氢体和递电子体

氧化呼吸链是由位于线粒体内膜上的 4 种蛋白酶复合体（complex）组成的，分别称为复合体Ⅰ、Ⅱ、Ⅲ和Ⅳ（图 6-1）。每个复合体都由多种酶蛋白和辅助因子（金属离子、辅酶或辅基）组成，但各复合体含有自己特定的蛋白质和辅助因子成分。各复合体中的跨膜蛋白成分使其能够镶嵌在线粒体内膜中，并按照一定的顺序进行排列。其中复合体Ⅰ、Ⅲ和Ⅳ镶嵌于线粒体内膜的双层脂质膜中，而复合体Ⅱ仅镶嵌在双层脂质膜的内侧。复合体中的蛋白质组分、金属离子、辅酶或辅基共同完成电子传递过程，主要通过金属离子价键的变化、氢原子（$H^{+}+e^{-}$）转移的方式进行。电子的传递过程本质上是由电势能转变为化学能的过程，电子传递过程所释放的能量驱动 H^{+} 从线粒体基质移至膜间腔，形成跨线粒体内膜的 H^{+} 浓度梯度差，用于驱动 ATP 的合成。下面将分别叙述氧化呼吸链各复合体中主要酶蛋白或辅助因子的氧化还原作用及相应的电子传递过程。

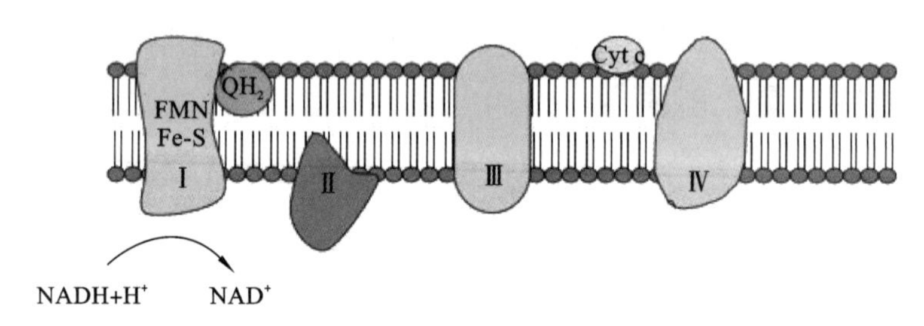

图 6-1 线粒体内膜上的 4 种蛋白酶复合体

（一）复合体Ⅰ将 $NADH+H^{+}$ 中的电子传递给泛醌

复合体Ⅰ又称为 NADH-泛醌还原酶或 NADH 脱氢酶，接受来自 $NADH+H^{+}$ 的电子并转移给泛醌。在柠檬酸循环和脂肪酸 β-氧化等过程的脱氢反应中，大部分代谢物脱下的 2H 由 NAD^{+} 接受，形成 $NADH+H^{+}$。NAD^{+} 是脱氢酶类的辅酶，分子中烟酰胺芳环中的氮为五价，易接受电子被还原，还原时能接受 2H 中的双电子成为三价氮，同时芳环也接受一个质子进行加氢反应，为双电子传递体。烟酰胺在加氢反应时只能接受 1 个质子和 2 个电子，游离出一个 H^{+} 在溶液中，因此将还原型的 NAD^{+} 写成 $NADH+H^{+}$（NADH）。还原型 NADH 可失去电子被氧化而生成 NAD^{+}，其电子被复合体Ⅰ接受并传递给泛醌。复合体Ⅰ由黄素蛋白、铁硫蛋白等蛋白及其辅基组成，呈 L 形，一端突出于线粒体基质中，包括黄素蛋白及黄素单核苷酸（FMN）辅基和 2 个铁硫中心（Fe-S）辅基、铁硫蛋白及其 3 个 Fe-S 辅基；嵌于内膜的横臂为疏水蛋白部分，也含 1 个 Fe-S 辅基。所以，黄素蛋白和铁硫蛋白都能通过辅基发挥传递电子的作用。FMN 分子中含核黄素（维生素 B_2），结构中的异咯嗪环可接受 1 个质子和 1 个电子形成不稳定的 FMNH，再接受 1 个质子和 1 个电子转变为还原型 $FMNH_2$。反之，$FMNH_2$ 氧化时也逐步脱去电子和质子，属于单、双电子传递体。

复合体Ⅰ中黄素蛋白辅基 FMN 从基质中接受还原型 NADH 中的 2 个质子和 2 个电子生成 $FMNH_2$，经一系列铁硫中心，再经位于线粒体内膜中疏水蛋白的铁硫中心将电子传递给内膜中的泛醌。泛醌又称辅酶 Q（coenzyme Q，CoQ，Q），是一种小分子、脂溶性

醌类化合物。泛醌能在线粒体内膜中自由移动，同时传递氢和电子，在氧化呼吸链中具有重要作用。

(二) 复合体Ⅱ将电子从琥珀酸传递到泛醌

复合体Ⅱ是柠檬酸循环中的琥珀酸脱氢酶，又称琥珀酸-泛醌还原酶，其功能是将电子从琥珀酸传递给泛醌。人复合体Ⅱ又称黄素蛋白 2(FP_2)，由 4 个亚基组成，其中 2 个小疏水亚基，将复合体锚定于内膜；另外 2 个亚基位于基质侧，含底物琥珀酸的结合位点、3 个铁硫中心辅基和 1 个黄素腺嘌呤二核苷酸(FAD)辅基。FAD 的结构母核与 FMN 相同，也是通过异咯嗪环进行电子传递。琥珀酸的脱氢反应使 FAD 转变为还原型 $FADH_2$，后者再将电子传递到铁硫中心，然后传递给泛醌。该过程传递电子释放的自由能较小，不足以将 H^+ 泵出线粒体内膜，因此复合体Ⅱ没有 H^+ 泵的功能。代谢途径中另外一些含 FAD 的脱氢酶，如脂酰 CoA 脱氢酶、α-磷酸甘油脱氢酶、胆碱脱氢酶，可以不同方式将相应底物脱下的 2 个 H 和 2 个电子经 FAD 传递给泛醌，进入氧化呼吸链。

(三) 复合体Ⅲ将电子从还原型泛醌传递至细胞色素 c

泛醌从复合体Ⅰ或Ⅱ募集还原当量并穿梭传递到复合体Ⅲ，后者再将电子传递给细胞色素 c，因此复合体Ⅲ又称泛醌-细胞色素 c 还原酶。人复合体Ⅲ含有细胞色素 b(b_{562}，b_{566})、细胞色素 c_1 和一种可移动的 Rieske 铁硫蛋白(Rieske iron-sulfur protein)。

细胞色素(cytochrome，Cyt)是一类含血红素样辅基的电子传递蛋白，血红素样辅基中的铁离子可通过 $Fe^{2+} \longrightarrow Fe^{3+} + e^-$ 反应传递电子，为单电子传递体。根据它们吸收光谱和最大吸收波长的不同，可将线粒体的细胞色素分为细胞色素 a、b、c(Cyt a、Cyt b、Cyt c)三类及不同亚类。各种细胞色素光吸收性质不同是由辅基铁叶啉环的侧链以及血红素所处分子环境所决定的。

Cyt c 是氧化呼吸链中唯一的水溶性球状蛋白，与线粒体内膜外表面结合疏松，不包含在上述复合体中。Cyt c 从复合体Ⅲ中的 Cyt c_1 获得电子传递到复合体Ⅳ。

(四) 复合体Ⅳ将电子从细胞色素 c 传递给氧

复合体Ⅳ又称细胞色素 c 氧化酶(cytochrome oxidase)，将 Cyt c 的电子传递给分子氧，使其还原为 H_2O。

人复合体Ⅳ包含 13 个亚基，其中亚基Ⅰ～Ⅲ由线粒体基因编码，是还原当量传递的功能性亚基，其他 10 个亚基起调节作用。呼吸链在细胞色素中的传递顺序为 Cyt b→Cyt c_1→Cyt c→Cyt aa_3。

二、呼吸链的电子传递复合体

【护考提示】
呼吸链中细胞色素的传递顺序为什么？

用胆酸、脱氧胆酸等反复处理线粒体内膜可得到 4 种具有电子传递功能的酶复合体(表 6-1)。

表 6-1　组成呼吸链的酶复合体

复合体	酶名称	辅基
复合体Ⅰ	NADH-泛醌还原酶	FMN，Fe-S
复合体Ⅱ	琥珀酸-泛醌还原酶	FAD，Fe-S，Cyt b
复合体Ⅲ	泛醌-细胞色素 c 还原酶	Cyt b，Cyt c_1，Fe-S
复合体Ⅳ	细胞色素 c 氧化酶	Cyt aa_3，Cu

酶复合体的排列顺序见图 6-2。

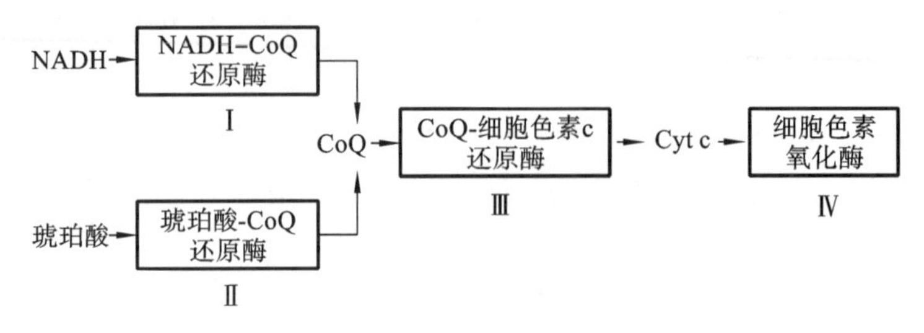

图 6-2 酶复合体的排列顺序

根据标准氧化还原电位的高低以及呼吸链拆开和重组的体外实验结果确定呼吸链各组分的排列顺序，标准氧化还原电位越小的递电子体，其供电子能力越大，处于传递链的前列，反之，则排列在传递链的后面。现已确定呼吸链中各传递体的排列顺序，根据其顺序发现体内有两条重要的呼吸链，即 NADH 氧化呼吸链和琥珀酸氧化呼吸链。

【护考提示】
生物体内线粒体中的呼吸链主要有两条：NADH 氧化呼吸链和琥珀酸氧化呼吸链。

三、线粒体内重要的呼吸链

营养物质的分解代谢中，大部分脱氢酶以 NAD^+、$NADP^+$、FMN 或者 FAD 为辅酶，用来接受从底物上脱下来的成对氢，生成还原态的 $NADH+H^+$、$NADPH+H^+$、$FMNH_2$ 和 $FADH_2$。还原态的 NADH 和 NADPH 都是水溶性的电子载体，由于氧化呼吸链的复合体Ⅰ即为 NADH 脱氢酶，可使线粒体 NADH 所携带的还原当量通过氧化呼吸链彻底氧化并释能，而 NADPH 的还原当量主要用于合成代谢反应。FMN 或 FAD 是氧化呼吸链复合体中黄素蛋白的辅基，能通过氧化还原态的变化进行电子传递。由于复合体Ⅱ是柠檬酸循环中的琥珀酸脱氢酶，通过结合底物琥珀酸并将其还原当量传递给 FAD，生成的 $FADH_2$ 直接进入呼吸链进行氧化释能。因此 NADH 和 $FADH_2$ 是氧化呼吸链的电子供体。

根据电子供体及其传递过程，线粒体内催化代谢物脱氢的酶大多数是以 NAD^+ 为辅酶的脱氢酶，少数是以 FAD 为辅酶的脱氢酶。因此线粒体中的呼吸链主要有两条。

一条称为 NADH 氧化呼吸链，该途径以 NADH 为电子供体，从 $NADH+H^+$ 开始经复合体Ⅰ到 O_2 而生成 H_2O。电子传递顺序如下：

$$NADH \rightarrow 复合体Ⅰ \rightarrow CoQ \rightarrow 复合体Ⅲ \rightarrow Cyt\ c \rightarrow 复合体Ⅳ \rightarrow O_2$$

另一条称为 FADH 氧化呼吸链，也称琥珀酸氧化呼吸链，以 $FADH_2$ 为电子供体，经复合体Ⅱ到 O_2 而生成 H_2O。电子传递顺序如下：

$$琥珀酸 \rightarrow 复合体Ⅱ \rightarrow CoQ \rightarrow 复合体Ⅲ \rightarrow Cyt\ c \rightarrow 复合体Ⅳ \rightarrow O_2$$

呼吸链各组分的排列顺序是由下列实验确定的：①根据呼吸链各组分的标准氧化还原电位进行排序。简单来讲，标准氧化还原电位 $E^{\ominus}$ 是指在特定条件下，参与氧化还原反应的组分对电子的亲和力大小。电位高的组分对电子的亲和力强，易接受电子。相反，电位低的组分倾向于给出电子。因此，呼吸链中电子应从电位低的组分向电位高的组分进行传递。②底物存在时，利用呼吸链特异的抑制剂阻断某一组分的电子传递，在阻断部位以前的组分处于还原状态，后面的组分处于氧化状态。根据各组分的氧化和还原状态吸收光谱的改变分析其排列次序。③利用呼吸链各组分特有的吸收光谱，以离体线粒体无氧时处于还原状态作为对照，缓慢给氧，观察各组分被氧化的顺序。④在体外将呼吸链拆开和重组，鉴定四种复合体的组成与排列。

第三节　生物氧化中 ATP 的生成

在机体能量代谢中，ATP 作为能量载体分子，是体内主要供能的高能化合物。在生物氧化过程中所释放的能量约 60%以热能形式散发，用于维持体温，约 40%以化学能的形式储存在高能化合物（主要是 ATP）中，当机体需要能量时再释放出来。细胞内由 ADP 磷酸化生成 ATP 的方式有两种，分别是底物水平磷酸化和氧化磷酸化。

一、氧化磷酸化

（一）氧化磷酸化的概念

在物质氧化分解代谢过程中，代谢物脱下的氢经呼吸链传递给氧生成水的同时，ADP 偶联磷酸化生成 ATP，此过程称为氧化磷酸化。这种方式生成的 ATP 数量占体内生成 ATP 总数的 95%以上，故此方式是维护生命活动所需能量的主要来源。

（二）氧化磷酸化偶联部位

成对电子经氧化呼吸链传递所能合成 ATP 的分子数可反映该过程的效率。经测定，NADH 氧化呼吸链氧化磷酸化偶联部位有三个，琥珀酸氧化呼吸链氧化磷酸化偶联部位有两个。

1. P/O 的值　一对电子通过氧化呼吸链传递给 1 个氧原子生成 1 分子 H_2O，其释放的能量使 ADP 磷酸化合成 ATP，此过程需要消耗氧和磷酸。P/O 的值是指氧化磷酸化过程中，每消耗 1/2 mol O_2 所需磷酸的物质的量，即所能合成 ATP 的物质的量（或一对电子通过氧化呼吸链传递给氧所生成 ATP 分子数）。

研究发现丙酮酸等底物脱氢反应产生 $NADH+H^+$，通过 NADH 氧化呼吸链传递，P/O 的值接近 2.5，说明传递一对电子需消耗 1 个氧原子且需消耗约 2.5 分子的磷酸，因此 NADH 氧化呼吸链可能存在 3 个 ATP 生成部位。而琥珀酸脱氢时，P/O 的值接近 1.5，说明琥珀酸氧化呼吸链可能存在 2 个 ATP 生成部位。NADH、琥珀酸氧化呼吸链 P/O 的值的差异，提示在 NADH 和泛醌之间存在 1 个 ATP 生成部位。而抗坏血酸底物直接通过 Cyt c 传递电子进行氧化，其 P/O 的值接近 1，推测 Cyt c 和 O_2 之间存在 1 个 ATP 生成部位。而另 1 个 ATP 生成部位应在泛醌和 Cyt c 之间。经实验证实，一对电子经 NADH 氧化呼吸链传递，P/O 的值约为 2.5，生成 2.5 分子的 ATP；一对电子经琥珀酸氧化呼吸链传递，P/O 的值约为 1.5，可产生 1.5 分子的 ATP。

2. 自由能变化　根据热力学公式，pH 7.0 时标准自由能变化（ΔG）与还原电位差（ΔE，标准还原电位表示物质对电子的亲和力，还原电位高更易于接受电子）之间有以下关系：

$$\Delta G=-nF\Delta E$$

n 为传递电子数；F 为法拉第常数（96.5 kJ/(mol · V)）。

从 NAD^+ 到 CoQ 段测得的还原电位差为 0.36 V，从 CoQ 到 Cyt c 电位差为 0.19 V，从 Cyt aa_3 到 O_2 电位差为 0.58 V，分别对应复合体Ⅰ、Ⅱ、Ⅳ的电子传递。计算结果表明，它们相应释放的 ΔG 分别约为 69.5、36.7、112 kJ/mol，而生成每摩尔 ATP 约需要 30.5 kJ 的能量，可见复合体Ⅰ、Ⅱ、Ⅳ传递一对电子释放的能量足够用于生成 ATP 所需

的能量。说明以上三个部位各存在1个ATP的偶联部位。这里讲的偶联部位并非意味着这三个复合体是直接生成ATP的部位，而是指经由这三个复合体的电子传递所释放的能量具有合成ATP的能力。由于不同复合体的电势能不同，我们可以将它们形象地比喻为由不同的蛋白质复合体组成的一个“生物电场”。电子的传递过程就是由低电势向高电势泳动的过程。而电子传递所释放的电势能就转变为跨线粒体内膜的质子浓度梯度，驱动ATP合成。

知识链接

氧化磷酸化的偶联机制——化学渗透学说

英国学者P. Mitchell获得1978年诺贝尔化学奖，表彰他创建的化学渗透理论阐明了氧化磷酸化的偶联机制。他提出电子传递能量驱动质子从线粒体基质转移到内膜外，形成跨内膜质子梯度，储存能量，泵出的质子再通过ATP合酶内流释能催化ATP合成。该理论解释了氧化磷酸化中电子传递链蛋白、ATP合酶在基质内膜分布的意义及其如何利用质子作为能源。这一理论是解决生物能学难题的重大突破，并更新了人们对涉及生命现象的生物能储存、生物合成、代谢物转运、膜结构功能等多种问题的认识。

目前的实验数据表明，合成1分子ATP需要4个质子，其中3个质子通过ATP合酶透过线粒体内膜回流进基质，另1个质子用于转运ADP、Pi和ATP。每分子NADH经氧化呼吸链传递泵出$10H^+$，生成约2.5分子ATP，而琥珀酸氧化呼吸链每传递2个电子泵出$6H^+$，生成1.5分子ATP。

知识链接

Boyer破解ATP合成的可逆“结合变构”机制

美国科学家P. D. Boyer获得1997年诺贝尔化学奖，他的卓越成就是破解了ATP合酶催化的分子机制。膜结合的ATP合酶存在于各种生物中，高度保守。Boyer等研究者应用化学衍生、构象探针、^{18}O交换磷酸、定位突变等创新性实验技术，证明ATP合成是可逆的“结合变构”机制(the binding change mechanism)：质子流能量主要促进酶紧密结合的ATP释放，酶内小亚基旋转驱动强制外周3个β催化亚基依次结合变构。有趣的是ATP合酶是催化伴随亚基旋转的分子水平小机械，荧光蛋白标记ATP合酶的旋转已被实验直接显示证明。

（三）氧化磷酸化的影响因素

1. 细胞内ADP/ATP浓度的比值　细胞内ADP/ATP浓度的比值是调节线粒体内氧化磷酸化最重要的因素。体内经氧化磷酸化合成ATP时需要ADP、Pi以及能量，而消耗ATP时又水解为ADP和Pi，同时释放能量。

由此可见，当机体利用ATP增多时，ADP浓度升高，使ADP/ATP浓度比值升高，ADP转入线粒体使磷酸化速度加快。相反，当消耗ATP减少时，氧化磷酸化减慢。这种调节使机体能合理使用能源，避免能源物质浪费。

知识链接

能量合剂及临床应用

能量合剂在临床上多作为能量补充剂，促进糖、脂类、蛋白质的代谢，有助于病变器官功能的改变，可用于肾炎、肝炎、肝硬化及心衰等。

每支能量合剂含辅酶 A 50 U、AT 20 mg 及胰岛素 4 U。注射进患者体内后，机体利用 ATP 增多，ADP 生成增多，导致 ADP/ATP 浓度的比值升高，使氧化磷酸化速度加快。

2. 甲状腺激素 甲状腺激素诱导细胞膜上钠钾泵的生成，使 ATP 加速分解为 ADP 和 Pi，ADP 增多促进氧化磷酸化，甲状腺激素还可使解偶联蛋白基因表达增加，因而引起耗氧和产热均增加。

3. 抑制剂 抑制剂对电子传递及 ADP 磷酸化均有抑制作用。

(1) 呼吸链抑制剂：此类抑制剂能在特异部位阻断氧化呼吸链中的电子传递。例如，鱼藤酮(rotenone)、粉蝶霉素 A(piericidin A)及异戊巴比妥(amobarbital)等可阻断复合体Ⅰ中从铁硫中心到泛醌的电子传递。萎锈灵(carboxin)是复合体Ⅱ的抑制剂。抗霉素 A(antimycin A)阻断 Cyt b 到泛醌的电子传递，是复合体Ⅲ的抑制剂。CN^-、N_3^- 可紧密结合复合体Ⅳ中氧化型 Cyt a_3，阻断电子由 Cyt a 到 Cyt a_3 的传递。CO 与还原型 Cyt a_3 结合，阻断电子传递给 O_2。目前发生的城市火灾事故中，由于装饰材料中的 N 和 C 经高温可形成 HCN，因此伤员除因燃烧不完全造成 CO 中毒外，还存在 CN^- 中毒。此类抑制剂可使细胞内呼吸停止，与此相关的细胞生命活动停止，迅速引起死亡。

(2) 解偶联剂：解偶联剂(uncoupler)可使氧化与磷酸化的偶联脱离，电子可沿呼吸链正常传递并建立跨内膜的质子电化学梯度储存能量，但不能使 ADP 磷酸化合成 ATP。作用的基本机制是使质子不经过 ATP 合酶回流至基质来驱动 ATP 的合成，而是经过其他途径进入基质，因而 ATP 的生成受到抑制。如二硝基苯酚(dinitrophenol，DNP)为脂溶性物质，在线粒体内膜中可自由移动，进入基质时释出 H^+，返回膜间腔侧时结合 H^+，从而破坏了质子的电化学梯度。

(3) ATP 合酶抑制剂：这类抑制剂对电子传递及 ADP 磷酸化均有抑制作用。

二、底物水平磷酸化

底物水平磷酸化是指在物质氧化分解代谢过程中，由于脱氢或脱水作用引起分子内部能量重新分布形成高能化合物，将高能磷酸基直接转移给 ADP(或 GDP)生成 ATP(或 GTP)的过程。体内通过底物水平磷酸化生成 ATP 的量只占体内 ATP 生成总量的 5%以下，故此方式是体内生成 ATP 的次要方式。

其通式为：底物～P＋ADP ⟶ 产物＋ATP

三、能量的利用、转移和储存

(一) 能量的利用

生物氧化过程中释放的能量大约有 40%以化学能的形式储存在高能磷酸键中，含高能磷酸键的化合物称为高能磷酸化合物。体内主要的高能磷酸化合物是 ATP，在肌肉内有磷酸肌酸，这是肌肉中储能的形式，此外，体内还存在其他高能化合物。人的一切生命

活动都需要消耗能量，食物中的糖、脂肪及蛋白质是满足人体能量需要的能源物质，但必须在体内转化为ATP才能被机体利用。ATP是人体及各种生物所有生命活动的直接供能物质。

（二）能量的转移

虽然ATP是生命活动的直接供能物质，但有些生物合成反应却需要其他核苷三磷酸供能。ATP可将高能磷酸基(～P)转移给其他核苷二磷酸形成相应的核苷三磷酸，如UTP、CTP、GTP等，分别用于糖原、磷脂、蛋白质等的合成。

$$ATP+UDP \rightleftharpoons ADP+UTP$$

$$ATP+CDP \rightleftharpoons ADP+CTP$$

$$ATP+GDP \rightleftharpoons ADP+GTP$$

此外，当体内ATP消耗过多(例如，肌肉剧烈收缩)时，ADP累积，在腺苷酸激酶的催化下由ADP转变为ATP被利用。当ATP需要量减少时，反应向相反方向进行。

$$ADP+ADP \rightleftharpoons ATP+AMP$$

（三）能量的储存

ATP是能量的直接利用形式，但不是能量的储存形式。当ATP生成较多时，ATP能将高能磷酸基(～P)转移给肌酸(C)生成磷酸肌酸(C～P)，这是体内的储能物质，但所含～P不能被机体直接利用。

$$ATP+C \rightleftharpoons ADP+C\sim P$$

肌酸主要存在于肌肉和脑组织中，所以磷酸肌酸是肌肉和脑组织中能量储存形式。当体内ATP消耗过多而导致ADP增多时，磷酸肌酸将～P转移给ADP，生成ATP，供生命活动正常进行(图6-3)。

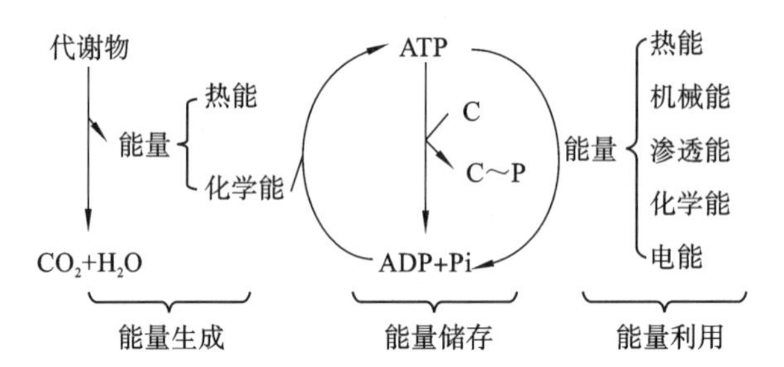

图6-3　能量的生成、储存与利用

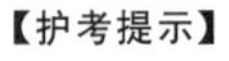

【护考提示】

脑和骨骼肌细胞胞浆中每摩尔NADH经过α-磷酸甘油穿梭进行氧化磷酸化产生ATP数为1.5 mol。

四、线粒体外NADH的穿梭机制

生物氧化的脱氢反应可发生在细胞的胞质或线粒体基质中，在线粒体内生成的NADH可直接进入氧化呼吸链进行电子传递。但NADH不能自由穿过线粒体内膜，在胞质中经糖酵解等生成的NADH需通过穿梭机制进入线粒体的呼吸链才能进行氧化。

（一）α-磷酸甘油穿梭

α-磷酸甘油穿梭主要存在于脑和骨骼肌中。胞质中的NADH+H^+在磷酸甘油脱氢酶催化下，将2H传递给磷酸二羟丙酮，使其还原成α-磷酸甘油，后者通过线粒体外膜，到达线粒体内膜的膜间腔侧。在线粒体内膜的膜间腔侧结合着磷酸甘油脱氢酶的同工酶，此酶含FAD辅基，接受α-磷酸甘油的还原当量生成$FADH_2$和磷酸二羟丙酮。$FADH_2$直接将2H传递给泛醌进入氧化呼吸链。需要指出的是，此机制是$FADH_2$将NADH携

带的一对电子从内膜的膜间腔侧直接传递给泛醌进行氧化磷酸化。因此，1 分子的 NADH 经此穿梭能产生 1.5 分子 ATP。

（二）苹果酸-天冬氨酸穿梭

苹果酸-天冬氨酸穿梭主要存在于肝、肾和心肌中。胞质中的 $NADH+H^+$ 使草酰乙酸还原生成苹果酸，苹果酸经过线粒体内膜上的苹果酸-α-酮戊二酸转运蛋白进入线粒体基质后重新生成草酰乙酸和 $NADH+H^+$。基质中的草酰乙酸转变为天冬氨酸后经线粒体内膜上的天冬氨酸-谷氨酸转运蛋白重新回到胞质，进入基质的 $NADH+H^+$ 则通过 NADH 氧化呼吸链进行氧化，并产生 2.5 分子 ATP。两种穿梭进入呼吸链方式不同，使胞质中 $NADH+H^+$ 生成不同量的 ATP 分子。

【护考提示】
肝、肾和心肌细胞胞浆中每摩尔 NADH 经过苹果酸-天冬氨酸穿梭进行氧化磷酸化产生 ATP 数为 2.5 mol。

第四节　非线粒体氧化体系

除线粒体氧化体系外，细胞的微粒体和过氧化物酶体及胞液也存在其他氧化体系，但是在其氧化过程中不伴有偶联磷酸化，不能生成 ATP，主要与体内代谢物、药物和毒物的生物转化有关。

一、微粒体加单氧酶系

人微粒体细胞色素 P450 加单氧酶催化氧分子中的一个氧原子加到底物分子上羟化，另一个氧原子被氮（来自底物 $NADPH+H^+$）还原成水，故又称混合功能氧化酶，参与类固醇激素、胆汁酸及胆色素等的生成以及药物、毒物的生物转化过程，其反应式如下：

$$RH+NADPH+H^+ +O_2 \rightarrow ROH+NADP^+ +H_2O$$

二、超氧化物歧化酶

呼吸链电子传递过程中总是有少量的氧因接受电子不足，产生超氧离子，体内其他物质（如黄嘌呤）氧化时也可产生超氧离子。超氧离子化学性质活泼，可使磷脂分子中不饱和脂肪酸氧化生成过氧化脂质，损伤生物膜；过氧化脂质与蛋白质结合形成的复合物，积累成棕褐色的色素颗粒，称为脂褐素，与组织老化有关。

超氧化物歧化酶（SOD）可催化一分子超氧离子氧化生成氧气，另一分子超氧离子还原生成过氧化氢。SOD 是人体防御超氧离子损伤的重要酶。体内还有一种含硒的谷胱甘肽过氧化物酶，可使 H_2O_2 反应生成 H_2O，具有保护生物膜及血红蛋白免遭损伤的作用。

三、过氧化物酶体中的氧化酶类

H_2O_2 有一定的生理作用，如粒细胞和吞噬细胞中的 H_2O_2 可氧化杀死入侵的细菌，甲状腺细胞中产生的 H_2O_2 可使 $2I^-$ 氧化为 I_2，进而使酪氨酸碘化生成甲状腺激素。但 H_2O_2 若堆积过多，可氧化含硫的蛋白质，还可对生物膜造成损伤，因此需将 H_2O_2 及时清除。过氧化物酶体中含有过氧化氢酶，可以处理利用 H_2O_2。

临床上判断粪便中有无隐血时，就是利用白细胞中含有过氧化物酶的活性，将联苯

胺氧化成蓝色化合物。

直通护考

A_1 型题

1. 体内 CO_2 的生成方式是（　　）。

A. 碳原子被氧原子氧化　　B. 呼吸链的氧化还原过程

C. 有机酸的脱羧　　D. 糖原的分解

E. 脂质分解

2. 关于氧化磷酸化作用机制，目前得到较多支持的学说是（　　）。

A. 化学偶联学说　　B. 结构偶联学说　　C. 化学渗透学说

D. 诱导契合学说　　E. 锁钥结合学说

3. 各种细胞色素在呼吸链中传递电子的顺序是（　　）。

A. $a \rightarrow a_3 \rightarrow b \rightarrow c_1 \rightarrow c \rightarrow 1/2\ O_2$　　B. $b \rightarrow a \rightarrow a_3 \rightarrow c_1 \rightarrow c \rightarrow 1/2\ O_2$

C. $c_1 \rightarrow c \rightarrow b \rightarrow a \rightarrow a_3 \rightarrow 1/2\ O_2$　　D. $c \rightarrow c_1 \rightarrow aa_3 \rightarrow b \rightarrow 1/2\ O_2$

E. $b \rightarrow c_1 \rightarrow c \rightarrow aa_3 \rightarrow 1/2\ O_2$

4. 胞浆中每摩尔 NADH＋H^+ 经过 α-磷酸甘油穿梭作用参加氧化磷酸化产生 ATP 的摩尔数为（　　）。

A. 1　　B. 2　　C. 1.5　　D. 2.5　　E. 5

5. 人体活动主要的直接供能物质是（　　）。

A. 葡萄糖　　B. 脂肪酸　　C. 磷酸肌酸　　D. GTP　　E. ATP

6. 下列关于生物氧化的叙述正确的是（　　）。

A. 呼吸作用只有在有氧时才能发生

B. 2,4-二硝基苯酚是电子传递的抑制剂

C. 生物氧化在常温常压温和条件下进行

D. 生物氧化快速而且是一次放出大量的能量

E. 生物氧化过程没有能量的转化

7. 呼吸链存在于（　　）。

A. 胞液　　B. 线粒体外膜　　C. 线粒体内膜

D. 线粒体基质　　E. 细胞色素氧化酶

8. 肝细胞胞液中的 NADH 进入线粒体的机制是（　　）。

A. 肉碱穿梭　　B. 柠檬酸-丙酮酸循环

C. α-磷酸甘油穿梭　　D. 苹果酸-天冬氨酸穿梭

E. 丙氨酸-葡萄糖循环

9. ATP 的储存形式是（　　）。

A. 磷酸烯醇式丙酮酸　　B. 磷脂酰肌醇　　C. 肌酸

D. 磷酸肌酸　　E. GTP

10. 呼吸链中能直接将电子传给氧的物质是（　　）。

A. CoQ　　B. Cyt b　　C. 铁硫蛋白　　D. Cyt aa_3　　E. Cyt c

（李敏艳）

第七章 糖 代 谢

能力目标

1. 掌握：糖的有氧氧化、无氧氧化过程及其生理意义；血糖水平的调节。
2. 熟悉：糖原的合成和分解过程及生理意义；血糖的来源与去路。
3. 了解：糖的磷酸戊糖途径、糖异生途径及生理意义。

扫码看课件

糖是生物体重要的能源物质，机体内的糖来源主要是食物。糖的种类包括单糖、双糖和多糖。糖在机体内的分解代谢包括糖的有氧氧化、无氧氧化和磷酸戊糖途径。糖分解过程中产生的多种中间产物是合成氨基酸、脂肪、核酸及机体多种活性物质的原料。糖在分解过程中可释放出能量，供机体进行生命活动。当机体摄入较多的糖时可以糖原的形式将糖储存起来，当机体摄入糖不足时，通过将糖原分解以及糖异生途径产生糖来供机体需要。

案例导入 7-1

患儿，男，2 个月，因腹泻不止到医院就诊，体检发现该患儿体形消瘦，腹部膨胀、有肠鸣音，大便水样、泡沫状，大便化验结果无细菌、病毒感染。大便酸性，乳糖氢呼气试验阳性。

具体任务：

用糖代谢的知识解释该患儿的病情？

案例导入分析

第一节 概 述

一、糖的生理功能

糖类是自然界中分布最广的物质之一，在物质代谢中占有重要位置，通过生物氧化为细胞活动提供能量。糖的化学本质为多羟基醛或多羟基酮及其衍生物或多聚物。根据其分子大小，糖可分为单糖（葡萄糖、果糖）、寡糖（蔗糖、乳糖、麦芽糖等）和多糖（淀粉、纤维素）。糖在生命活动中的主要作用是提供碳源和能源。糖的生理功能如下。

（一）氧化供能

糖是人体最主要的能量物质，机体 50%～70%的能量是由糖提供的。1 mol 葡萄糖

可氧化产生 2840 kJ 的能量，其中约 40%转化为高能化合物。

（二）构成组织细胞

糖是人体组织结构的重要成分，糖及糖的衍生物可与脂类、蛋白质组成糖的复合物，这些物质是机体细胞的重要成分，如糖脂是细胞膜及神经组织的成分，蛋白多糖是结缔组织的成分。

（三）提供合成原料参与构成许多重要物质

糖及其代谢各中间产物可提供合成某些氨基酸、脂肪、胆固醇、核苷等物质的原料，同时也参与构成体内一些具有生理功能的物质，如免疫球蛋白、酶、部分激素、血型物质等，ATP、NAD、FAD 等许多重要生物活性物质都是糖的衍生物。

二、糖的消化吸收

人类食物中的糖主要是多糖和寡糖，如植物中的淀粉、麦芽糖、蔗糖，动物中的动物糖原、乳糖等。糖的主要消化吸收部位在小肠。小肠里的淀粉酶、糖苷酶、极限糊精酶等将淀粉催化水解为葡萄糖。蔗糖酶和乳糖酶则催化蔗糖和乳糖最终生成葡萄糖、果糖及半乳糖。有些人因乳糖酶缺乏，在食用富含乳糖的牛奶后会出现消化吸收障碍，引起腹泻、腹胀等症状。

糖在小肠分解为葡萄糖后经主动转运和易化扩散经肠黏膜吸收。吸收入血的葡萄糖经肝门静脉进入肝脏，在肝脏内进行少量代谢后通过血液循环运至全身组织细胞进行代谢。

三、糖代谢

糖代谢是指进入体内的葡萄糖在机体内所发生的一系列复杂的化学反应，如图 7-1 所示。在不同生理条件下，葡萄糖在组织细胞内代谢途径不同。在氧供应充足的时候，进行有氧氧化生成 CO_2 和 H_2O，并释放出大量的能量；在氧供应不足的时候，进行无氧氧化生成乳酸，释放出少量的能量。

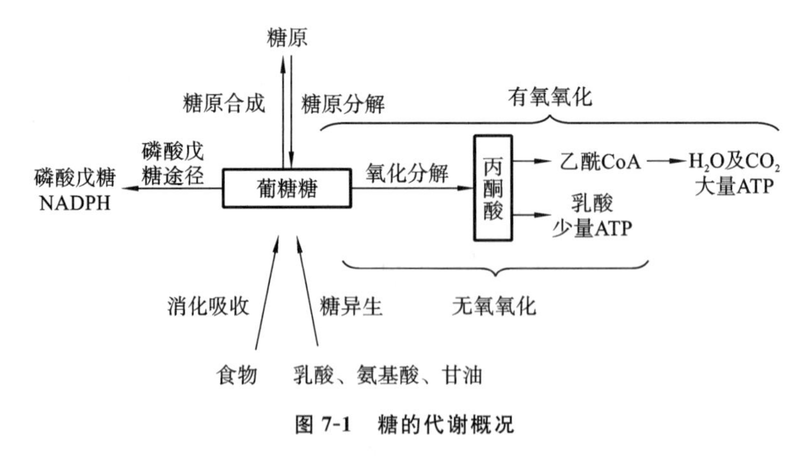

图 7-1　糖的代谢概况

案例导入 7-2

患者，男，58 岁，60 kg，因急性右心衰竭到医院就诊，表现为软弱、疲劳、心悸、气急。因右心衰竭，患者出现厌食、恶心、呕吐、尿少及周围性水肿。体检阳

性体征为体循环静脉压高的表现。脉搏 118 次/分，血压 120/60 mmHg，周围动脉可闻及枪击音。叩诊心脏相对浊音界正常，心尖部可闻及奔马律，心前区收缩中期杂音，两肺底湿啰音，查体见肝大、胸腔积液、腹腔积液和心包积液。硫胺素负荷试验为零，测血液中丙酮酸和乳酸含量，明显升高。诊断为脚气病引起的心力衰竭。

具体任务：

用糖代谢的知识解释发病的原因，并给出合理的治疗方案。

案例导入分析

第二节 糖的分解代谢

糖的分解代谢是葡萄糖在体内氧化供能的重要过程。在不同的条件下，葡萄糖的分解代谢途径不同，有机体内葡萄糖的分解代谢途径有无氧氧化、有氧氧化、磷酸戊糖途径。

一、糖的无氧氧化

无氧氧化是机体内葡萄糖或糖原在无氧或缺氧的条件下分解形成乳酸并产生 ATP 的过程。此过程可分为两个阶段，第一阶段是糖酵解；第二阶段是丙酮酸还原生成乳酸。其中糖酵解是自然界中有机体获得化学能最原始的途径，是有机体中普遍存在的一种葡萄糖降解途径，无论无氧氧化还是有氧氧化都必须先经过糖酵解途径。

（一）无氧氧化的反应过程

1. 第一阶段：糖酵解途径，即葡萄糖分解为丙酮酸

（1）葡萄糖的磷酸化。

葡萄糖进入细胞后，在己糖激酶催化下被 ATP 磷酸化，生成 6-磷酸葡萄糖。此反应是不可逆反应，己糖激酶需要 Mg^{2+} 作为激活因子。

ATP　Mg^{2+}　ADP　己糖激酶

葡萄糖　　　　6-磷酸葡萄糖

（2）6-磷酸果糖的生成。

6-磷酸葡萄糖在磷酸己糖异构酶催化下转变为 6-磷酸果糖，此反应为磷酸己糖异构化反应，是一个可逆反应。

磷酸己糖异构酶

6-磷酸葡萄糖　　　　6-磷酸果糖

（3）1,6-二磷酸果糖的生成。

6-磷酸果糖由磷酸果糖激酶催化，ATP 提供磷酸基和能量，Mg^{2+} 是激活因子，生成1,6-二磷酸果糖，此反应是不可逆反应。

6-磷酸果糖 + ATP →（磷酸果糖激酶，Mg^{2+}）→ 1,6-二磷酸果糖 + ADP

（4）磷酸己糖的裂解。

含 6 个碳原子的 1,6-二磷酸果糖经醛缩酶催化裂解为 2 分子可以互变的磷酸丙糖，即磷酸二羟丙酮和 3-磷酸甘油醛，此反应是可逆反应。

1,6-二磷酸果糖 ⇌（醛缩酶）⇌ 磷酸二羟丙酮 + 3-磷酸甘油醛

磷酸二羟丙酮和 3-磷酸甘油醛在异构酶的催化下可以互相异构化。

磷酸二羟丙酮 ⇌（异构酶）⇌ 3-磷酸甘油醛

（5）1,3-二磷酸甘油酸的生成。

3-磷酸甘油醛在 3-磷酸甘油醛脱氢酶的催化下，生成一个含高能磷酸键的 1,3-二磷酸甘油酸。反应中脱下的氢被辅酶 NAD^+ 接受生成 $NADH+H^+$。

3-磷酸甘油醛 + NAD^+ ⇌（3-磷酸甘油醛脱氢酶）⇌ 1,3-二磷酸甘油酸 + $NADH+H^+$

（6）3-磷酸甘油酸的生成。

磷酸甘油酸激酶催化 1,3-二磷酸甘油酸的高能磷酸基团转移到 ADP 生成 ATP 和 3-磷酸甘油酸，这是糖酵解过程中第一个产生 ATP 的反应。在这个反应中，底物分子内部能量重新分布，生成高能键，使 ADP 磷酸化生成 ATP 的过程，称为底物水平磷酸化。

$$\begin{array}{l} O{=}C-O\sim Ⓟ \\ \quad | \\ \quad CH-OH \\ \quad | \\ \quad CH_2O-Ⓟ \end{array} \xrightleftharpoons[\text{磷酸甘油酸激酶}]{ADP \quad Mg^{2+} \quad ATP} \begin{array}{l} COOH \\ | \\ CH-OH \\ | \\ CH_2O-Ⓟ \end{array}$$

1,3-二磷酸甘油酸　　　　　　　　　　　　3-磷酸甘油酸

在红细胞中，1，3-二磷酸甘油酸除生成3-磷酸甘油酸外，还可以在磷酸甘油酸变位酶的催化下生成2，3-二磷酸甘油酸，后者在2，3-二磷酸甘油酸酶的催化下再生成3-磷酸甘油酸，此代谢过程称为2，3-二磷酸甘油酸支路。红细胞内2，3-二磷酸的生理作用是调节血红蛋白的运氧功能。

$$\begin{array}{l} O{=}C-O\sim Ⓟ \\ \quad | \\ \quad CH-OH \\ \quad | \\ \quad CH_2O-Ⓟ \end{array} \xrightarrow{\text{磷酸甘油酸变位酶}} \begin{array}{l} COOH \\ | \\ CH-O-Ⓟ \\ | \\ CH_2O-Ⓟ \end{array} \xrightarrow{\text{2,3-二磷酸甘油酸酶}} \begin{array}{l} COOH \\ | \\ CH-OH \\ | \\ CH_2-Ⓟ \end{array}$$

1,3-二磷酸甘油酸　　　　　2,3-二磷酸甘油酸　　　　　3-磷酸甘油酸

（7）2-磷酸甘油酸的生成。

3-磷酸甘油酸经磷酸甘油酸变位酶催化转变为2-磷酸甘油酸，此反应是可逆反应。

$$\begin{array}{l} COOH \\ | \\ CH-OH \\ | \\ CH_2-Ⓟ \end{array} \xrightleftharpoons[Mg^{2+}]{\text{磷酸甘油酸变位酶}} \begin{array}{l} COOH \\ | \\ CH-O-Ⓟ \\ | \\ CH_2-OH \end{array}$$

3-磷酸甘油酸　　　　　　　　2-磷酸甘油酸

（8）磷酸烯醇式丙酮酸的生成。

由烯醇化酶催化2-磷酸甘油酸脱水生成磷酸烯醇式丙酮酸。此反应引起分子内部的电子重排和能量重新分布，生成含高能磷酸键的磷酸烯醇式丙酮酸。

$$\begin{array}{l} COOH \\ | \\ CH-O-Ⓟ \\ | \\ CH_2-OH \end{array} \xrightleftharpoons[Mg^{2+}]{\text{烯醇化酶}} \begin{array}{l} COOH \\ | \\ C-O\sim Ⓟ \\ \| \\ CH_2 \end{array}$$

2-磷酸甘油酸　　　　　　　　磷酸烯醇式丙酮酸

（9）丙酮酸的生成。

丙酮酸激酶催化磷酸烯醇式丙酮酸上的磷酸基团转移到ADP上生成ATP，同时生成丙酮酸。这是糖酵解过程中第二个底物水平磷酸化的反应，此反应是不可逆的，需要K^+、Mg^{2+}或Mn^{2+}参加。

$$\begin{array}{l} COOH \\ | \\ C-O\sim Ⓟ \\ \| \\ CH_2 \end{array} \xrightarrow[\text{丙酮酸激酶}]{ADP \quad Mg^{2+} \quad ATP} \begin{array}{l} COOH \\ | \\ C{=}O \\ | \\ CH_3 \end{array}$$

磷酸烯醇式丙酮酸　　　　　　　　丙酮酸

2. 第二阶段:乳酸的生成,即丙酮酸还原成为乳酸 糖酵解途径生成的丙酮酸如何进一步分解代谢,其去路最关键的是取决于氧的有无。在无氧条件下,丙酮酸不能进一步氧化,只能在乳酸脱氢酶的催化下,接受由 $NADH+H^+$ 提供的氢原子,还原成乳酸,这使糖酵解途径中生成的 NADH 重新转变为 NAD^+,使糖酵解过程得以继续进行。而 NADH $+H^+$ 提供的氢来自第五步反应 3-磷酸甘油醛生成 1,3-二磷酸甘油酸。

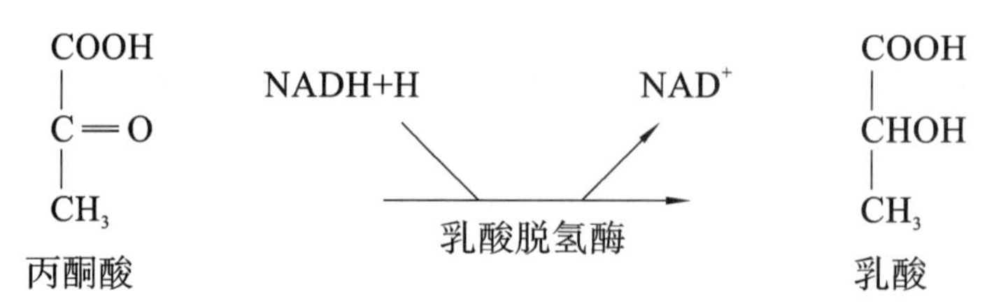

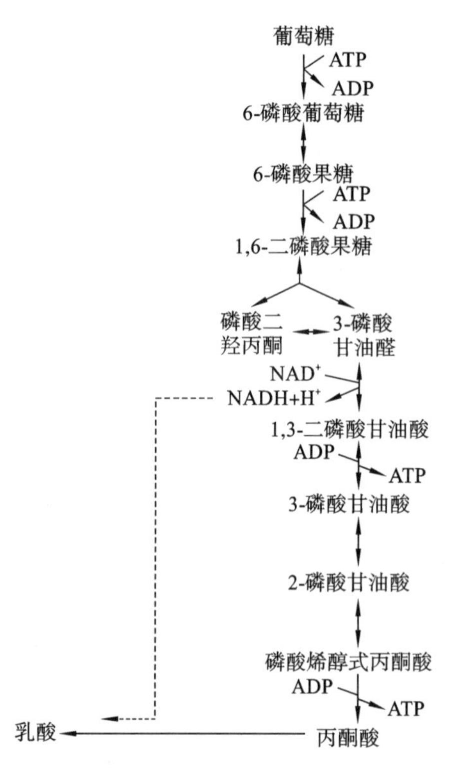

图 7-2 无氧氧化的反应过程

糖的无氧氧化反应过程归纳如图 7-2 所示。

(二) 无氧氧化的反应特点

(1) 无氧氧化由两个阶段组成,第一阶段的糖酵解途径是有氧无氧都能进行的,是葡萄糖进行有氧氧化或无氧氧化共同的代谢途径,通过该途径,生物体获得了生命活动所需要的部分能量。对厌氧生物或供氧不足的组织来说,糖酵解是糖分解代谢的主要途径,也是获得能量的主要方式。

(2) 无氧氧化全过程没有氧的参与但有氧化反应,反应过程中生成的 NADH 只能将 2H 交给丙酮酸,使之还原成乳酸,乳酸是无氧氧化的终产物。

(3) 无氧氧化过程产生少量能量,无氧氧化产生的能量是在第一阶段糖酵解过程中产生的,产能方式为底物水平磷酸化,1 分子葡萄糖活化为 2 分子丙酮酸,经过两次底物水平磷酸化,可产生 4 分子 ATP,除去葡萄糖活化时消耗的 2 分子 ATP,可净得 2 分子 ATP。若从糖原开始,则净生成 3 分子 ATP。

(4) 糖酵解途径中生成的许多中间产物,可作为合成其他物质的原料。如磷酸二羟丙酮可以转变为甘油、丙酮酸,也可以转变为丙氨酸或乙酰 CoA,而乙酰 CoA 是合成脂肪酸的原料,这样糖酵解与其他代谢途径就联系起来了,实现了物质间的互相转化,这种转化究竟向哪一个方向,与不同生物、不同组织器官以及条件有关。

(三) 无氧氧化的生理意义

(1) 无氧氧化是机体在缺氧或无氧的情况下获得能量的有效方式。如机体剧烈运动时肌肉局部血流相对不足,骨骼肌主要通过无氧氧化获得能量,能使骨骼肌在缺氧状态下保持正常功能。

(2) 在某些病理情况下,如各种原因的呼吸或循环功能障碍等造成机体缺氧,无氧氧化途径增强,使机体在缺氧时获得 ATP 供应。

(3) 某些组织细胞,如视网膜、睾丸、白细胞、肿瘤等的细胞,即使供氧充足,也主要依

靠无氧氧化获得能量。成熟的红细胞因缺乏线粒体而完全依赖无氧氧化提供能量。

(4) 无氧氧化过度也可能造成乳酸堆积，引起乳酸中毒。

【护考提示】
红细胞的功能是携带氧，而有氧氧化是在线粒体内进行的，而红细胞没有线粒体，所以红细胞获得能量的方式是无氧氧化。2,3-二磷酸甘油酸途径是红细胞所特有的途径，可以有助于完成携氧和释放氧。

二、糖的有氧氧化

葡萄糖或糖原在有氧条件下彻底氧化分解生成 CO_2 和 H_2O，并释放出大量能量的过程，称为糖的有氧氧化。有氧氧化的反应过程分为三个阶段：第一阶段，葡萄糖或糖原经过糖酵解途径生成丙酮酸；第二阶段，丙酮酸进入线粒体氧化脱羧生成乙酰 CoA；第三阶段，乙酰 CoA 进入三羧酸循环，彻底氧化为 CO_2 和 H_2O，并释放大量能量。整个反应过程如图 7-3 所示。

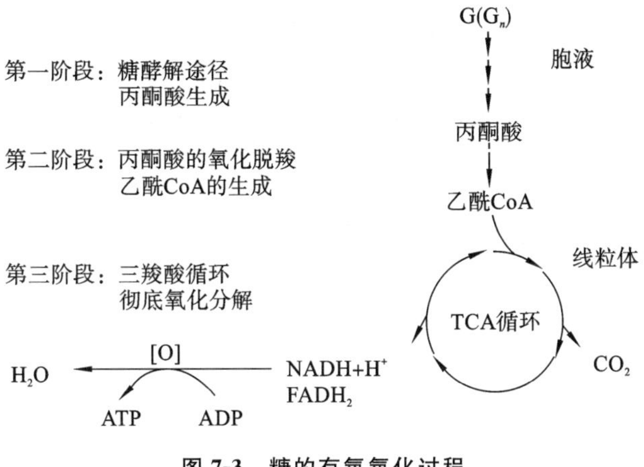

图 7-3　糖的有氧氧化过程

(一) 有氧氧化的反应过程

1. 第一阶段：糖酵解途径，葡萄糖分解为丙酮酸　这一阶段的反应过程和无氧氧化过程是相同的，所不同的是 3-磷酸甘油醛脱下的氢并不用于还原丙酮酸，而是将生成的 $NADH+H^+$ 通过苹果酸穿梭或磷酸甘油穿梭机制进入线粒体，经呼吸链传递给 O_2 生成 H_2O 和 ATP。

2. 第二阶段：丙酮酸氧化脱羧生成乙酰 CoA　葡萄糖通过糖酵解生成的丙酮酸进入线粒体，在丙酮酸脱氢酶系的催化下，氧化脱羧生成乙酰 CoA。总反应式见图 7-4。此反应是连接糖酵解和三羧酸循环的中心环节，为不可逆反应。此反应的催化酶丙酮酸脱氢酶系位于线粒体内膜上，是一种复杂的具有一定结构顺序的多酶复合体，形成紧密的链锁反应机制，使酶的催化效率和调节能力显著提高。该多酶复合体由三种酶蛋白和五种辅酶组成(表 7-1)，其中维生素是辅酶，若缺乏则可导致糖代谢障碍。如维生素 B_1 缺乏，丙酮酸氧化脱羧受阻，能量生成减少，丙酮酸及乳酸堆积则可发生脚气病。

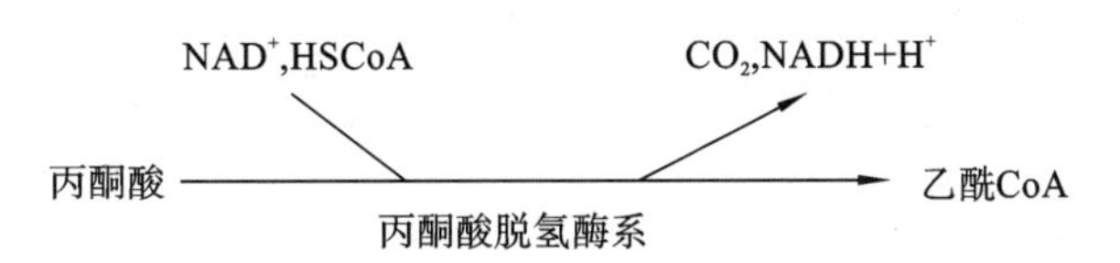

图 7-4　丙酮酸氧化脱羧生成乙酰 CoA 总反应式

表 7-1　丙酮酸脱氢酶复合体的组成

丙酮酸脱氢酶系中的酶	辅酶	所含的维生素
丙酮酸脱氢酶	TPP	维生素 B_1
二氢硫辛酸乙酰转移酶	二氢硫辛酸、HSCoA	硫辛酸、泛酸
二氢硫辛酸脱氢酶	FAD、NAD	维生素 B_2、维生素 PP

【护考提示】
多种维生素是丙酮酸脱氢酶复合体的辅酶，缺乏会导致丙酮酸不能氧化脱羧，从而不能进行有氧氧化，导致机体能量不足而出现多种疾病。

3. 第三阶段：乙酰 CoA 的氧化——三羧酸循环　三羧酸循环(tricarboxylic acid cycle)简称 TCA 循环，是一个由系列酶促反应构成的循环反应系统，这一途径不仅是糖分解代谢的主要途径，也是脂肪、蛋白质分解代谢的最终通路，具有重要的生理意义。TCA 从乙酰 CoA 与草酰乙酸缩合成含有 3 个羧基的柠檬酸开始，经过 4 次脱氢和 2 次脱羧，又重新生成草酰乙酸而结束的循环反应过程，故称为三羧酸循环或柠檬酸循环，反应过程如下：

(1) 柠檬酸的生成。

乙酰 CoA 在柠檬酸合酶的催化下与草酰乙酸缩合成柠檬酸 CoA，然后高能硫酯键水解形成柠檬酸并释放出 HSCoA，同时释放大量能量，此反应不可逆。

$$CH_3-\overset{O}{\overset{\|}{C}}-SCoA + \underset{\text{COOH}}{\underset{|}{\underset{CH_2}{\underset{|}{\overset{\text{COOH}}{\overset{|}{C=O}}}}}} \xrightarrow[H_2O]{\text{柠檬酸合酶}} HO-\underset{\text{CH}_2-\text{COOH}}{\overset{\text{COOH}-\text{CH}_2}{C}}-COOH + HSCoA$$

乙酰CoA　　草酰乙酸　　　　　　柠檬酸

知识链接

克雷布斯博士是英国的一名医生，他对食物在体内究竟是如何变成水和二氧化碳非常感兴趣，便着手调查前人研究这一课题的各种材料，克雷布斯将这些数据仔细整理了一番，结果发现食物在体内是按 F、G、A、B、C、D、E 这样一个顺序变化的，再仔细了解从 A 到 F 这些化学物质，发现 E 和 F 之间断了链。如果 E 和 F 之间存在一种 X 物质，那么，这条食物循环反应链就完整了。4 年后终于查明，X 物质就是如今放在饮料中作为酸味添加剂的柠檬酸。他完成了食物的循环链，并且将它命名为柠檬酸循环。他的伟大不仅仅在于发现了几个化学物质的变化，更在于将每一个变化整理出来，找出了可以解释动态生命现象的结构，并因此获得了 1953 年的诺贝尔生理学或医学奖。

(2) 柠檬酸异构成异柠檬酸。

柠檬酸在顺乌头酸酶的作用下脱水形成顺乌头酸，后者再加水生成异柠檬酸。这两步反应都是由顺乌头酸酶催化的。

COOH
|
CH_2
|
HO—C—COOH
|
CH_2
|
COOH
柠檬酸

$\xrightleftharpoons[\text{顺乌头酸酶}]{H_2O}$

COOH
|
CH_2
|
C—COOH
‖
CH
|
COOH
顺乌头酸

$\xrightleftharpoons[\text{顺乌头酸酶}]{H_2O}$

COOH
|
CH_2
|
H—C—COOH
|
HO—CH
|
COOH
异柠檬酸

（3）异柠檬酸氧化脱羧。

异柠檬酸在异柠檬酸脱氢酶催化下脱氢、脱羧氧化生成 α-酮戊二酸，脱下的氢由 NAD^+ 接受，此反应不可逆。

COOH
|
CH_2
|
H—C—COOH
|
HO—CH
|
COOH
异柠檬酸

NAD^+ → $NADH+H^+$
异柠檬酸脱氢酶
→

COOH
|
CH_2
|
CH_2
|
C=O
|
COOH
α-酮戊二酸

（4）α-酮戊二酸氧化脱羧。

α-酮戊二酸在 α-酮戊二酸脱氢酶系催化下，脱氢、脱羧生成琥珀酰 CoA，此反应不可逆。这是三羧酸循环中的第 2 个氧化脱羧反应。催化酶系和丙酮酸氧化脱氢酶系的结构和催化机制相似。

COOH
|
CH_2
|
CH_2
|
C=O
|
COOH
α-酮戊二酸

＋ HSCoA

NAD^+ → CO_2 $NADH+H^+$
α-酮戊二酸脱氢酶系
→

O
‖
C—SCoA
|
CH_2
|
CH_2
|
COOH
琥珀酰CoA

（5）琥珀酸生成。

琥珀酰 CoA 含有一个高能硫酯键，是高能化合物，在琥珀酸硫激酶催化下，硫酯键水解，释放的能量使 GDP 磷酸化生成 GTP，同时生成琥珀酸。GTP 将磷酰基转给 ADP 生成 ATP。这是三羧酸循环中唯一的底物水平磷酸化直接产生高能磷酸化合物的反应。

（6）延胡索酸的生成。

在琥珀酸脱氢酶的催化下，琥珀酸脱氢生成延胡索酸，脱下的氢由 FAD 接受，这是三羧酸循环中第 3 步氧化还原反应。琥珀酸脱氢酶是三羧酸循环中唯一结合在线粒体内膜上并直接与呼吸链相联系的酶。

$$\underset{\text{琥珀酰CoA}}{\begin{array}{l}O\\\|\\C-SCoA\\|\\CH_2\\|\\CH_2\\|\\COOH\end{array}} \xrightleftharpoons[\text{琥珀酸硫激酶}]{ADP\ \ \ \ ATP} \underset{\text{琥珀酸}}{\begin{array}{l}COOH\\|\\CH_2\\|\\CH_2\\|\\COOH\end{array}} + HSCoA$$

$$GTP + ADP \xrightleftharpoons{\text{核苷二磷酸激酶}} GDP + ATP$$

$$\underset{\text{琥珀酸}}{\begin{array}{l}COOH\\|\\CH_2\\|\\CH_2\\|\\COOH\end{array}} \xrightleftharpoons{\text{琥珀酸脱氢酶}} \underset{\text{延胡索酸}}{\begin{array}{l}COOH\\|\\CH\\\|\\CH\\|\\COOH\end{array}}$$

(7) 苹果酸的生成。

延胡索酸在延胡索酸酶的作用下水化生成苹果酸。

$$\underset{\text{延胡索酸}}{\begin{array}{l}COOH\\|\\CH\\\|\\CH\\|\\COOH\end{array}} \xrightleftharpoons{\text{延胡索酸酶}} \underset{\text{苹果酸}}{\begin{array}{c}COOH\\|\\HO-C-H\\|\\CH_2\\|\\COOH\end{array}}$$

(8) 草酰乙酸的再生成。

苹果酸在苹果酸脱氢酶的作用下氧化脱氢生成草酰乙酸，这是三羧酸循环的第 4 次氧化还原反应，也是循环的最后一步反应。脱下的氢由 NAD^+ 接受，再生成的草酰乙酸可继续和进入循环的乙酰 CoA 反应开始新的一轮三羧酸循环。

$$\underset{\text{苹果酸}}{\begin{array}{c}COOH\\|\\HO-C-H\\|\\CH_2\\|\\COOH\end{array}} \xrightarrow[\text{苹果酸脱氢酶}]{NAD^+\ \ \ \ NADH+H^+} \underset{\text{草酰乙酸}}{\begin{array}{l}COOH\\|\\C=O\\|\\CH_2\\|\\COOH\end{array}}$$

三羧酸循环整个反应过程如图 7-5 所示。

4. 有氧氧化的能量产生 在有氧条件下，糖氧化分解所释放的能量远远大于无氧氧化过程，每摩尔葡萄糖经有氧氧化可生成 30 或 32 mol ATP。有氧氧化 ATP 生成见表 7-2。

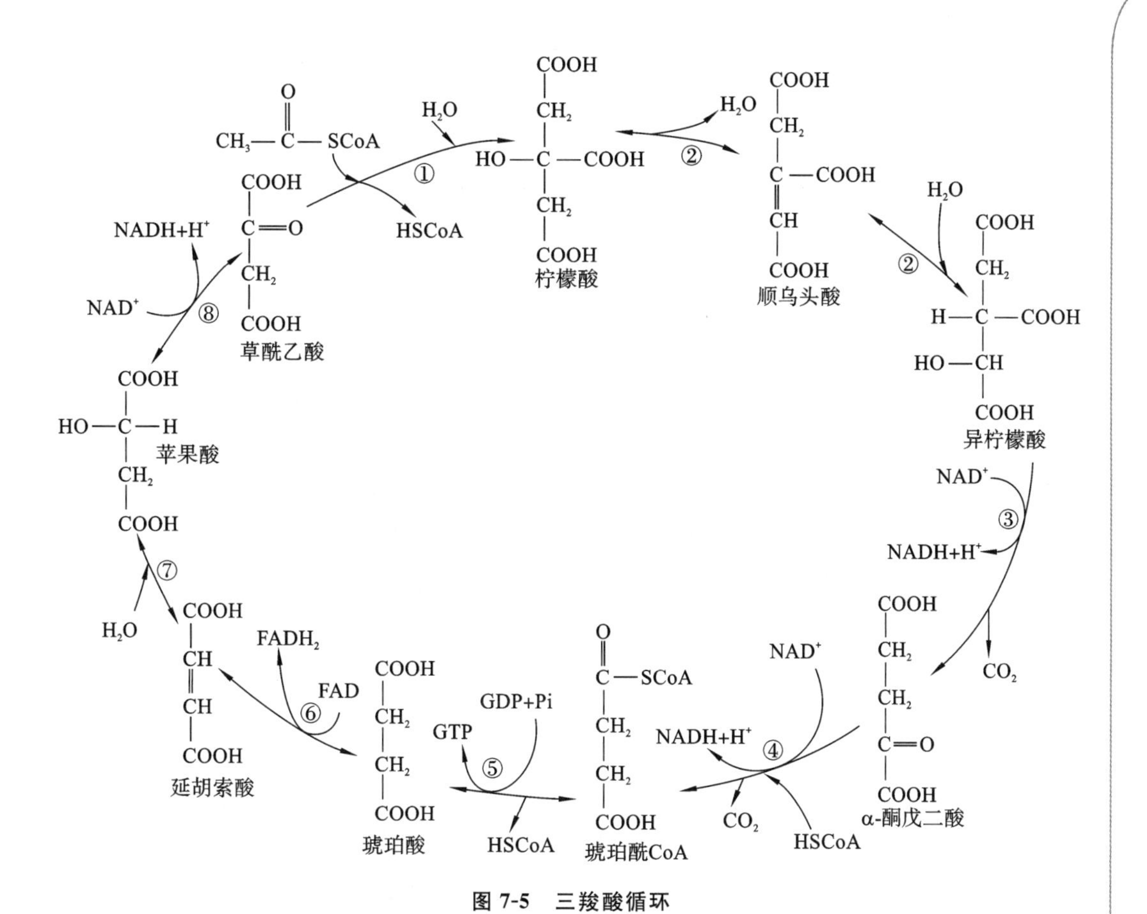

图 7-5　三羧酸循环

表 7-2　葡萄糖有氧氧化生成的 ATP 数量

	反应	辅酶	获得的 ATP
第一阶段	葡萄糖→6-磷酸葡萄糖		－1
	6-磷酸葡萄糖→1,6-二磷酸果糖		－1
	2×3-磷酸甘油酸→2×1,3-二磷酸甘油酸	2NADH(胞质)	3 或 5
	2×1,3-二磷酸甘油酸→2×3-磷酸甘油酸		2
	2×磷酸烯醇式丙酮酸→2×丙酮酸		2
第二阶段	2×丙酮酸→2×乙酰 CoA	2NADH(线粒体基质)	5
第三阶段	2×异柠檬酸→2×α-酮戊二酸	2NADH	5
	2×α-酮戊二酸→2×琥珀酰 CoA	2NADH	5
	2×琥珀酰 CoA→2×琥珀酸		2
	2×琥珀酸→2×延胡索酸	2FAD	3
	2×苹果酸→2×草酰乙酸	2NADH	5
由 1 mol 葡萄糖总共获得的 ATP 数量			30 或 32 mol

(二) 三羧酸循环的特点

(1) 乙酰 CoA 与草酰乙酸合成柠檬酸进入三羧酸循环后，经 2 次脱羧转变为 2 分子

CO_2 而释放，是乙酰 CoA 彻底氧化的途径，循环一次氧化了 1 分子乙酰 CoA。

（2）三羧酸循环通过脱氢产生 NADH+H^+ 或 $FADH_2$，进入线粒体内膜上的呼吸链将氢原子用于 O_2 的还原生成水，同时合成 ATP。NADH+H^+ 或 $FADH_2$ 还原 O_2 重新氧化成 NAD^+ 和 FAD，确保三羧酸循环正常运转，因此三羧酸循环是需氧代谢。

（3）三羧酸循环的多个反应是可逆的，但柠檬酸的合成及 α-酮戊二酸的氧化脱羧两步反应是不可逆的，故整个循环只能单方向进行。循环中的柠檬酸合酶，异柠檬酸脱氢酶、α-酮戊二酸脱氢酶系是该代谢途径的限速酶。

（4）草酰乙酸是三羧酸循环的起始物，也是乙酰 CoA 进入三羧酸循环途径形成柠檬酸的载体，循环过程中不断使中间物的 C 氧化成 CO_2，而三羧酸循环中间产物是很多生物物质合成的前体，这些中间产物常脱离循环参与其他代谢，导致草酰乙酸浓度下降，从而影响循环的进行，因此必须不断补充草酰乙酸。这种补充称为回补反应。回补反应既可以补充草酰乙酸也可以补充其他中间产物，但草酰乙酸的回补反应最为重要。

【护考提示】

三羧酸循环是一个不可逆的开放过程，整个循环的中间产物会被机体转去参与其他代谢，而其他代谢的产物也会进入循环参与反应。特别要注意的是能量产生的方式，主要为氧化磷酸化，但也有底物水平磷酸化。

（三）有氧氧化的意义

（1）在生物界中，包括动物、植物及多种微生物中都普遍存在三羧酸循环，三羧酸循环和糖酵解相联系构成糖的有氧氧化途径，是为机体提供能量的主要途径，也是机体获得能量最有效的方法。

（2）有氧氧化的三羧酸循环是糖、脂肪、蛋白质等物质代谢和转化的枢纽。一方面，三羧酸循环是糖、脂、氨基酸彻底氧化的共同途径。糖、脂肪、蛋白质经分解代谢之后，均可生成乙酰 CoA 或三羧酸循环的中间产物如草酰乙酸、α-酮戊二酸等，经过三羧酸循环彻底氧化生成 H_2O、CO_2 并产生 ATP。另一方面，三羧酸循环是各物质代谢的枢纽，乙酰 CoA 及循环的中间产物如草酰乙酸、α-酮戊二酸、琥珀酰 CoA 和延胡索酸等又是合成糖、脂肪、氨基酸等物质的原料和碳骨架。

三、磷酸戊糖途径

糖的无氧氧化和有氧氧化过程是生物体内糖分解的主要途径，但并非唯一途径，糖在生物体还有一种氧化过程——磷酸戊糖途径。此途径主要存在于肝、脂肪组织、哺乳期的乳腺、肾上腺皮质、性腺、骨髓和红细胞等组织和器官，其重要功能不是产生 ATP，而是产生 NADPH+H^+ 和 5-磷酸核糖，是葡萄糖在体内生成 5-磷酸核糖的唯一途径，故命名为磷酸戊糖途径，5-磷酸核糖是合成核酸及其衍生物的重要原料。

此途径生成的 NADPH 为体内多种合成反应提供还原力。NADPH 作为主要的供氢体，是加单氧酶系的组成成分，为人体内脂肪酸、胆固醇及类固醇等化合物的生物合成所必需，故脂类合成旺盛的组织，磷酸戊糖途径也比较活跃。

细胞内必须保持一定浓度的 NADPH，以便形成还原性的微环境，以免巯基酶因氧化而失活，保护膜脂和其他生物大分子免遭活性氧的攻击，比如 NADPH+H^+ 是谷胱甘肽还原酶的辅酶，具有保护细胞膜和清除自由基的作用。6-磷酸葡萄糖脱氢酶缺陷者，不能维持谷胱甘肽的还原状态，故红细胞膜易破裂而发生急性溶血。

磷酸戊糖途径在胞液中进行，可分为两个阶段：第一阶段是葡萄糖直接氧化脱羧，限速酶是 6-磷酸葡萄糖脱氢酶，生成 5-磷酸核糖，NADH 和 CO_2；第二阶段是非氧化基团转移反应，最终生成 6-磷酸果糖和 3-磷酸甘油醛，进入糖酵解途径代谢。总的反应式如图 7-6 所示。

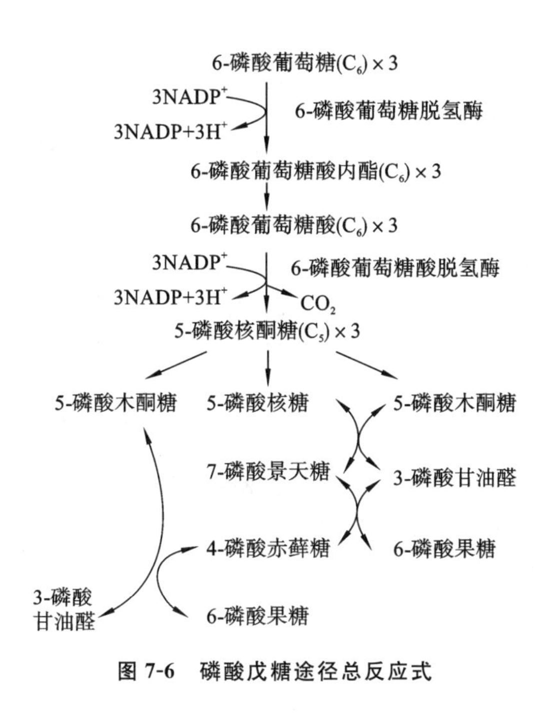

图 7-6　磷酸戊糖途径总反应式

第三节　糖原的合成与分解

糖原是以葡萄糖为单位聚合而成的分枝状大分子多糖，是体内糖的储存形式，是机体能迅速动用的能量储备。糖原主要储存在肌肉组织和肝中，存在于肌肉中的糖原是肌糖原，占肌肉总重量的1%～2%，为250～400 g，在肌肉收缩的时候提供能量；存在于肝脏中的糖原是肝糖原，占肝重的6%～8%，为70～100 g，其作用是维持血糖的浓度，保证脑、红细胞等重要组织的能量供应。

糖原分子中的α-葡萄糖单位通过α-1，4-糖苷键相连构成长的直链，约10个葡萄糖单位处形成分支，分支处葡萄糖以α-1，6-糖苷键连接，糖原有较多的分支结构，分支增加，溶解度增加。分支末端为非还原端，糖原的合成与分解都是从非还原端开始的。分支越多，非还原端越多，这样增加了糖原合成与分解的反应位点，大大提高了代谢速度。

一、糖原的合成

（一）糖原合成反应

由单糖合成糖原的过程称为糖原的合成，糖原合成反应在胞液中进行，消耗ATP和UTP，其过程包括以下3步反应：

1. 葡萄糖磷酸化生成6-磷酸葡萄糖　葡萄糖在己糖激酶的催化下，接受ATP提供的磷酸基团，生成6-磷酸葡萄糖，此反应为不可逆反应。

葡萄糖 + ATP $\xrightarrow[\text{己糖激酶}]{Mg^{2+}}$ 6-磷酸葡萄糖 + ADP

2. 1-磷酸葡萄糖的生成

6-磷酸葡萄糖 $\xrightarrow{\text{磷酸葡萄糖变位酶}}$ 1-磷酸葡萄糖

3. 尿苷二磷酸葡萄糖的生成　1-磷酸葡萄糖与 UTP 在尿苷二磷酸葡萄糖焦磷酸化酶的催化下生成尿苷二磷酸葡萄糖(UDPG)，释放出焦磷酸(PPi)。UDPG 可看作“活性葡萄糖”，在体内充作葡萄糖供体。

1-磷酸葡萄糖 + UTP $\xrightarrow{\text{UDPG焦磷酸化酶}}$ 尿苷二磷酸葡萄糖（UDPG） + PPi

在糖原合酶的催化下，UDPG 中的葡萄糖单位转移到糖原引物的非还原端以 α-1，4-糖苷键连接。每进行一次反应，糖原引物上就增加一个葡萄糖单位，由此使糖原分子不断地由小变大，糖链由短变长。

糖原（n）+ 尿苷二磷酸葡萄糖（UDPG） $\xrightarrow{\text{糖原合酶}}$ 糖原（n+1） + UDP

（二）糖原分支的形成

糖原合酶只能催化 α-1，4-糖苷键生成而延长糖链，但不能形成分支。糖原分支的形成需要分支酶催化。当糖链长度达到 12～18 个葡萄糖单位时，分支酶就将一段长为 6～7 个葡萄糖单位的糖链转移到邻近的糖链上，以 α-1，6-糖苷键相连接，形成分支结构，作用过程如图 7-7 所示。

（三）糖原合成的特点

(1) 糖原合酶不能直接将 2 个葡萄糖分子连接起来，只能将葡萄糖加到糖原引物的非还原端。糖原引物即糖原(n)，为原有细胞内的较小糖原分子(至少含有 4 个葡萄糖残基)，作为 UDPG 上葡萄糖基的接受体。糖原引物是由引物蛋白分子中的 194 位酪氨酸残基被糖基化，形成的寡糖链，作为糖原合成时葡萄糖单位的受体。

(2) 糖原合酶是糖原合成过程的关键酶，是糖原引物蛋白和糖基转移酶合在一起组成的。两者结合在一起有催化作用，解离时就会失活。当糖链达到一定长度时，糖基转

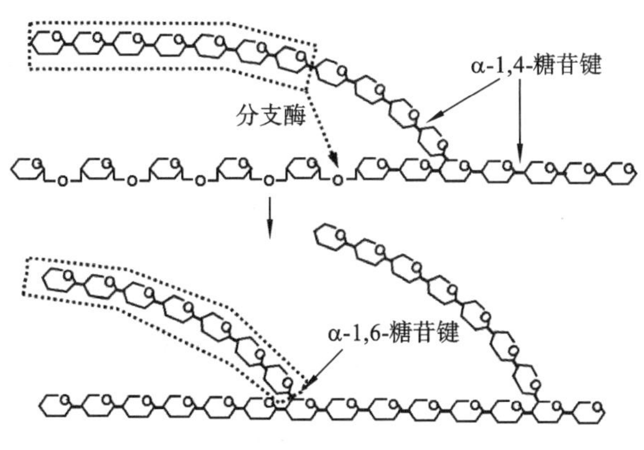

图 7-7　分支酶的作用

移酶和糖原引物蛋白解离，使糖原合成终止。

（3）糖原合成是消耗能量的过程，每增加 1 个葡萄糖单位，需要消耗 2 个高能磷酸键，由 ATP 和 UTP 供能。

二、糖原的分解

肝糖原可以分解为葡萄糖，肌糖原不能直接分解为葡萄糖，只能进行无氧氧化或有氧氧化。肝糖原分解的过程如下。

1. 糖原分解为 1-磷酸葡萄糖　从糖原分子的非还原端开始，由磷酸化酶水解 α-1，4-糖苷键，逐个释放 1-磷酸葡萄糖。

$$\text{糖原}(n+1)\xrightarrow{\text{磷酸化酶}}\text{糖原}(n)+\text{1-磷酸葡萄糖}$$

2. 6-磷酸葡萄糖生成

$$\text{1-磷酸葡萄糖}\xrightarrow{\text{磷酸葡萄糖变位酶}}\text{6-磷酸葡萄糖}$$

3. 6-磷酸葡萄糖水解为葡萄糖

$$\text{6-磷酸葡萄糖}\xrightarrow{\text{葡萄糖-6-磷酸酶}}\text{葡萄糖}$$

4. 脱支酶的作用　磷酸化酶只能水解 α-1，4-糖苷键而对于 α-1，6-糖苷键无作用，当糖链上的葡萄糖基逐个减少至离分支点约 4 个葡萄糖单位时，由脱支酶将 3 个葡萄糖基转移到邻近糖链末端，仍以 α-1，4-糖苷键连接，剩下的 1 个葡萄糖基被脱支酶水解成游离的葡萄糖，糖原在磷酸化酶与脱支酶的共同作用下，逐渐被分解，分子越来越小，糖链越来越短，其作用过程如图 7-8 所示。

糖原合成与分解总图如图 7-9 所示。

三、糖原合成和分解的意义

（1）糖原是机体快速、高效储存葡萄糖的一种重要形式。当食物中糖供应丰富及能量充足时，一部分糖可在肝和肌肉组织迅速合成糖原储存起来；当糖供应不足或能量需求增加时，储存的糖原可分解为 6-磷酸葡萄糖，为机体氧化供能。

（2）因肝有葡萄糖-6-磷酸酶，故肝糖原可分解为葡萄糖，释放入血，维持血糖浓度的相对恒定，保证重要生命器官的能量供应。而肌肉组织无葡萄糖-6-磷酸酶，所生成的 6-磷酸葡萄糖不能转变成葡萄糖释放入血，只能氧化供能。

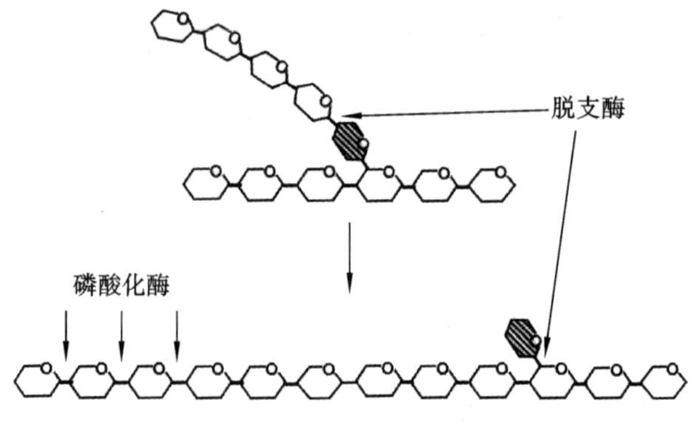

图 7-8　脱支酶的作用

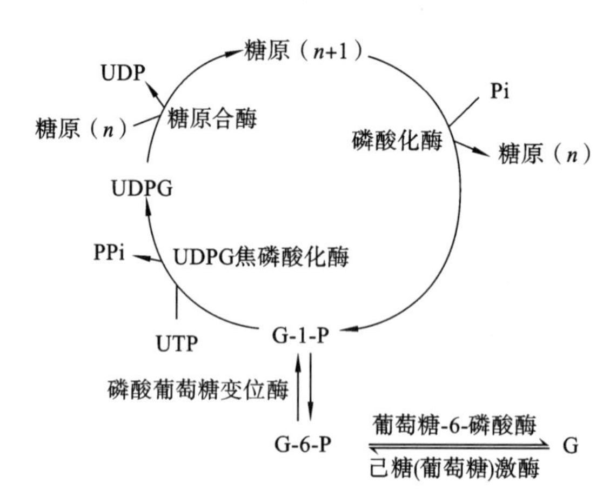

图 7-9　糖原合成与分解总图

第四节　糖　异　生

从非糖的前体物质转变为葡萄糖或糖原的过程称为糖异生。机体在不进食期间，通过肝糖原分解补充血糖，但糖原的储存量有限，所以饥饿情况下，肝可以利用乳酸等非糖物质转变为葡萄糖，使血糖在饥饿 24 h 以内仍保持正常下限，能转变为糖的非糖物质主要有乳酸、丙酮酸、甘油、生糖氨基酸等。肝是糖异生的主要器官，长期饥饿时肾糖异生也起作用，这是因为糖异生作用的关键酶主要分布在肝和肾皮质，故而其他组织器官不能进行糖异生，所以糖异生途径主要在肝、肾细胞的胞浆及线粒体中进行。

一、糖异生反应途径

糖异生途径可以通过糖酵解途径的逆过程完成，但糖异生有糖酵解的非简单逆转。糖酵解途径中大多数酶促反应都是可逆的，但由己糖激酶、磷酸果糖激酶和丙酮酸激酶催化的反应是不可逆的，若以另外一些酶代替，这三步反应即可逆。

（一）丙酮酸羧化支路

丙酮酸不能直接逆向转化为磷酸烯醇式丙酮酸，需要通过两步反应，才能转化成功。第一步：在丙酮酸羧化酶的催化下生成草酰乙酸。第二步：在磷酸烯醇式丙酮酸激酶催

化下，草酰乙酸脱羧并从 GTP 获得磷酸生成磷酸烯醇式丙酮酸，此过程为丙酮酸羧化支路，该支路是一个消耗能量的过程。整个过程见图 7-10。

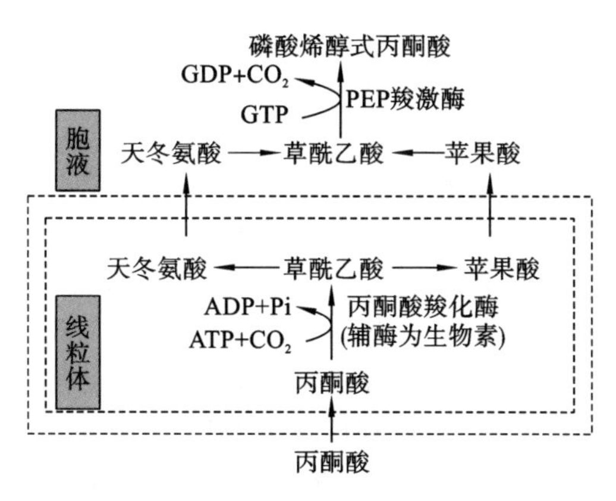

图 7-10　丙酮酸羧化支路

（二）1,6-二磷酸果糖转变为 6-磷酸果糖

1,6-二磷酸果糖由果糖二磷酸酶催化生成 6-磷酸果糖，绕过由磷酸果糖激酶催化的不可逆反应。

$$\text{1,6-二磷酸果糖} + H_2O \xrightarrow{\text{果糖二磷酸酶}} \text{6-磷酸果糖} + Pi$$

（三）6-磷酸葡萄糖水解生成葡萄糖

在葡萄糖-6-磷酸酶的作用下，6-磷酸葡萄糖水解为葡萄糖，绕过由己糖激酶催化的不可逆反应。

$$\text{6-磷酸葡萄糖} + H_2O \xrightarrow{\text{葡萄糖-6-磷酸酶}} \text{葡萄糖} + Pi$$

二、糖异生的生理意义

（一）维持机体饥饿时血糖浓度的相对稳定

这是糖异生作用最主要的生理意义。饥饿时，肝糖原分解产生的葡萄糖仅能维持血糖 8～12 h，以后机体主要依靠糖异生来维持血糖浓度恒定。长期饥饿时，糖异生作用的原料主要是氨基酸和甘油，经糖异生转变为葡萄糖，维持血糖正常水平，保证脑、红细胞等重要组织细胞的能量供应。饥饿早期肝每天可异生葡萄糖 10～15 g。长期饥饿时，肾糖异生的能力增强，可占糖异生总量的 45%。

（二）调节酸碱平衡

长期饥饿可造成代谢性酸中毒，促进肾小管上皮细胞中 PEP 羧激酶的合成，使糖异生增强。肾中 α-酮戊二酸消耗，促进谷氨酰胺脱氨生成 α-酮戊二酸，肾小管上皮细胞氨钠交换增强。

（三）协助氨基酸代谢

生糖氨基酸可以转化为丙酮酸、α-酮戊二酸和草酰乙酸等参与糖异生作用，长期饥饿时，组织蛋白分解增强，血中氨基酸含量增高，糖异生作用十分活跃，氨基酸是饥饿时维持血糖的主要原料。

（四）有利于乳酸的再利用

乳酸是糖异生的重要原料，当肌肉缺氧或剧烈运动时，肌糖原酵解产生大量乳酸并经过血液运输到肝，通过糖异生合成肝糖原或葡萄糖，再经血液循环到达肌肉中以补充血糖或被肌肉摄取利用，称为乳酸循环，乳酸循环有利于乳酸的再利用，可有效防止代谢性酸中毒。乳酸循环全过程见图 7-11。

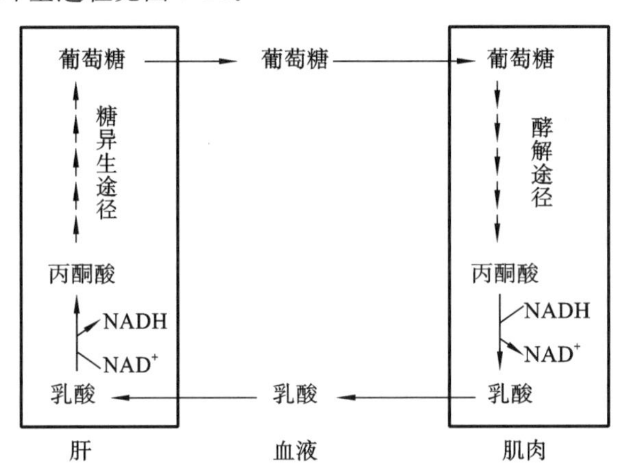

图 7-11　乳酸循环过程

第五节　血糖及其调节

案例导入 7-3

案例导入分析

患者，男，41 岁，58 kg，突发神志不清 30 min，来医院急诊。患者糖尿病史 16 年，近年来视物模糊，持续蛋白尿，双下肢浮肿，在家以普通胰岛素 10 U，餐前皮内注射治疗，每日三次。近两天无明显诱因常于夜间出现烦躁不安，饥饿，心悸，冷汗淋漓等症状，进食后得以缓解，故未重视。今日午餐前病情加重，出现神志不清，呼之不应，时发抽搐，急求医。入院后查血糖 1.1 mmol/L，诊断为低血糖昏迷。

具体任务：

用血糖的知识解释发病的原因，并给出合理的治疗方案。

血糖是血液中单糖的总称，临床称血中葡萄糖为血糖。正常成人空腹血糖浓度相对恒定，在3.9～6.1 mmol/L范围内，这是机体对血糖来源和去路调节的结果。血糖水平恒定可保证依赖葡萄糖供能的脑组织、红细胞、骨髓及神经组织等重要组织器官的能量供应。

一、血糖的来源和去路

（一）血糖的来源

食物中的淀粉经消化水解生成葡萄糖进入血液循环是血糖的主要来源，肝糖原分解生成葡萄糖进入血液循环补充血糖也是血糖的一种来源。饥饿时肝糖原储存量减少，体内的非糖物质经肝、肾的糖异生作用转变成葡萄糖释放入血，可以维持血糖浓度的相对恒定。

（二）血糖的去路

在组织细胞中氧化分解供能，是血糖的主要去路。血液中多余的糖可以在肝、肌肉等组织中合成糖原储存起来。葡萄糖还可转变为脂肪、非必需氨基酸，以及其他糖及其衍生物，如核糖、脱氧核糖、葡萄糖醛酸等。当出现尿糖浓度高于8.9 mmol/L时，超过肾小管最大重吸收能力，则糖从尿中排出，出现糖尿现象，此时的血糖值称为肾糖阈值，如图7-12所示。

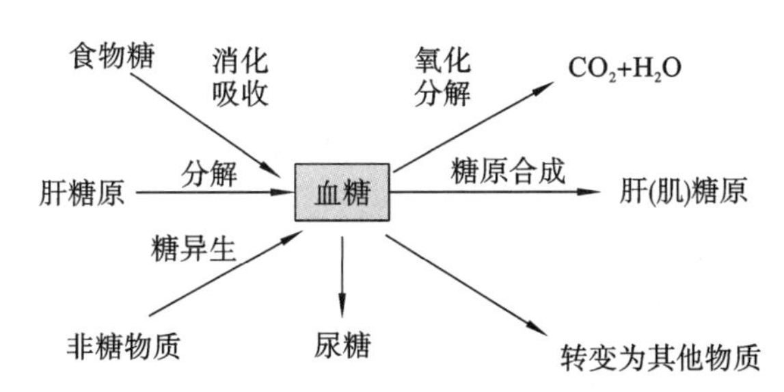

图7-12　血糖的来源与去路

二、血糖水平的调节

血糖浓度的相对恒定是血糖来源和去路相对平衡的结果。血糖水平受到肝、肌肉、肾等器官以及神经、激素的调节。

（一）器官调节

调节血糖浓度的主要器官是肝。肝通过糖原的合成、分解和糖异生作用来维持血糖浓度的相对恒定。进食后血糖浓度增高，肝糖原的合成储存增加。空腹时肝糖原能直接分解为葡萄糖补充血糖。饥饿状态下肝糖原耗尽，糖异生作用增强，非糖物质转变为葡萄糖。其他一些单糖，如果糖、半乳糖也可在肝脏中转变为葡萄糖，以维持血糖浓度的相对稳定。

（二）激素调节

1. 降低血糖的激素　胰岛素是体内唯一降低血糖的激素，能促进葡萄糖转运进入肝外细胞、加速糖原合成，抑制糖原分解、加快糖的有氧氧化、抑制肝内糖异生、减少脂肪动员。胰岛素的分泌受血糖调节，血糖浓度增高，胰岛素分泌增加，血糖浓度降低，胰岛素分泌减少。

2. 升高血糖的激素 升高血糖的激素有胰高血糖素、肾上腺素、糖皮质激素等。胰高血糖素是体内最主要拮抗胰岛素作用的升高血糖的激素。血糖浓度降低或血中氨基酸浓度升高，均增加胰高血糖素的分泌。其作用与胰岛素的作用相反，可以促进肝糖原分解，抑制糖原合成、抑制糖酵解途径，促进糖异生、促进脂肪动员。糖皮质激素可促进肌肉蛋白质分解，分解产生的氨基酸转移到肝进行糖异生，引起血糖浓度升高、肝糖原增加。肾上腺素可通过肝和肌肉的细胞膜受体、cAMP、蛋白激酶级联激活磷酸化酶，加速糖原分解迅速升高血糖浓度，主要在应急状态下发挥调节作用。

降低或升高血糖浓度的两类激素通过相互协调、相互制约、共同作用来实现血糖浓度的调节。

三、糖代谢异常

糖代谢异常通常表现为血糖水平的异常，主要有高血糖和低血糖。正常人体内有一套完善而又精确的调节糖代谢的机制，即使一次大量食入葡萄糖，其血糖浓度仅仅暂时升高，不久即恢复到正常水平。如果食入葡萄糖后，血糖浓度上升后恢复缓慢，或者血糖浓度升高不明显甚至不升高，都说明糖代谢调节障碍，称为糖耐量失常。

（一）高血糖

高血糖指空腹血糖水平大于 6.9 mmol/L，若超过肾糖阈值时，则出现糖尿，高血糖有生理性和病理性之分。

1. 生理性高血糖 一次性口服大量糖时可出现糖尿；情绪激动或应激反应时可出现糖尿；少数孕妇亦可出现糖尿；血糖正常而出现糖尿，常见于慢性肾炎、肾病综合征等引起肾对糖的吸收障碍。

2. 病理性高血糖 病理情况下，升高血糖的激素分泌增多或胰岛素分泌减少均可导致高血糖，由于胰岛素缺乏或机体对胰岛素产生抵抗而导致的高血糖或糖尿，称为糖尿病。由于胰岛素分泌不足导致糖代谢紊乱，血糖不容易被组织细胞利用，糖原分解以及糖异生作用加强，糖原合成减少，细胞氧化葡萄糖的能力减弱，引起脂肪、蛋白质的分解代谢大于合成，结果会使血糖来源增加，去路减少，临床表现为高血糖或糖尿，伴有“三多一少”症状，即多食多饮多尿，体重减轻。糖尿病不仅是糖代谢障碍，还可以引起脂肪、蛋白质、水、电解质及酸碱平衡代谢紊乱，诱发多种并发症，威胁人类的生命健康。

（二）低血糖

空腹血糖浓度低于 3.0 mmol/L 称为低血糖，表现为面色苍白、头晕、心慌、多汗、手颤、倦怠无力、饥饿感等虚脱症状。如血糖过低，可影响脑细胞的能量供应，引起脑功能障碍，出现惊厥和低血糖休克，甚至导致死亡。低血糖常见的原因有饥饿、不能进食、胰岛 β-细胞增多、癌症、胰岛素分泌增多、使用过量的胰岛素，严重肝病患者、内分泌异常患者等。

知识链接

糖耐量试验，是一种葡萄糖负荷试验，即口服一定量葡萄糖后，间隔一定时间测定血糖和尿糖，观察血糖水平和有无糖尿出现，以评价人体对血糖调节能力的功能的试验。

直通护考

直通护考答案

一、A_1 型题

1. 1 分子葡萄糖酵解时可生成几分子 ATP？（　　）

A. 1　　B. 2　　C. 3　　D. 4　　E. 5

2. 丙酮酸脱氢酶复合体中不包括（　　）。

A. FAD　　B. NAD^+　　C. 生物素　　D. 辅酶 A　　E. 硫辛酸

3. 饥饿时在肝内可增强的代谢途径是下列哪种？（　　）

A. 磷酸戊糖途径　　B. 糖异生　　C. 糖原合成

D. 糖酵解途径　　E. 糖有氧氧化

4. 肌糖原不能分解补充血糖，是因为肌肉组织缺乏下列哪种酶？（　　）

A. 丙酮酸激酶　　B. 糖原磷酸化酶

C. 葡萄糖-6-磷酸酶　　D. 脱支酶

E. 己糖激酶

5. 关于三羧酸循环，下列说法错误的是哪一项？（　　）

A. 有四次脱氢、两次脱羧　　B. 生成 $3NADPH^+$ 和 $FADH_2$

C. 乙酰 CoA 氧化为 CO_2 和 H_2O　　D. 一次底物水平磷酸化，生成 1 分子 GTP

E. 脱羧生成 CO_2

6. 合成糖原的时候，直接供体是下列哪一项？（　　）

A. 1-磷酸葡萄糖　　B. 6-磷酸葡萄糖　　C. UDP 葡萄糖

D. GDP 葡萄糖　　E. CDP 葡萄糖

7. 糖酵解时丙酮酸不会堆积的原因是（　　）。

A. 乳酸脱氢酶活性很强　　B. 丙酮酸可氧化脱羧生成乙酰 CoA

C. $NADH/NAD^+$ 比例太低　　D. 乳酸脱氢酶对丙酮酸的 K_m 值很高

E. 丙酮酸是 3-磷酸甘油醛脱氢反应中生成的 NADH 的氢接受者

8. 1 分子葡萄糖彻底氧化分解，可净得多少分子 ATP？（　　）

A. 129　　B. 106　　C. 30 或 32　　D. 38 或 40　　E. 2

9. 下列哪种激素可以降低血糖？（　　）

A. 肾上腺素　　B. 甲状腺素　　C. 糖皮质激素

D. 胰岛素　　E. 胰高血糖素

二、A_2 型题

患者，女，28 岁，妊娠 27 周，出现多饮、多尿、消瘦等症状，常常感到饥饿，医院检查为 2 型糖尿病，但怀孕前无糖尿病史，该患者出现糖尿病的可能原因是什么？（　　）

A. 摄食过多　　B. 饮食结构不合理　　C. 运动量减少

D. 雌激素过多　　E. 以上都对

（雷　湘）

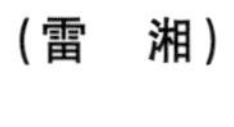

第八章 脂类代谢

扫码看课件

能力目标

1. 掌握：脂肪酸的β-氧化、酮体的生成和利用；脂肪酸、胆固醇合成原料、限速酶及胆固醇的转化作用。

2. 熟悉：甘油磷脂代谢；血浆蛋白质代谢及高脂血症。

3. 了解：脂质的分布及生理功能；甘油三酯的合成代谢；临床上常见的脂类代谢紊乱疾病。

脂类(lipids)是脂肪(fat)和类脂(lipoid)的总称。脂肪是由1分子甘油与3分子脂肪酸通过酯键结合而生成的，故又称甘油三酯(triglyceride，TG)或三脂酰甘油。类脂是某些物理性质与脂肪相似的物质，包括磷脂(phospholipids，PL)、糖脂(glycolipid，GL)、胆固醇(cholesterol，Ch)及胆固醇酯(cholesteryl ester，CE)。脂类是一类不溶于水而易溶于有机溶剂的有机化合物。

$$\begin{array}{l} CH_2-O-\overset{\overset{\displaystyle O}{\|}}{C}-R_1 \\ | \\ CH-O-\overset{\overset{\displaystyle O}{\|}}{C}-R_2 \\ | \\ CH_2-O-\overset{\overset{\displaystyle O}{\|}}{C}-R_3 \end{array}$$

甘油三酯

案例导入 8-1

患者，女，65岁，退休教师。近两年来自觉记忆力明显减退，时有头晕。以前体检时曾提示过高血压，但未予注意。家族中母亲有“心脏病”。体检：体温36.7 ℃，呼吸18次/分，脉搏75次/分，BP 170/100 mmHg。体形肥胖。一般状态较好。心、肺、肝、脾及神经系统未见异常。实验室检查：血常规检查正常，尿液检查蛋白(±)，其余均正常。血化学检查：肝肾功能及酶学检查均正常，TC 6.7 mmol/L，TG 2.1 mmol/L，LDL-C 4.0 mmol/L，HDL-C 0.7 mmol/L。

具体任务：

1. 结合临床资料，本例诊断应该从哪几方面考虑？

2. 本例实验室检查结果应如何分析？

3. 根据临床及实验室检查结果分析，本例初步诊断是什么？

案例导入分析

第一节 概 述

一、脂类在体内的分布

（一）脂肪的分布

脂肪主要分布在皮下、大网膜、肠系膜、重要脏器周围等处的脂肪组织中，这些脂肪组织称为脂库。人体中的脂肪占体重的10%～20%，女性稍高。人体脂肪受年龄、性别、气候、营养状况和机体的活动量影响较大，故称为可变脂。

（二）类脂的分布

类脂是生物膜的主要成分，分布在各组织中，以神经组织中含量最多，约占人体体重的5%，其含量不受机体的营养状况及活动量等因素的影响，故称为固定脂或基本脂。

二、脂类在体内的生理功能

（一）脂肪的功能

1. 储能和供能 脂肪在体内最重要的生理功能是储能和供能。1 g脂肪在体内完全氧化时可释放出38 kJ(9.3 kcal)能量，比1 g糖或蛋白质所放出的能量多1倍以上。体内可储存大量的脂肪，当机体需要时，可及时动员出来分解供给机体能量。空腹时，机体50%以上的能源来自脂肪氧化。因此，脂肪是机体饥饿或禁食时能量的主要来源。

2. 保持体温和保护内脏 分布在人体皮下的脂肪组织不易导热，可防止热量散失而保持体温。内脏周围的脂肪组织还能缓冲外界的机械冲击，使内脏器官免受损伤。

3. 供给必需脂肪酸 多数不饱和脂肪酸在体内能够合成，但亚油酸、亚麻酸和花生四烯酸不能在体内合成，必须从食物中摄取，故将此类脂肪酸称为人体营养必需脂肪酸。花生四烯酸可在体内转变生成前列腺素、白三烯和血栓素等多种具有生物活性的物质。

（二）类脂的功能

1. 维持生物膜的结构和功能 类脂是生物膜的重要组分，其所具有的亲水头部和疏水尾部构成生物膜脂质双分子层结构的基本骨架，不仅构成了镶嵌膜蛋白的基质，也为细胞提供了通透性屏障，从而维持细胞正常结构与功能。

2. 作为第二信使参与代谢调节 细胞膜上的磷脂如磷脂酰肌醇-4,5-二磷酸(PIP_2)可水解生成三磷酸肌醇(IP_3)和甘油二酯(DAG)，两者均可作为第二信使传递信息。

3. 转变成多种重要的活性物质 胆固醇在体内可转变成胆汁酸、维生素D_3、性激素及肾上腺皮质激素等具有重要功能的物质。

此外，脂类物质对促进脂溶性维生素(A、D、E、K)的吸收等亦起着重要作用。

三、脂类的消化吸收

（一）脂类的消化

食物中的脂类主要是甘油三酯，还有少量磷脂和胆固醇酯。脂类的消化主要在小肠上段进行，消化酶有胰腺分泌的胰脂酶、磷脂酶A_2、胆固醇酯酶等。脂类难溶于水，需肝

分泌的胆汁酸盐乳化成微小的颗粒溶于消化液中才能被脂酶消化。甘油三酯在胰脂酶作用下逐步水解，生成甘油、脂肪酸及少量的甘油一酯；磷脂在磷脂酶的作用下被水解，生成游离脂肪酸和溶血磷脂；而胆固醇酯则在胆固醇酯酶的作用下，生成游离脂肪酸和游离胆固醇。

（二）脂类的吸收

脂类的吸收主要在十二指肠下段和空肠上段。大部分甘油三酯水解至甘油一酯后即被吸收，极少量的甘油三酯经胆汁酸乳化后被直接吸收，在肠黏膜细胞内脂肪酶的作用下，水解为脂肪酸及甘油通过门静脉入血。中链、短链脂肪酸（$<C_{12}$）吸收迅速，通过门静脉入血。长链脂肪酸（$C_{12}\sim C_{26}$）在肠黏膜细胞内再合成甘油三酯，与载脂蛋白、胆固醇等结合成乳糜微粒经淋巴入血，最后输送到各部分组织，被机体所利用。

四、必需脂肪酸的生理功能

脂肪酸（fatty acid）的结构通式为 $CH_3(CH_2)_nCOOH$。脂肪酸是脂肪、胆固醇酯和磷脂的主要组成成分。一些不饱和脂肪酸具有更多、更复杂的生理功能。

人体自身不能合成、必须由食物提供的脂肪酸称为必需脂肪酸，主要有亚油酸、α-亚麻酸和花生四烯酸。

这些必需脂肪酸主要存在于豆油、花生油、芝麻油、菜籽油、胡麻油等植物油中。胡麻油中含亚油酸和亚麻酸，其中亚麻酸可达 50%，高于其他植物油。平常服用的益寿宁、脉通、亚油酸丸等，其主要成分是亚油酸，是降胆固醇的药。另外，玉米油已作为降血胆固醇的药用油，含有丰富的必需脂肪酸。

【护考提示】
必需脂肪酸的种类、生理功能。

必须脂肪酸的生理功能如下。

1. 参与磷脂合成 磷脂是线粒体和细胞膜的主要组成部分。必需脂肪酸缺乏会导致膜结构改变，膜透性、脆性增加，进一步导致功能改变，导致皮炎、皮疹等疾病发生。

2. 与胆固醇代谢关系密切 胆固醇要与脂肪酸结合才能在体内转运进行代谢。必需脂肪酸缺乏，胆固醇转运受阻，不能进行正常代谢，在体内沉积而引发疾病。

3. 与生殖细胞的形成及妊娠、授乳、婴儿生长发育有关 体内缺乏必需脂肪酸，男性精子数量减少，女性泌乳困难，婴幼儿生长缓慢。

4. 与前列腺素的合成有关 亚油酸是合成前列腺素的前体，前列腺素有多种生理功能，如促进局部血管扩张、抑制胃酸分泌、促进肠蠕动等。

5. 维护视力 必需脂肪酸中的亚麻酸可在体内转化为 DHA，而在视网膜中 DHA 含量丰富，是维持正常视觉功能的必需物质。

知识链接

DHA

DHA 本质是二十二碳六烯酸。DHA 俗称脑黄金，是一种非常重要的不饱和脂肪酸。研究表明，DHA 对于神经系统细胞的生长及维持具有重要作用，是视网膜和大脑的重要构成成分。因此，孕妇通过摄取 DHA，然后输送到胎儿，可促进胎儿神经细胞和视网膜光感细胞成熟，增进胎儿大脑细胞发育。

第二节　甘油三酯的代谢

体内甘油三酯不断进行着分解代谢与合成代谢，以肝合成能力最强。但肝细胞不能储存甘油三酯，脂肪细胞可以大量储存甘油三酯，是机体储存甘油三酯的“脂库”。

一、甘油三酯的分解代谢

（一）脂肪动员

【护考提示】甘油三酯的分解代谢过程。

储存在脂肪组织中的甘油三酯在各种脂肪酶的催化下逐步水解为游离脂肪酸和甘油并释放入血，以供其他组织氧化利用，此过程称为脂肪动员。

脂肪组织中含有的脂肪酶包括甘油三酯脂肪酶、甘油二酯脂肪酶及甘油一酯脂肪酶。甘油三酯脂肪酶的活性最低，是脂肪动员的限速酶。该酶的活性受多种激素的调控，故又称为激素敏感性甘油三酯脂肪酶。肾上腺素、去甲肾上腺素、胰高血糖素、ACTH 等能激活细胞膜上的腺苷酸环化酶，进而激活依赖 cAMP 的蛋白激酶 A，使甘油三酯脂肪酶活化，促进脂肪动员。胰岛素、前列腺素 E_2 等能抑制腺苷酸环化酶活性，抑制甘油三酯脂肪酶活性，减少脂肪动员。能促进脂肪动员的激素称脂解激素，反之，称抗脂解激素。两类激素的协同作用使脂肪的水解速度与人体的需要相适应。

$$\underset{\text{甘油三酯}}{\begin{array}{l} CH_2-O-\overset{O}{\overset{\|}{C}}-R_1 \\ | \\ R_2-\overset{O}{\overset{\|}{C}}-O-CH \\ | \\ CH_2-O-\overset{O}{\overset{\|}{C}}-R_3 \end{array}} \xrightarrow[\text{甘油三酯脂肪酶}]{H_2O \quad R_3COOH} \underset{\text{甘油二酯}}{\begin{array}{l} CH_2-O-\overset{O}{\overset{\|}{C}}-R_1 \\ | \\ R_2-\overset{O}{\overset{\|}{C}}-O-CH \\ | \\ CH_2OH \end{array}}$$

$$\xrightarrow[\text{甘油二酯脂肪酶}]{H_2O \quad R_1COOH} \underset{\text{甘油一酯}}{\begin{array}{l} CH_2OH \\ | \\ R_2-\overset{O}{\overset{\|}{C}}-O-CH \\ | \\ CH_2OH \end{array}} \xrightarrow[\text{甘油一酯脂肪酶}]{H_2O \quad R_2COOH} \underset{\text{甘油}}{\begin{array}{l} CH_2OH \\ | \\ CHOH \\ | \\ CH_2OH \end{array}}$$

脂肪动员生成的脂肪酸和甘油直接释放入血，而游离的脂肪酸难溶于水，入血后须与清蛋白结合形成脂肪酸-清蛋白复合物运输到全身各组织利用。

（二）脂肪酸的氧化

脂肪酸是机体重要的能源物质。在供氧充足的条件下，脂肪酸在体内可彻底氧化分解成 CO_2 和 H_2O，并释放大量能量供机体利用。除脑组织和成熟红细胞外，大多数组织都能氧化利用脂肪酸，但以肝和肌肉组织最为活跃。脂肪酸氧化过程可大致分为四个阶段：脂肪酸的活化、脂酰 CoA 进入线粒体、脂酰 CoA β-氧化及乙酰 CoA 的彻底氧化。

1. 脂肪酸的活化　脂肪酸在 ATP、Mg^{2+} 存在条件下在脂酰 CoA 合成酶催化下生成脂酰 CoA 的过程称为脂肪酸的活化。此反应在胞液中进行，反应生成的焦磷酸（PPi）立

即被细胞内的焦磷酸酶水解，阻止了逆向反应的进行。每一个脂肪酸活化时，实际上消耗了两个高能磷酸键，生成的活化产物脂酰 CoA 增加了水溶性。

$$RCOOH + HSCoA + ATP \xrightarrow[Mg^{2+}]{\text{脂酰CoA合成酶}} RCOS \sim CoA + AMP + PPi$$

2. 脂酰 CoA 进入线粒体 脂肪酸的活化在胞液中进行，需催化脂酰 CoA 氧化的酶系分布在线粒体的基质内。长链脂酰 CoA 不能直接透过线粒体内膜，需肉碱，即 L-β-羟-γ-甲氨基丁酸的转运才能进入线粒体基质。

线粒体外膜存在着肉碱脂酰基转移酶Ⅰ，它催化脂酰 CoA 的酰基转移至肉碱，生成脂酰肉碱，后者通过内膜上的载体转运至线粒体基质。进入线粒体的脂酰肉碱，在位于线粒体内膜内侧面的肉碱脂酰基转移酶Ⅱ的催化下，将脂酰基转移至基质内的 CoA 分子上，重新生成脂酰 CoA 并释放出肉碱，肉碱转运至线粒体胞质，继续发挥转运脂酰基的作用；而脂酰 CoA 即可在线粒体基质中氧化分解（图 8-1）。

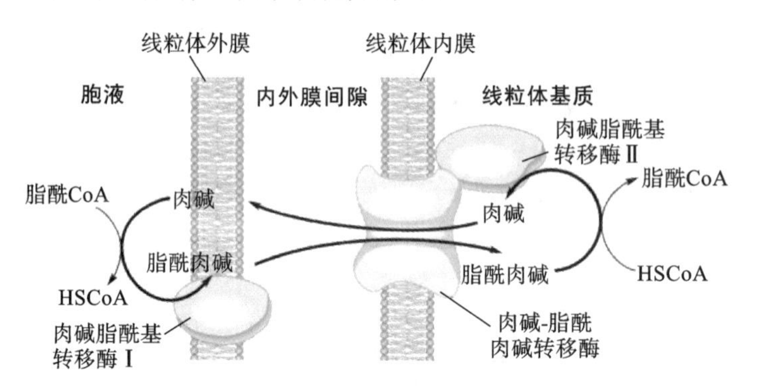

图 8-1 脂酰 CoA 进入线粒体机制

脂酰 CoA 进入线粒体是脂肪酸氧化的主要限速步骤，肉碱脂酰基转移酶Ⅰ是其限速酶。该酶的活性直接调控脂肪酸的转运速度，决定脂肪酸是否进入线粒体氧化分解。在饥饿、高脂低糖膳食及糖尿病等情况下，肉碱脂酰基转移酶Ⅰ活性增高，脂肪酸氧化增强。反之，饱食后，丙二酰 CoA 及脂肪合成增多，抑制肉碱脂酰基转移酶Ⅰ活性，导致脂肪酸的氧化减少。

3. 脂酰 CoA 的 β-氧化 脂酰 CoA 进入线粒体后，在脂肪酸 β-氧化多酶复合体的催化下，从脂酰基的 β-碳原子开始，经过脱氢、加水、再脱氢和硫解四步连续反应，脂酰基断裂生成一分子乙酰 CoA 和比原来少两个碳原子的脂酰 CoA，乙酰 CoA 再经三羧酸循环完全氧化成 CO_2 和 H_2O，并释放大量能量。偶数碳原子的脂肪酸 β-氧化最终全部生成乙酰 CoA。

脂酰 CoA 的 β-氧化过程如图 8-2 所示。

（1）脱氢：脂酰 CoA 在脂酰 CoA 脱氢酶的催化下，α-和 β-碳原子上各脱去一个氢原子，生成反 Δ^2-烯脂酰 CoA，脱下的 2H 由该酶的辅基 FAD 接受，还原为 $FADH_2$。$FADH_2$ 经过氧化呼吸链氧化生成 1.5 分子 ATP。

（2）加水：反 Δ^2-烯脂酰 CoA 在 Δ^2-烯脂酰水化酶的催化下，加 1 分子 H_2O，生成 L-β-羟脂酰 CoA。

（3）再脱氢：L-β-羟脂酰 CoA 在 β-羟脂酰 CoA 脱氢酶的催化下，脱去 2H 生成 β-酮脂酰 CoA，脱下的 2H 由该酶的辅酶 NAD^+ 接受，还原为 $NADH+H^+$，生成的 NADH

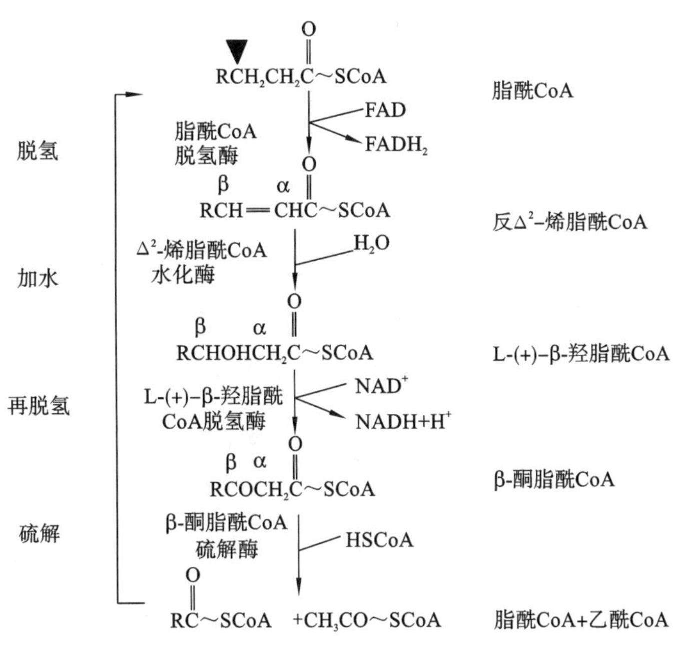

图 8-2 脂肪酸的 β-氧化

经氧化呼吸链可生成 2.5 分子 ATP。

(4) 硫解：β-酮脂酰 CoA 在 β-酮脂酰 CoA 硫解酶的催化下，加 1 分子 HSCoA，使 α-与 β-碳原子之间的化学键断裂，生成 1 分子乙酰 CoA 和 1 分子比原来少两个碳原子的脂酰 CoA。

4. 乙酰 CoA 的彻底氧化 脂肪酸 β-氧化过程中生成的乙酰 CoA，主要在线粒体中进入三羧酸循环被彻底氧化生成 CO_2 和 H_2O，并释放能量；一部分也可转变为其他代谢中间产物，如在肝细胞线粒体可缩合成酮体，通过血液循环运送至肝外组织氧化利用。

5. 脂肪酸氧化的能量生成 脂肪酸作为重要能源物质可氧化供能。假如碳原子数为 $2n$ 的脂肪酸进行 β-氧化，则需要经过($\frac{n}{2}-1$)次循环才能完全分解为 $n/2$ 个乙酰 CoA，产生 $n/2$ 个 NADH 和 $n/2$ 个 $FADH_2$；生成的乙酰 CoA 通过三羧酸循环彻底氧化成 CO_2 和 H_2O，并释放能量，而 NADH 和 $FADH_2$ 则通过氧化呼吸链传递电子生成 ATP。至此可以生成的 ATP 数量为

$$(n/2-1)\times(1.5+2.5)+n/2\times10-2$$

以一分子 16 碳软脂酸为例，其氧化的总反应式如下：

$$CH_3(CH_2)_{14}CO\sim SCoA+7HSCoA+7FAD+7NAD+7H_2O$$
$$\longrightarrow 8CH_3CO\sim SCoA+7FADH_2+7NADH+H^+$$

每分子乙酰 CoA 通过三羧酸循环氧化产生 10 分子 ATP，每分子 $NADH+H^+$ 通过呼吸链氧化产生 2.5 分子 ATP，每分子 $FADH_2$ 氧化产生 1.5 分子 ATP。因此，1 分子软脂酸彻底氧化生成的 ATP 数如下：

$$(16/2-1)\times(1.5+2.5)+16/2\times10-2=106$$

由此可见，1 mol 脂肪酸氧化生成的 ATP，比 1 mol 葡萄糖生成的 ATP 多得多。脂肪酸 β-氧化产生的乙酰 CoA 除了进入三羧酸循环氧化供能外，还是合成酮体、胆固醇及脂肪酸等化合物的主要原料。

（三）酮体的生成与利用

在心肌和骨骼肌等组织中脂肪酸经β-氧化生成的乙酰 CoA 能够彻底氧化成 CO_2 和 H_2O。但在肝细胞中的脂肪酸经β-氧化生成的乙酰 CoA 除通过氧化产生 ATP 供能外，还可缩合生成酮体。酮体包括乙酰乙酸、β-羟丁酸和丙酮。酮体是肝对脂肪酸分解氧化时所产生的特有中间产物。

1. 酮体的生成　酮体在肝细胞线粒体内合成。合成原料为脂肪酸β-氧化产生的乙酰 CoA，肝细胞线粒体内含有各种合成酮体的酶类，特别是 HMG-CoA 合酶，该酶催化的反应是酮体生成的限速步骤。其合成过程如下（图 8-3）。

（1）2 分子乙酰 CoA 在乙酰乙酰 CoA 硫解酶的催化下，缩合生成乙酰乙酰 CoA，并释放 1 分子 HSCoA。

（2）乙酰乙酰 CoA 在羟甲基戊二酸单酰 CoA（HMG-CoA）合酶的催化下，再与 1 分子乙酰 CoA 缩合生成 HMG-CoA，并释放 1 分子 HSCoA。HMG-CoA 在 HMG-CoA 裂解酶的催化下，裂解生成乙酰乙酸和乙酰 CoA。此外，乙酰乙酰 CoA 还可在乙酰乙酰 CoA 脱酰酶催化下，直接生成乙酰乙酸。

（3）乙酰乙酸在β-羟丁酸脱氢酶的催化下还原生成β-羟丁酸，反应所需的氢由 $NADH+H^+$ 提供，还原的速度取决于线粒体内 $NADH/NAD^+$ 的比值；一部分乙酰乙酸由乙酰乙酸脱羧酶催化脱羧生成丙酮。

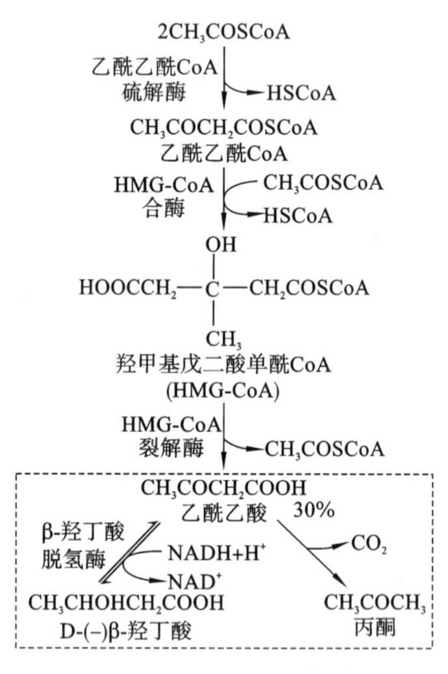

图 8-3　酮体的生成

【护考提示】
酮体的生成的意义、利用特点。

生成酮体是肝特有的功能，但由于肝细胞内缺乏氧化利用酮体的酶，肝生成的酮体必须通过细胞膜进入血液循环，运输到肝外组织被氧化利用。

2. 酮体的利用　肝外组织，特别是骨骼肌、心肌、脑和肾有活性很强的利用酮体的酶，如琥珀酰 CoA 转硫酶、乙酰乙酸硫激酶及硫解酶。酮体的利用，首先要进行活化。其活化过程由琥珀酰 CoA 转硫酶或乙酰乙酸硫激酶催化完成。乙酰乙酸在琥珀酰 CoA 转硫酶或乙酰乙酸硫激酶的催化下，转变为乙酰乙酰 CoA。乙酰乙酰 CoA 在硫解酶的催化下分解成 2 分子乙酸 CoA，后者进入三羧酸循环被彻底氧化。β-羟丁酸可在β-羟丁酸

脱氢酶催化下氧化生成乙酰乙酸，然后沿上述途径氧化。

正常情况下血中酮体的含量为 0.03～0.5 mmol/L。其中 β-羟丁酸含量最多，约占 70%，乙酰乙酸约占 30%，丙酮由于量微在代谢中不占重要地位，主要随尿排出。一般尿中检不出酮体，但长期饥饿或严重糖尿病患者，由于脂肪动员加强，酮体生成增多，一旦超过肝外组织氧化酮体的能力，会引起血中酮体的堆积，称为酮血症。过多的酮体从尿中排出，出现酮尿症。由于乙酰乙酸、β-羟丁酸是有机酸，在体内大量蓄积会导致酮症酸中毒。当血中酮体含量显著升高时，丙酮也可从肺直接呼出，使呼出气体有烂苹果味。

3. 酮体生成的意义 酮体是肝内氧化脂肪酸的一种正常中间产物，是肝输出能源的一种形式。酮体分子小，极性大，易溶于水，能通过血脑屏障及肌肉的毛细血管壁，是脑、心肌和骨骼肌等组织的重要能源。长期饥饿或糖供给不足的情况下，酮体利用的增加可减少糖的利用，有利于维持血糖浓度的恒定。严重饥饿或糖尿病时，酮体可替代葡萄糖为脑组织的主要能源。长期饥饿、糖尿病、高脂低糖饮食时，脂肪动员增强，酮体生成量增加，如酮体生成超过肝外组织的利用能力时，血中酮体含量升高，引起酮血症。血酮体浓度超过肾阈值，可随尿排出，称为酮尿症。严重糖尿病患者血中酮体含量显著升高，可导致酮症酸中毒。

二、甘油三酯的合成代谢

人体许多组织都可合成甘油三酯，但以肝和脂肪组织最为活跃。甘油三酯的合成主要在内质网，以脂酰 CoA 和 α-磷酸甘油为原料合成。

（一）脂肪酸的生物合成

1. 合成部位 脂肪酸的合成酶系主要存在于肝、肾、脑、乳腺及脂肪组织等胞液中，但肝是合成脂肪酸的主要场所。

2. 合成原料 乙酰 CoA 是脂肪酸合成的主要原料。乙酰 CoA 主要来自葡萄糖的有氧氧化，某些氨基酸的分解代谢也能提供部分乙酰 CoA。此外，还需要 ATP 供能和 NADPH 供氢，NADPH 主要来自磷酸戊糖途径。因此，糖是脂肪酸合成原料的主要来源。

无论何种来源的乙酰 CoA 主要在线粒体内生成，而脂肪酸的合成酶系存在于胞液中。因此，线粒体内生成的乙酰 CoA 须进入胞液才能用于脂肪酸的合成。经研究证实，乙酰 CoA 不能自由通过线粒体内膜进入胞液，需通过柠檬酸-丙酮酸循环（图 8-4）才能转移到胞液。在此循环中，乙酰 CoA 首先在线粒体内与草酰乙酸缩合生成柠檬酸，然后通过线粒体内膜上特异载体将柠檬酸转运入胞液，再由胞液中的柠檬酸裂解酶催化裂解释放出草酰乙酸和乙酰 CoA。乙酰 CoA 用于脂肪酸的合成，而草酰乙酸则在苹果酸脱氢酶作用下还原生成苹果酸，再经线粒体内膜上的载体转运进入线粒体。苹果酸也可经苹果酸酶的催化分解为丙酮酸再经载体转运进入线粒体，同时生成的 NADPH＋H^+ 可参与脂肪酸的合成。进入线粒体的苹果酸和丙酮酸最终均可转变成草酰乙酸，再参与乙酰 CoA 的转运。

3. 合成过程

（1）丙二酰 CoA 的合成：脂肪酸合成的第一步反应是乙酰 CoA 羧化成丙二酰 CoA。此反应由乙酰 CoA 羧化酶催化，由碳酸氢盐提供 CO_2，ATP 提供能量。乙酰 CoA 羧化酶是脂肪酸合成的限速酶。

在脂肪酸的合成中，除 1 分子乙酰 CoA 直接参与合成反应外，其余的乙酰 CoA 均需

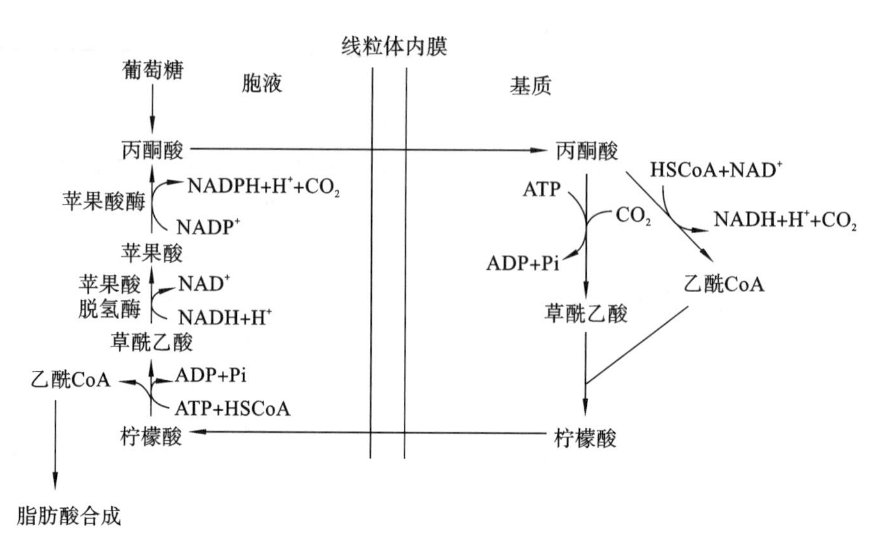

图 8-4　柠檬酸-丙酮酸循环

羧化生成丙二酰 CoA 方可参与脂肪酸的生物合成。

$$CH_3CO \sim SCoA+HCO_3^- +ATP \xrightarrow[\boxed{生物素Mg^{2+}}]{\boxed{乙酰CoA羧化酶}} HOOCCH_2CO\sim SCoA+ADP+PPi$$

(2) 软脂酸的合成：软脂酸的合成过程是一个连续的酶促反应过程，其合成过程是以1分子乙酰 CoA 和7分子丙二酰 CoA 为原料，在脂肪酸合成酶系的催化下，由 NADPH $+H^+$ 提供氢合成软脂酸。碳链每增加两个碳原子，都要重复进行缩合、加氢、脱水和再加氢的过程。经过7次循环后，生成 C_{16} 的软脂酰 ACP，最后经硫酯酶水解释放软脂酸。软脂酸合成的总反应式为

$$CH_3CO\sim SCoA+7HOOCCH_2CO\sim SCoA+14NADPH+H^+ \xrightarrow{\boxed{脂肪酸合成酶系}}$$

$$CH_3(CH_2)_{14}CO\sim SCoA+6H_2O+7CO_2+8HSCoA+14NADP^+$$

4. 脂肪酸碳链的延长、缩短和不饱和脂肪酸　脂肪酸合成酶系催化合成的是 C_{16} 的软脂酸，更长碳链的软脂酸需对软脂酸加工、延长完成，软脂酸碳链的延长可在肝细胞的内质网或线粒体中进行。在内质网中，以丙二酰 CoA 为二碳单位的供体，通过缩合、加氢、脱水、再加氢等反应，每次循环增加2个C，反复进行使碳链延长。但脂酰基不是以 ACP 为载体，而是连接在 HSCoA 上进行。该过程可将碳链延长至 C_{24}，但以 C_{18} 的硬脂酸为主。在线粒体脂肪酸延长酶体系的催化下，软脂酰 CoA 与乙酰 CoA 缩合生成β-酮硬脂酰 CoA；再由 NADPH 供氢，还原为β-羟硬脂酰 CoA；然后脱水生成α,β-烯硬脂酰 CoA。最后由 NADPH 供氢，α,β-烯硬脂酰 CoA 还原为硬脂酰 CoA。通过缩合、加氢、脱水、再加氢等反应，每次循环增加2个C，反复进行使碳链延长。该过程可将碳延长至 C_{24} 或 C_{26}，但仍以 C_{18} 的硬脂酸为主。

人体内所含有的不饱和脂肪酸主要有软油酸、油酸、亚油酸、α-亚麻酸及花生四烯酸等。前两种可自身合成，后三种因为哺乳动物缺乏脱饱和酶，必须由食物供给，故称为人体营养必需脂肪酸。

（二）α-磷酸甘油的来源

α-磷酸甘油的来源有两条途径：一是在α-磷酸甘油脱氢酶的催化下，糖分解代谢产生的磷酸二羟丙酮，由NADH供氢，还原生成α-磷酸甘油，这是α-磷酸甘油的主要来源；二是在甘油激酶的催化下，甘油转变为α-磷酸甘油。

（三）甘油三酯的合成

甘油三酯的合成原料为α-磷酸甘油和脂酰CoA。主要合成场所是肝细胞、脂肪细胞和小肠黏膜，以肝细胞合成能力最强。

肝细胞和脂肪细胞主要通过甘油二酯途径合成甘油三酯。该途径是利用糖代谢生成的α-磷酸甘油，在脂酰CoA转移酶的催化下，加上2分子脂酰CoA生成1-脂酰-3-磷酸甘油；1-脂酰-3-磷酸甘油在脂酰CoA转移酶催化下，再加上2分子脂酰CoA生成磷脂酸。在磷脂酸酶的作用下，磷脂酸水解脱去磷酸生成1,2-甘油二酯，最后在脂酰CoA转移酶的作用下，再加上一分子脂酰CoA即生成甘油三酯。

小肠黏膜细胞以甘油一酯为起始物，在脂酰CoA转移酶的催化下，加上1分子脂酰CoA，合成甘油二酯。甘油二酯继续在脂酰CoA转移酶的作用下，再加上1分子脂酰CoA即生成甘油三酯。

第三节　磷脂的代谢

含有磷酸的脂类称为磷脂。按其化学组成不同可分为甘油磷脂与鞘磷脂，前者以甘油为基本骨架，后者则以鞘氨醇为基本骨架。体内含量多、分布广的磷脂是甘油磷脂，鞘磷脂主要分布于大脑和神经髓鞘中。

甘油磷脂由甘油、脂肪酸、磷酸及含氮化合物等组成，根据与磷酸相连的取代基团的不同，甘油磷脂又分为五大类，其中最为重要的是磷脂酰胆碱（卵磷脂）和磷脂酰乙醇胺（脑磷脂），这两类磷脂占血液及组织中磷脂的75%以上。

一、甘油磷脂的代谢

（一）甘油磷脂合成代谢

1. 合成部位　全身各组织细胞的内质网中都含有合成甘油磷脂的酶，但以肝、肾及小肠等组织最活跃。

2. 合成原料及辅助因子　其主要包括甘油、脂肪酸、磷酸盐、胆碱、乙醇胺、丝氨酸及肌醇等物质，此外还需ATP、CTP参与。甘油的第1位羟基常被饱和脂肪酸酯化，第2位羟基被$C_{16}\sim C_{20}$的不饱和脂肪酸酯化，不饱和脂肪酸需从食物中摄取，3位羟基被磷酸酯化，胆碱和乙醇胺可由食物提供，也可由丝氨酸在体内转变而来。

3. 合成过程　有甘油二酯合成途径和CPD-甘油合成途径。

（1）甘油二酯合成途径：磷脂酰胆碱（卵磷脂）和磷脂酰乙醇胺（脑磷脂）主要通过此途径合成。此过程需要消耗CTP，甘油二酯是重要的中间产物。胆碱和乙醇胺由活化的CDP-D胆碱、CDP-乙醇胺提供。

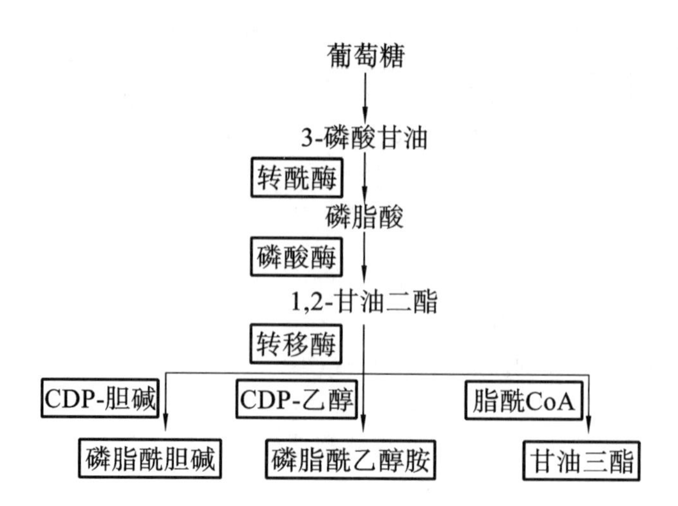

（2）CDP-甘油二酯合成途径：磷脂酰肌醇、磷脂酰丝氨酸、心磷脂均由此途径合成。CDP-甘油二酯是此途径的重要中间产物。

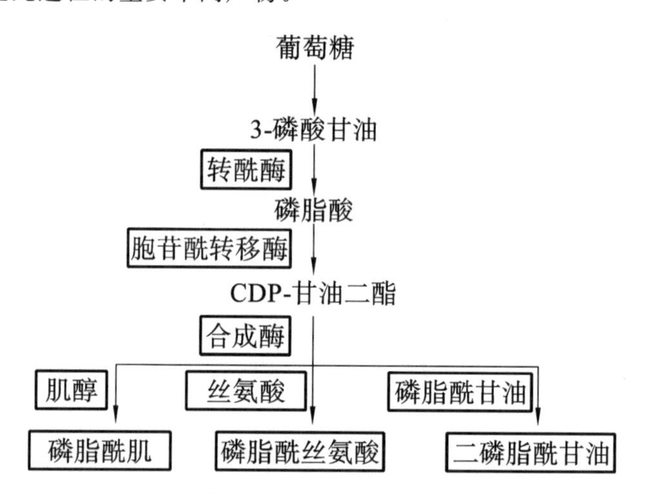

（二）甘油磷脂的分解代谢

甘油磷脂在各种磷脂酶的催化下，分别作用于甘油磷脂分子中的不同的酯键，水解产生各种组分（如甘油、脂肪酸、磷酸和含氮碱）及中间产物。

其中，磷脂酶 A_1 和磷脂酶 A_2 分别作用于甘油磷脂的 1 位和 2 位酯键，使甘油磷脂水解生成溶血磷脂和多不饱和脂肪酸。溶血磷脂是一种较强的表面活性物质，能使红细胞膜或其他细胞膜破坏引起溶血或细胞坏死。磷脂酶 A_2 存在于各组织细胞膜和线粒体膜上。急性胰腺炎的发病就与胰腺组织细胞膜中的磷脂酶 A_2 被提前激活而导致胰腺细胞膜受损有关。某些蛇毒唾液中含有磷脂酶 A_1，故被毒蛇咬伤后，可出现溶血症状。

（三）甘油磷脂与脂肪肝

在肝内合成的磷脂，除了作为质膜的组成成分外，还参与脂蛋白的合成，并以 VLDL 的形式将肝内合成的脂肪转运出去。正常成人肝中脂类含量约占肝重的 5%，其中以磷脂含量最多，约占 3%，而甘油三酯约占 2%。如果肝中脂类含量超过 10%，且主要是甘油三酯堆积，肝实质细胞脂肪化超过 30%即为脂肪肝。

二、鞘磷脂的代谢

鞘磷脂是含鞘氨醇的磷脂。体内含量最多的鞘磷脂是神经鞘磷脂。全身各组织细

胞内质网中都含有合成鞘磷脂的酶，但以脑组织最为活跃。鞘磷脂由鞘氨醇、脂肪酸及磷酸胆碱所构成。鞘氨醇与脂肪酸相连，生成N-脂酰鞘氨醇，其末端羟基与磷酸胆碱通过磷酸酯键相连形成神经鞘磷脂。神经鞘磷脂是神经髓鞘的主要成分，也是构成生物膜的重要磷脂。

```
CH3(CH2)12CH═CHCHCH2OH     O
                  |        ‖
                 CHNH — C — R
                           O
                  |        ‖
                 CH2O — P — O — CH2CH2N+(CH3)3
                           |
                           OH
```

神经鞘磷脂

神经鞘磷脂的分解是在神经鞘磷脂酶催化下进行的。此酶存在于脑、肝、脾、肾等细胞的溶酶体中，水解磷酸酯键，产物为N-脂酰鞘氨醇和磷酸胆碱。先天性缺乏此酶的患者，由于神经鞘磷脂不能降解而在细胞内积存，导致鞘磷脂累积症，可引起肝大、脾大及痴呆等。

第四节　胆固醇的代谢

胆固醇是环戊烷多氢菲烃核及一个羟基的固体醇类化合物，最早由动物胆石中分离出来，故称为胆固醇。胆固醇 C_3 位上的羟基可与脂肪酸相连形成胆固醇酯，未与脂肪酸结合的称为游离胆固醇。两者存在于组织和血浆脂蛋白内，其结构如下：

胆固醇

人体每天从食物中摄取300～800 mg胆固醇，主要来自动物内脏、肉类、蛋黄、奶油等动物性食物，摄取量因饮食习惯不同差异很大。植物性食物不含胆固醇。膳食中以游离胆固醇为主，少量为胆固醇酯。在肠道内，游离胆固醇、磷脂、甘油一酯、脂肪酸和胆汁酸盐组成混合微团，转运至肠黏膜细胞表面被吸收。吸收后的游离胆固醇绝大部分在肠黏膜细胞内与长链脂肪酸结合成胆固醇酯，胆固醇酯又与少量游离胆固醇、磷脂、甘油三酯及载脂蛋白组成乳糜微粒，经淋巴系统回流进入血液循环。未被吸收的胆固醇在小肠下段及结肠被细菌转化为粪固醇随粪便排泄。

一、胆固醇的生物合成

（一）合成部位

成人除脑组织及成熟红细胞外，几乎全身各组织均可合成胆固醇，每天合成1～1.5 g，其中肝合成胆固醇的能力最强，占总合成量的70%～80%，小肠次之，合成量占总量的

10%。胆固醇的合成主要在胞液及内质网中进行。

（二）合成原料

【护考提示】
胆固醇的合成原料。

乙酰CoA是合成胆固醇的原料，此外还需要ATP供能和$NADPH+H^+$供氢。每合成1分子胆固醇需要18分子乙酰CoA、36分子ATP及16分子$NADPH+H^+$。乙酰CoA和ATP主要来自糖的有氧氧化，而$NADPH+H^+$则主要来自糖的磷酸戊糖途径。因此，糖是胆固醇合成原料的主要来源。乙酰CoA是在线粒体中生成的，由于不能通过线粒体内膜，须经柠檬酸-丙酮酸循环转移到胞液，参与胆固醇的合成。

（三）合成基本过程

胆固醇的合成过程复杂，有近30步酶促反应，大致可分为以下三个阶段。

1. 甲羟戊酸的生成 在胞液中，2分子乙酰CoA在硫解酶的催化下缩合成乙酰乙酰CoA，然后在HMG-CoA合酶催化下，再与1分子乙酰CoA缩合生成HMG-CoA。此反应过程与酮体生成相似，HMG-CoA是合成酮体和胆固醇的重要中间产物，但是在线粒体中的HMG-CoA裂解生成酮体，而在胞液中的HMG-CoA则由HMG-CoA还原酶催化，$NADPH+H^+$供氢还原生成甲羟戊酸。此步反应是合成胆固醇的限速反应，HMG-CoA还原酶是胆固醇生物合成的限速酶。

2. 鲨烯的合成 甲羟戊酸在一系列酶的催化下，由ATP提供能量先磷酸化，再脱羧、脱羟基生成活泼的C_5焦磷酸化合物。然后3分子C_5焦磷酸化合物缩合生成C_{15}的焦磷酸法尼酯，2分子C_{15}的焦磷酸法尼酯在内质网鲨烯还原酶的作用下，再缩合、还原即生成C_{30}的多烯烃化合物——鲨烯。

3. 胆固醇的合成 鲨烯经加单氧醇、环化酶等催化，先环化生成羊毛固醇，再经氧化、脱羧和还原等反应，脱去3分子CO_2生成C_{27}的胆固醇。

（四）胆固醇合成的调节

HMG-CoA还原酶是胆固醇合成的限速酶，各种因素通过影响HMG-CoA还原酶活性来调节胆固醇合成速度。

1. 饥饿与饱食的调节 饥饿与禁食可使HMG-CoA还原酶活性降低，从而抑制胆固醇的合成。此外，饥饿与禁食时乙酰CoA、ATP及$NADPH+H^+$不足也是胆固醇合成减少的重要原因。相反，摄入高糖等饮食后，HMG-CoA还原酶活性增加，胆固醇合成增多。

2. 胆固醇的负反馈调节 食物胆固醇及体内合成胆固醇增加，均可作为产物反馈阻遏HMG-CoA还原酶的合成，使胆固醇的合成减少；反之，则可解除对此酶合成的阻遏作用，并使胆固醇合成增多。这种反馈调节主要存在于肝细胞，小肠黏膜细胞的胆固醇合成则不受这种反馈调节。因此单靠限制食物胆固醇，对血浆胆固醇浓度的降低是有限的。

3. 激素的调节 胰高血糖素和糖皮质激素能抑制HMG-CoA还原酶的活性，使胆固醇的合成减少。胰岛素、甲状腺激素能诱导HMG-CoA还原酶的合成，从而增加胆固醇的合成。甲状腺激素还可促进胆固醇向胆汁酸的转化，且转化作用大于合成作用，因此，甲状腺功能亢进的患者，血清中胆固醇的含量反而降低。

4. 药物的影响 某些药物如洛伐他汀和辛伐他汀，能竞争性地抑制HMG-CoA还原酶的活性，使体内胆固醇的合成减少。另外，有些药物如阴离子交换树脂（考来烯胺）可通过干扰肠道胆汁酸盐的重吸收，促使体内更多的胆固醇转变为胆汁酸盐，降低血清胆固醇浓度。

二、胆固醇的转化

胆固醇的母核——环戊烷多氢菲在体内不能被降解，但侧链可以被氧化、还原或降解转化成某些重要的活性物质，参与体内的代谢和调节或直接排出体外。

【护考提示】
胆固醇的转化。

（一）转变为胆汁酸

胆固醇在肝内转化为胆汁酸是其主要代谢去路。正常成人每天合成的胆固醇约有40%在肝中转变为胆汁酸，随胆汁排入肠道。胆汁酸能降低油水两相间的表面张力，在脂类的消化、吸收过程中起重要作用。

（二）转变为类固醇激素

胆固醇是合成类固醇激素的前体。如肾上腺皮质、睾丸、卵巢等内分泌腺以胆固醇为原料，在一系列酶的催化下合成醛固酮、皮质醇、性激素等类固醇激素。

（三）转变为维生素 D_3

人体皮肤细胞内的胆固醇经脱氢氧化生成7-脱氢胆固醇（维生素 D 前体），7-脱氢胆固醇经紫外线照射后转变成维生素 D_3。维生素 D_3 在肝细胞微粒体经25-羟化酶催化生成25-羟维生素 D_3，后者经血液转运至肾，再经 α-羟化酶催化生成具有活性形式的1,25-二羟维生素 D_3[1,25-$(OH)_2$-D_3]。1,25-$(OH)_2$-D_3 具有调节钙磷代谢的作用。

第五节　血脂与血浆脂蛋白

一、血脂

血脂是血浆所含脂类物质的总称，包括甘油三酯、胆固醇及其酯、磷脂以及游离脂肪酸等。血脂有两条来源：一是外源性，由脂类食物经消化道吸收入血；二是内源性，由人体内组织自身合成或体内各组织的分解释放入血。其去路主要有：血脂经血液循环到各组织氧化供能；进入脂库储存；作为生物膜合成的原料；转变成其他物质。

正常情况下，血脂的来源与去路处于动态平衡状态，血脂含量相对稳定，当长期摄入高脂高糖饮食后，可导致血脂含量升高。此外，血脂含量远不如血糖恒定，易受年龄、性别、膳食、运动及代谢等多种因素的影响，波动范围较大。

【护考提示】
血脂的来源、去路。

二、血浆脂蛋白

血液中脂类物质不溶于水或微溶于水，除游离脂肪酸与清蛋白结合外，其余都与载脂蛋白(apo)结合形成脂蛋白(LP)。血浆脂蛋白具有亲水性，是血浆脂类的主要存在形式、运输及代谢形式。

（一）血浆脂蛋白的组成

血浆脂蛋白由脂类和蛋白质构成。脂蛋白中的脂类包括甘油三酯、磷脂、胆固醇及其酯；脂蛋白中的蛋白质部分又称为载脂蛋白。目前已发现了十几种载脂蛋白，结构与功能研究比较清楚的有 apoA、apoB、apoC、apoD、apoE 五大类。每类又可分为不同的亚类，如 apoB 分为 $apoB_{100}$ 和 apo B_{48}，apoC 分为 apo CⅠ、apo CⅡ、apo CⅢ等。不同的脂

蛋白含不同的载脂蛋白，如 HDL 主要含 apoAⅠ及 apo AⅡ，LDL 只含 $apoB_{100}$，而 CM 含 apoAⅠ、apo CⅠ、apo CⅡ、apo CⅢ、$apoB_{48}$，VLDL 除含 $apoB_{100}$ 以外，还有 apoCⅠ、apo CⅡ、apo CⅢ及 apo E。

载脂蛋白是决定脂蛋白的结构、功能和代谢的主要因素，其主要功能如下：①构成并稳定血浆脂蛋白结构，作为脂类运输的载体；②调节脂蛋白代谢关键酶的活性；③参与脂蛋白受体识别、结合及其代谢过程。

（二）血浆脂蛋白的分类

各种脂蛋白所含的载脂蛋白不同，其密度、颗粒大小、表面电荷也就不同，常用于血浆脂蛋白分类的方法有电泳分离法和超速离心法。

【护考提示】
血浆脂蛋白的分类。

1. 电泳分离法 电泳分离法是分离血浆脂蛋白最常用的一种方法，这种方法是以各种血浆脂蛋白颗粒大小及表面电荷量不同作为分离基础的。由于血浆脂蛋白颗粒大小及表面电荷不同，在电场中，其迁移速率也不同。根据迁移速率不同可将血浆脂蛋白分为四条区带，分别称为乳糜微粒(CM)、β-脂蛋白(β-LP)、前 β-脂蛋白(前 β-LP)和 α-脂蛋白(α-LP)。α-脂蛋白中蛋白质含量最高，在电场作用下，电荷量大，相对分子质量小，电泳速度最快，前 β-脂蛋白位于 β-脂蛋白之前，乳糜微粒的蛋白质含量很低，98%不带电，特别是甘油三酯含量最高，在电场中几乎不移动，所以停留在原点不动(图 8-5)。

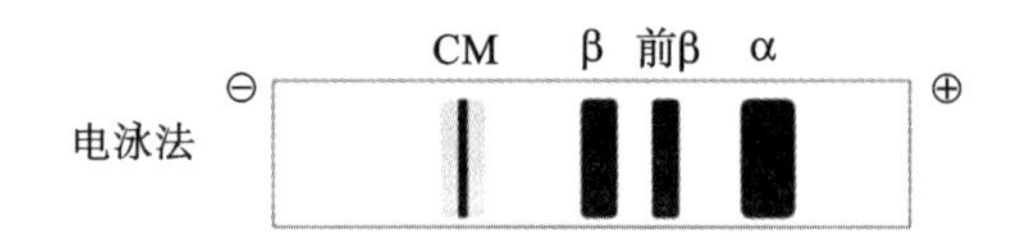

图 8-5 血浆脂蛋白琼脂糖凝胶电泳

2. 超速离心法(密度分离法) 各种脂蛋白所包含的脂类及蛋白质比例不同，其密度大小也不同。血浆在一定密度的盐溶液中进行超速离心时，各种脂蛋白因漂浮或沉降速率不同而得到分离。据此，可将血浆脂蛋白分为乳糜微粒(CM)、极低密度脂蛋白(VLDL)、低密度脂蛋白(LDL)和高密度脂蛋白(HDL)四大类。除上述四类脂蛋白外，还有一种组成及密度介于 VLDL 及 LDL 之间的脂蛋白即中密度脂蛋白(IDL)，它是 VLDL 在血浆中的代谢物。

游离脂肪酸不溶于水，在血液中与清蛋白结合，以游离脂肪酸-清蛋白复合体的形式运输。各类脂蛋白中的脂类和载脂蛋白的比例、数量、种类及功能均不相同(表 8-1)。

表 8-1 血浆脂蛋白的分类、性质、组成及功能

项目	乳糜微粒	极低密度脂蛋白	低密度脂蛋白	高密度脂蛋白
密度	<0.95	0.95～1.006	1.006～1.063	1.063～1.210
颗粒直径	20～500	25～80	20～25	5～17
蛋白质/(%)	0.5～2	5～10	20～25	50
脂质/(%)	98～99	90～95	75～80	50
甘油三酯/(%)	80～95	50～70	10	5
磷脂/(%)	5～7	15	20	25
胆固醇/(%)	1～4	15	45～50	20
合成部位	小肠黏膜细胞	肝细胞	血浆	肝、肠、血浆
功能	转运外源性甘油三酯及胆固醇	转运内源性甘油三酯及胆固醇	转运内源性胆固醇	逆向转运胆固醇

三、血浆脂蛋白代谢及功能

1. 乳糜微粒(CM)　由小肠黏膜细胞合成，富含甘油三酯(80%～95%)。CM是运输外源性甘油三酯及胆固醇的主要形式。由于乳糜微粒颗粒大，能使光线散射而使血浆呈乳浊样外观，这是饭后血浆混浊的原因。正常人CM在血浆中的代谢很快，半衰期仅为5～15 min，因此摄入大量脂肪后血浆混浊只是暂时的，空腹12～14 h后血浆中不再含有CM，这种现象称为脂肪廓清。

【护考提示】
血浆脂蛋白的功能。

2. 极低密度脂蛋白(VLDL)　VLDL是运输内源性甘油三酯的主要形式，主要由肝合成和分泌。肝细胞以葡萄糖代谢的中间产物、食物来源的脂肪酸等为原料，合成甘油三酯，再与B_{100}、apo E等结合形成VLDL。VLDL的甘油三酯在LPL作用下，逐步水解，同时其表面的apoC、磷脂、胆固醇向HDL转移，而HDL的胆固醇酯又转移到VLDL。VLDL颗粒逐渐变小，密度逐渐增加，转变为中密度脂蛋白(IDL)。部分IDL被肝细胞摄取进行代谢。未被肝细胞摄取的IDL被LPL及肝脂肪酶进一步水解，转变为LDL。

3. 低密度脂蛋白(LDL)　在血液中由VLDL代谢转变而生成的。它是转运肝合成的内源性胆固醇至肝外的主要形式。LDL是空腹时血浆的主要脂蛋白，含量占血浆脂蛋白总量的1/2～2/3。血浆低密度脂蛋白含量高的人，易诱发动脉粥样硬化。

4. 高密度脂蛋白(HDL)　主要在肝合成，其次在小肠。HDL的主要功能是从肝外组织将胆固醇转运到肝组织进行代谢。这种将胆固醇从肝外向肝内转运的过程，称为胆固醇的逆向转运。通过这种机制，机体可将外周组织中衰老细胞膜中的胆固醇转运到肝中代谢并排出体外。正常人空腹血浆中高密度脂蛋白含量较为稳定，约占血浆脂蛋白总量的1/3。血浆高密度脂蛋白含量增高的人，动脉粥样硬化的发病倾向较少。

四、血浆脂蛋白代谢异常

(一) 高脂血症

高脂血症是指血浆中甘油三酯或胆固醇浓度异常升高。由于血脂在血中以脂蛋白形式运输，实际上高脂血症就是高脂蛋白血症。目前临床上的高脂血症主要是指血浆胆固醇及甘油三酯超过正常范围的上限，称为胆固醇血症或高甘油三酯血症。一般将成人空腹12～14 h，血浆甘油三酯超过2.26 mmol/L，胆固醇超过6.21 mmol/L，儿童胆固醇超过4.14 mmol/L作为高脂血症的诊断标准。

高脂蛋白血症可分为原发性与继发性两大类。高脂蛋白血症与脂蛋白的组成和代谢过程中有关的载脂蛋白、酶和受体等的先天性缺陷有关；而继发性高脂蛋白血症常继发于其他疾病如糖尿病、肾病、肝病及甲状腺功能减退症等。现已证实，部分伴有遗传性缺陷、家族史、肥胖、不良的饮食和生活习惯、激素及神经调节异常是诱发高脂血症的重要因素。

(二) 动脉粥样硬化

动脉粥样硬化(AS)主要是由于血浆中胆固醇含量过多，沉积于大、中动脉内膜上，形成粥样斑块，导致管腔狭窄甚至阻塞，从而影响了受累器官的血液供应。如冠状动脉粥样硬化，会引起心肌缺血，甚至心肌梗死，称为冠状动脉粥样硬化性心脏病，简称冠心病。大量研究证实，粥样斑块中的胆固醇来自血浆低密度脂蛋白(LDL)。极低密度脂蛋白(VLDL)是LDL的前体，因此，血浆LDL和VLDL增高的患者，冠心病的发病率显著升高。近年来的研究表明，高密度脂蛋白(HDL)的水平与冠心病的发病率呈负相关，HDL

具有抗动脉粥样硬化作用。这是由于 HDL 通过参与胆固醇的逆向转运，既能清除外周组织的胆固醇、降低动脉壁胆固醇含量，又能抑制 LDL 氧化作用，保护内膜不受 LDL 损害。总之，凡能增加动脉壁胆固醇内流和沉积的脂蛋白（如 LDL、VLDL 等）都是致 AS 的因素；凡能促进胆固醇从血管壁外运的脂蛋白（如 HDL）都具有抗 AS 作用，是抗 AS 的因素。故降低 LDL 和 VLDL 的水平和提高 HDL 的水平是防治动脉粥样硬化、冠心病的基本原则。

直通护考

直通护考答案

A_1 型题

1. 脂肪动员的限速酶是（　　）。

A. 甘油三酯脂肪酶　B. 卵磷脂胆固醇酰基转移酶　C. 组织脂肪酶
D. 肝内皮细胞脂肪酶　E. 胰脂肪酶

2. 脂肪酸 β-氧化的四步反应为（　　）。

A. 脱氢、加水、再脱氢、硫解　B. 缩合、脱氢、加水、脱氢
C. 缩合、加氢、脱水、加氢　D. 脱氢、脱水、脱氢、缩合
E. 还原、脱水、还原、硫解

3. 酮体是下列哪一组物质的总称？（　　）

A. 乙酰乙酸、β-羟丁酸和丙酮酸　B. 乙酰乙酸、β-羟丁酸和丙酮
C. 乙酰乙酸、β-羟丁酸和乙酰 CoA　D. 草酰乙酸、β-羟丁酸和丙酮
E. 草酰乙酸、β-羟丁酸和丙酮酸

4. 酮体生成过多主要见于（　　）。

A. 摄入脂肪过多　B. 肝内脂肪代谢紊乱
C. 脂肪转运障碍　D. 肝功能低下
E. 糖供给不足或利用障碍

5. 合成胆固醇的限速酶是（　　）。

A. HMG-CoA 合成酶　B. HMG 合成酶与裂解酶　C. HMG 还原酶
D. HMG-CoA 还原酶　E. HMG 合成酶与还原酶

6. LDL 的主要作用是（　　）。

A. 转运外源性甘油三酯　B. 转运内源性甘油三酯
C. 转运胆固醇由肝至肝外组织　D. 转运胆固醇由肝外至肝内
E. 转运游离脂肪酸至肝内

7. 正常血浆脂蛋白按密度低→高顺序的排列为（　　）。

A. CM→IDL→VLDL→LDL　B. CM→VLDL→LDL→HDL
C. VLDL→CM→LDL→HDL　D. VLDL→LDL→IDL→HDL
E. VLDL→LDL→HDL→CM

8. 胆固醇在体内不能转化生成（　　）。

A. 胆汁酸　B. 肾上腺皮质激素　C. 胆色素
D. 性激素　E. 维生素 D_3

（张　佳）

第九章　氨基酸代谢

能力目标

1. 掌握：掌握蛋白质的互补作用，氨基酸的脱氨方式，氨的来源和去路，α-酮酸的代谢，肝昏迷发病的生化机制分析。

2. 熟悉：氨基酸代谢概况，氨基酸的脱羧作用及含硫氨基酸代谢。

3. 了解：日常发生的蛋白质代谢紊乱疾病，一碳单位的概念、种类、载体、来源和生物学意义。

扫码看课件

蛋白质是构成人体的主要成分，每日必须摄入一定量的蛋白质以维持生长和各种组织蛋白质的补充更新。蛋白质的基本组成单位是氨基酸，蛋白质的合成、降解都需经过氨基酸来进行，所以氨基酸代谢是蛋白质代谢的中心内容。氨基酸代谢包括合成代谢和分解代谢，蛋白质的营养作用也在本章讨论。

第一节　氨基酸的营养作用

案例导入 9-1

患者，男，40 岁，近日食欲减退，恶心厌油，全身疲乏，右上腹痛。

触诊：肝大，肝区叩痛。

肝功能：ALT 显著增高；AST 增高；两对半正常（乙肝指标）。

具体任务：

此患者可能得了什么疾病？为什么？

案例导入分析

一、蛋白质的生理功能

蛋白质是构成人体的主要成分，它不仅是构成机体组织器官的重要成分，而且在生命活动过程中不断地进行自我更新。蛋白质的主要生理功能如下。

1. 维持细胞组织的生长、更新和修复　蛋白质是机体组织细胞的主要成分。人体的生长发育、组织蛋白的更新以及机体组织损伤的修复等都需要从食物中获得足够的蛋白质。

2. 参与体内多种重要的生理活动 体内各种生理活动都需要蛋白质的参与，如物质运输、肌肉收缩、代谢反应的催化与调节、凝血与抗凝血功能等。

3. 氧化供能 每克蛋白质在体内氧化分解可产生 17.19 kJ 能量，成人每日有 10%～18%的能量来自蛋白质的分解。

二、蛋白质的需要量

氮平衡是指氮摄入量和氮排出量之间的关系。因为食物中的含氮物质主要是蛋白质，而且蛋白质的含氮量基本恒定(约为 16%)，所以食物中氮的含量可以反映蛋白质的含量。从体内排出的含氮物质主要是蛋白质的分解产物，因此测定排泄物中的含氮量可以反映体内蛋白质的分解量，故可用氮平衡的状态来表示体内蛋白质的合成和分解情况。根据蛋白质在体内的代谢情况，氮平衡可出现以下三种情况。

总氮平衡：氮摄入量等于氮排出量，称为总氮平衡。它表明体内蛋白质的合成和分解相当。

正氮平衡：氮摄入量大于氮排出量，称为正氮平衡。它表明体内蛋白质的合成量大于分解量。

负氮平衡：氮摄入量少于氮排出量，称为负氮平衡。它表明体内蛋白质的合成量小于分解量。

一般健康成人每天约分解 20 g 蛋白质。但每天进食 20 g 左右蛋白质，却不能维持氮平衡，仍出现负氮平衡，其主要原因是食物蛋白质与人体组织蛋白质有着质的差异，其利用率不能达到百分之百。实验证明，健康成人每日最低需要量为 30～50 g 才能保障各类代谢的正常进行。我国营养学会推荐成人每日蛋白质需要量为 80 g。

知识链接

人体日常所需蛋白质的来源，主要是食物。畜、禽肉类和水产类，其蛋白质含量一般为 10%～20%，鲜乳类为 1.5%～3.8%，蛋类为 11%～14%；干豆类为 20%～40%，是植物性食物中含量较高的；坚果类如花生、核桃、莲子等也含有 15%～30%的蛋白质，谷类一般含有 6%～8%的蛋白质，薯类含 2%～3%的蛋白质。蛋类蛋白质的消化率为 98%；大豆整粒进食的蛋白质消化率仅为 60%，加工成豆浆可提高至 90%以上；乳制品类蛋白质的消化率为 97%；肉类蛋白质的消化率为 92%～94%；米饭及面制品蛋白质的消化率为 80%；马铃薯蛋白质的消化率为 74%；玉米面窝头蛋白质的消化率为 66%。动物性蛋白质的消化率一般较植物性蛋白质高。

三、蛋白质的营养价值

食物蛋白质的营养价值主要包括含量和质量，更主要指质量。含量高、质量好的食物蛋白质营养价值高，反之则低。食物蛋白质的营养价值主要取决于其在人体内的消化吸收率，利用率又取决于苯丙氨酸、甲硫氨酸(蛋氨酸)、苏氨酸、赖氨酸、色氨酸、异亮氨酸、亮氨酸、缬氨酸 8 种必需氨基酸的组成。若必需氨基酸组成接近人体需要，则利用率和营养价值均高；反之则低。动物蛋白质如肉类、蛋、乳均含 8 种必需氨基酸，又称优质蛋白。而植物蛋白(如豆蛋白质)所含的必需氨基酸是不全的。两种或两种以上食物蛋

白混合食用，其中所含有的必需氨基酸相互补充，以达到较好的比例，从而可提高蛋白质的利用率，称为蛋白质的互补作用。如谷物蛋白质中赖氨酸含量较少，而在豆类蛋白质中却很丰富，单独食用某一植物蛋白质营养价值不高，而混合食用就能提高其营养价值。根据蛋白质的互补作用，多样化、合理化的摄入食物，对充分利用自然资源，更加合理地食用蛋白质，改善人体营养具有重要意义。

【护考提示】
蛋白质的营养价值是指外源性蛋白质被人体利用的程度。它的高低与组成蛋白质的氨基酸种类有关，还与食物蛋白质所含必需氨基酸的种类和比例有关。

四、蛋白质的消化和吸收

（一）蛋白质的消化

食物进入胃内后，胃酸使蛋白质变性，经胃蛋白酶水解产生蛋白胨。胃的消化作用很重要，但不是必需的，胃全切除的人仍可消化蛋白质。肠是蛋白质消化的主要场所。由小肠分泌的碳酸氢根可中和胃酸，为胰蛋白酶、糜蛋白酶、弹性蛋白酶、羧肽酶、氨肽酶等提供合适环境，外源性蛋白质在肠道内分解为氨基酸和小肽。

（二）蛋白质的吸收

蛋白质经消化分解为氨基酸和小肽后，几乎全部被小肠吸收，氨基酸的吸收是主动的，小肠刷状缘上也存在着二肽和三肽转运系统，可直接吸收二肽和三肽，进入细胞后直接分解为氨基酸，再进入血液循环。

（三）蛋白质的腐败作用

肠道细菌对未消化的蛋白质及未被吸收的消化产物进行的代谢过程称为腐败作用。腐败作用产生少量的脂肪酸及维生素等可被机体利用的物质，但也产生多数有害物质，如胺、氨、苯酚、吲哚等。

第二节　氨基酸的一般代谢

一、氨基酸的代谢概况

食物蛋白质经消化吸收的氨基酸与体内组织蛋白质降解产生的氨基酸及体内合成的非必需氨基酸混在一起，分布于体内各处参与代谢，称为氨基酸代谢库。

氨基酸代谢库中的氨基酸主要有三个来源：①食物蛋白质的消化吸收；②组织蛋白质的降解；③体内合成的非必需氨基酸。

体内氨基酸的去路也主要有三个方面：①合成组织蛋白质：代谢库中的氨基酸75%作为原料合成新的组织蛋白质。②转变为其他含氮化合物：如嘌呤、嘧啶、肾上腺素等。③氧化分解：氨基酸分解代谢的主要途径是通过脱氨作用生成氨及相应的α-酮酸，二者还可继续进行代谢，小部分氨基酸通过脱羧作用生成胺类和二氧化碳。

二、氨基酸的脱氨作用

（一）氧化脱氨作用

氧化脱氨作用是指在氨基酸脱氢酶作用下，氨基酸脱去氨基的过程。体内催化氧化脱氨的酶有多种，其中以L-谷氨酸脱氢酶最重要。L-谷氨酸脱氢酶在人体内分布广且活

性高，其辅酶为 NAD^+（或 $NADP^+$），能催化 L-谷氨酸氧化脱氨生成 α-酮戊二酸和氨。但 L-谷氨酸脱氢酶在心肌和骨骼肌中活性较低。

$$\underset{\text{氨基酸}}{\text{R—CHNH}_2\text{—COOH}} \xrightarrow[\text{L-氨基酸氧化酶}]{\text{FAD}\ \ \text{FADH}_2} \underset{\alpha\text{-亚氨基酸}}{\text{R—C(=NH)—COOH}} \xrightarrow{\text{H}_2\text{O}} \text{R—C(OH)(NH}_2\text{)—COOH} \longrightarrow \underset{\text{酮酸}}{\text{R—C(=O)—COOH}} + \text{NH}_3$$

$$\text{谷氨酸} + H_2O \xrightarrow[\text{NAD(P)}^+\ \to\ \text{NAD(P)H}]{\text{L-谷氨酸脱氢酶}} \alpha\text{-酮戊二酸} + NH_3$$

（二）转氨基作用

在转氨酶的催化下，α-氨基酸的氨基转移到 α-酮酸的酮基碳原子上，结果原来的 α-氨基酸生成相应的 α-酮酸，而原来的 α-酮酸则生成了相应的 α-氨基酸，这种作用称为转氨基作用或氨基移换作用，也是体内非必需氨基酸的生成方式。

$$\underset{\alpha\text{-氨基酸 1}}{R_1\text{—CH(NH}_3^+\text{)—COO}^-} + \underset{\alpha\text{-酮酸 2}}{R_2\text{—C(=O)—COO}^-} \xrightarrow{\text{转氨酶}} \underset{\alpha\text{-酮酸 1}}{R_1\text{—C(=O)—COO}^-} + \underset{\alpha\text{-氨基酸 2}}{R_2\text{—CH(NH}_3^+\text{)—COO}^-}$$

(辅酶：磷酸吡哆醛)

人体内转氨酶种类多，分布广，以丙氨酸氨基转移酶（ALT）与天冬氨酸氨基转移酶（AST）最为重要，它们分别催化以下反应：

$$\underset{\text{丙氨酸}}{\text{CH}_3\text{—CHNH}_2\text{—COOH}} + \underset{\alpha\text{-酮戊二酸}}{\text{COOH—C(=O)—CH}_2\text{—CH}_2\text{—COOH}} \overset{\text{ALT}}{\rightleftharpoons} \underset{\text{丙酮酸}}{\text{CH}_3\text{—C(=O)—COOH}} + \underset{\text{谷氨酸}}{\text{COOH—CHNH}_2\text{—CH}_2\text{—CH}_2\text{—COOH}}$$

$$\underset{\text{天冬氨酸}}{\text{COOH—CHNH}_2\text{—CH}_2\text{—COOH}} + \underset{\alpha\text{-酮戊二酸}}{\text{COOH—C(=O)—CH}_2\text{—CH}_2\text{—COOH}} \overset{\text{AST}}{\rightleftharpoons} \underset{\text{草酰乙酸}}{\text{COOH—C(=O)—CH}_2\text{—COOH}} + \underset{\text{谷氨酸}}{\text{COOH—CHNH}_2\text{—CH}_2\text{—CH}_2\text{—COOH}}$$

ALT 与 AST 在体内各组织中含量不等。正常情况下，ALT 在肝细胞内活性最高；

AST 在心肌细胞内活性最高，肝内次之。

转氨酶为胞内酶，正常情况下，血清中的活性很低，当细胞膜通透性增高或组织损伤、细胞破裂时，转氨酶可大量释放入血，致使血清中转氨酶活性明显升高。例如，急性肝炎患者血清中 ALT 活性显著增高，心肌梗死患者血清中 AST 明显上升。因此，在临床上测定血清中 ALT 或 AST 的含量可作为肝脏及心肌疾病诊断的指标之一。

（三）联合脱氨作用

在转氨酶和 L-谷氨酸脱氢酶的联合作用下使氨基酸脱去氨基的作用称为联合脱氨作用。氨基酸在转氨酶作用下先将氨基转移给 α-酮戊二酸生成谷氨酸，然后再由 L-谷氨酸脱氢酶催化谷氨酸脱氨生成 α-酮戊二酸和氨。在肌肉细胞内存在一种特殊的联合脱氨反应——嘌呤核苷酸循环。

1. 转氨酶与 L-谷氨酸脱氢酶作用相偶联

2. 转氨基作用与嘌呤核苷酸循环相偶联

三、氨的代谢

氨基酸脱氨产生氨，氨具有神经毒性，大脑对氨尤其敏感，所以体内氨生成后，应迅速转化才能使血氨浓度维持在较低水平。正常人血氨浓度一般不超过 60 μmol/L。

（一）氨的来源

体内氨的产生有以下几种方式。

1. 氨基酸的脱氨作用 由氨基酸脱氨产生的氨是体内氨的主要来源，还有少量氨由胺类及嘌呤、嘧啶分解产生。

2. 肠道吸收 肠道的氨可由两个渠道产生：一是主要来自肠道细菌对蛋白质或氨基酸的腐败作用产生的氨；二是血中尿素扩散入肠道，在肠道细菌脲酶作用下水解产生氨。肠道产氨较多，每日约 4 g。NH_3 比 NH_4^+ 易透过细胞膜吸收入血，在肠道 pH 较高时，NH_4^+ 转变成 NH_3，使氨的吸收加强。临床上对高血氨患者禁用碱性肥皂水灌肠，就是为了减少氨的吸收。

3. 肾脏产生 肾小管上皮细胞中的谷氨酰胺在谷氨酰胺酶催化下水解，生成谷氨酸和 NH_3，NH_3 扩散入血形成血氨。

（二）氨的转运

体内各种组织产生的氨，在血液中主要以无毒的谷氨酰胺和丙氨酸两种形式运输。

1. 谷氨酰胺的运氨作用 脑和肌肉等组织产生的氨经谷氨酰胺合成酶催化与谷氨酸结合生成谷氨酰胺，后者经血液运送到肝或肾进行代谢，此反应消耗 ATP，这是体内储氨、运氨的主要形式。

$$\text{谷氨酸} + NH_3 + ATP \xrightleftharpoons{\text{谷氨酰胺合成酶}} \text{谷氨酰胺} + ADP + Pi$$

2. 丙氨酸-葡萄糖循环 肌肉组织中蛋白质分解旺盛，产生较多氨基酸。这些氨基酸脱下的氨基可经丙氨酸-葡萄糖循环转运至肝内合成无毒的尿素。此循环不仅使肌肉组织内产生的氨以无毒的丙氨酸形式运送到肝内进行代谢，同时又为肌肉组织提供了能源，如图 9-1 所示。

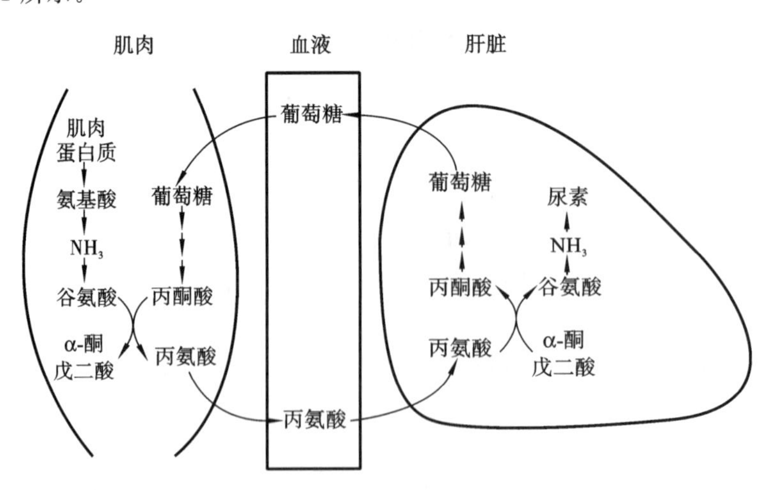

图 9-1 丙氨酸-葡萄糖循环

（三）氨的去路

氨在体内的代谢去路主要有三条。

1. 合成尿素　体内氨的主要去路是在肝内合成尿素由尿排出。尿素合成的过程称为鸟氨酸循环。1932 年，德国学者 Hans Krebs 提出尿素循环或鸟氨酸循环。鸟氨酸循环在肝细胞的线粒体和胞液中进行，可分为四个阶段。

(1) 氨基甲酰磷酸的合成：在肝细胞线粒体内，NH_3 和 CO_2 由氨基甲酰磷酸合成酶Ⅰ催化生成氨基甲酰磷酸。此反应为不可逆反应，消耗 2 分子 ATP。

$$NH_3+CO_2+H_2O+2ATP \xrightarrow[\text{N-乙酰谷氨酸},Mg^{2+}]{\text{氨基甲酰磷酸合成酶 I}} H_2N—COO\sim PO_3H_2+2ADP+Pi$$

(2) 瓜氨酸的合成：在鸟氨酸氨基甲酰转移酶催化下，氨基甲酰磷酸与鸟氨酸缩合生成瓜氨酸，该反应不可逆，在线粒体中进行。

(3) 精氨酸的合成：瓜氨酸生成后，被转运到胞液，在精氨酸代琥珀酸合成酶催化下，由 ATP 供能，与天冬氨酸作用生成精氨酸代琥珀酸。精氨酸代琥珀酸再经精氨酸代琥珀酸裂解酶催化，生成精氨酸和延胡索酸。通过此反应，天冬氨酸分子中的氨基转移至精氨酸分子内。精氨酸代琥珀酸合成酶为尿素合成的限速酶。

(4) 精氨酸水解生成尿素：精氨酸在胞液中精氨酸酶催化下，水解为尿素与鸟氨酸，鸟氨酸再次进入线粒体重复上述反应，构成鸟氨酸循环，如图 9-2 所示。

尿素生成的总反应如下：

$$2NH_3+CO_2+3H_2O+3ATP \longrightarrow CO(NH_2)_2+2ADP+AMP+2Pi+PPi$$

可以看出，每合成一分子尿素能够清除 2 分子 NH_3，其中 1 分子 NH_3 由氨基酸脱氨产生，另 1 分子 NH_3 直接来自天冬氨酸的氨基，而天冬氨酸中的氨基则来自其他氨基酸。尿素合成是耗能的过程，每合成 1 分子尿素消耗 3 分子 ATP(4 个高能磷酸键)。

2. 以铵盐的形式由尿排出　在肾小管上皮细胞内，谷氨酰胺在谷氨酰胺酶作用下，重新生成谷氨酸及 NH_3，NH_3 大部分分泌至尿中，与 H^+ 结合形成 NH_4^+，随尿排出。

$$\text{谷氨酰} \xrightarrow{\text{谷氨酰胺酶}} \text{谷氨酸}+NH_3$$

$$NH_3+H^+ \longrightarrow NH_4^+$$

3. 氨的其他代谢途径　氨可与 α-酮酸结合生成非必需氨基酸，也可参与嘌呤和嘧啶等含氮化合物的合成。

(四) 高氨血症和氨中毒

正常情况下，血氨的来源和去路维持动态平衡，血氨浓度处于较低的水平。当肝功能严重损伤时，尿素合成障碍，血氨浓度增高，称为高氨血症。当氨进入脑组织，可与其中的 α-酮戊二酸结合生成谷氨酸，氨进一步与谷氨酸结合生成谷氨酰胺。上述反应使脑细胞中的 α-酮戊二酸减少，导致三羧酸循环减弱，从而使脑组织中 ATP 生成减少，脑组织能量缺乏，引起大脑功能障碍，严重时可产生昏迷，称为肝昏迷。

四、α-酮酸的代谢

氨基酸脱氨生成的 α-酮酸主要有以下三条代谢途径。

1. 合成非必需氨基酸　α-酮酸经联合脱氨的逆过程合成非必需氨基酸，是机体合成非必需氨基酸的重要途径。

2. 转变成糖及脂肪酸　有些氨基酸脱氨后生成的 α-酮酸可通过糖异生途径转变为葡萄糖或糖原，这类氨基酸称为生糖氨基酸，种类最多；有些能生成乙酰辅酶 A 或乙酰乙

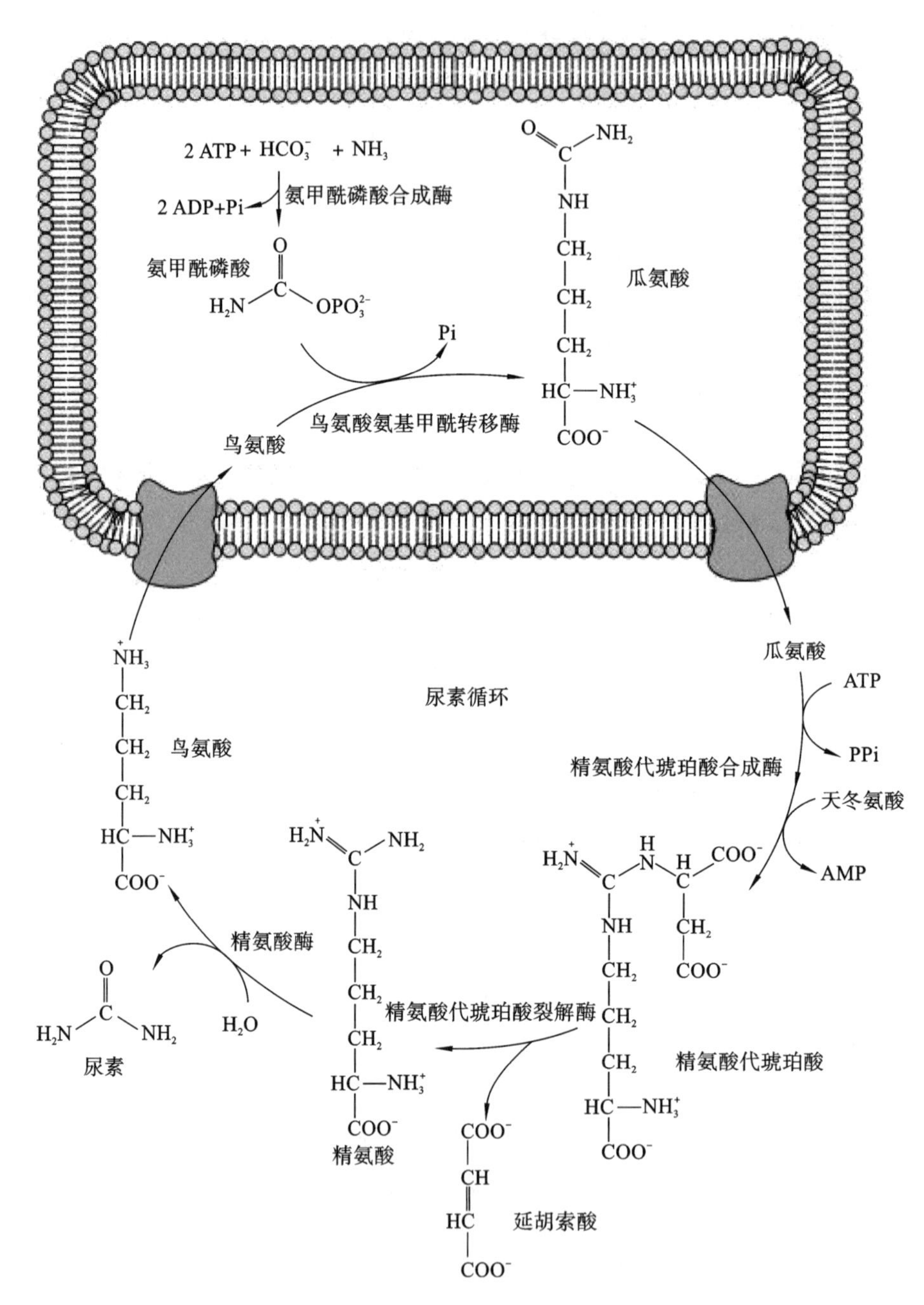

图 9-2 尿素的合成过程

酸，这类氨基酸称为生酮氨基酸，如亮氨酸和赖氨酸；还有些氨基酸既可转变为糖，也能生成酮体，称为生糖兼生酮氨基酸，如苯丙氨酸、酪氨酸、色氨酸、苏氨酸和异亮氨酸。

3. 氧化供能 α-酮酸在体内可通过三羧酸循环彻底氧化成 CO_2 和 H_2O，同时释放出能量供机体需要。

第三节　个别氨基酸代谢

一、氨基酸的脱羧作用

某些氨基酸在体内可以通过脱羧作用生成相应的胺类。催化脱羧作用的酶是氨基酸脱羧酶，其辅酶是磷酸吡哆醛，是维生素 B_6 的磷酸酯，正常情况下，胺在体内含量不高，但却具有重要的生理功能。

（一）γ-氨基丁酸

γ-氨基丁酸（GABA）是由谷氨酸脱羧生成的，催化此反应的酶是谷氨酸脱羧酶，该酶在脑及肾组织中活性强。

$$\text{谷氨酸} \xrightarrow[\searrow CO_2]{\text{谷氨酸脱羧酶}} \gamma\text{-氨基丁酸}$$

γ-氨基丁酸是抑制性神经递质，对中枢神经有抑制作用。临床上用维生素 B_6 治疗妊娠性呕吐和小儿惊厥，就是因为维生素 B_6 参与构成谷氨酸脱羧酶的辅酶磷酸吡哆醛，从而促进 GABA 的生成，使过度兴奋的神经受到抑制。

（二）组胺

组胺是由组氨酸脱羧生成的。

$$\text{组氨酸} \xrightarrow[\searrow CO_2]{\text{组氨酸脱羧酶}} \text{组胺}$$

组胺在体内分布广泛，乳腺、肺、肝、肌肉及胃黏膜中含量较高。肥大细胞及嗜碱性细胞在过敏反应、创伤等情况下可产生过量的组胺。组胺是一种强烈的血管扩张剂，能使毛细血管的通透性增加，造成血压下降，甚至休克；组胺还可使平滑肌收缩，引起支气管痉挛而发生哮喘；组胺还可刺激胃蛋白酶及胃酸的分泌。

（三）5-羟色胺

5-羟色胺（5-HT）是色氨酸的代谢产物。色氨酸通过色氨酸羟化酶的作用首先生成5-羟色氨酸，再经脱羧酶作用生成 5-羟色胺。

$$\text{色氨酸} \xrightarrow{\text{色氨酸羟化酶}} \text{5-羟色氨酸} \xrightarrow[\searrow CO_2]{\text{5-羟色氨酸脱羧酶}} \text{5-羟色胺}$$

5-羟色胺广泛存在于体内各种组织中，特别是在脑中含量较高，胃、肠、血小板及乳腺细胞中也有 5-羟色胺。脑中的 5-羟色胺是一种重要的神经递质，对神经中枢起抑制作用，在外周组织，5-羟色胺具有收缩血管的作用。

（四）多胺

某些氨基酸经脱羧作用可产生多胺类物质，例如，鸟氨酸脱羧生成腐胺，然后再转变成精脒和精胺。精脒和精胺是调节细胞生长的重要物质，凡属生长旺盛的组织，如胚胎、再生肝及癌瘤组织等，其多胺含量均有增高。在临床上，测定血液或尿液中多胺含量可

作为肿瘤辅助诊断及病情变化监测的生化指标。

二、一碳单位的代谢

某些氨基酸在分解代谢过程中可以产生含有一个碳原子的有机基团，称为一碳单位，如甲基（$-CH_3$）、亚甲基（$-CH_2-$）、次甲基（$=CH-$）、甲酰基（$-CHO$）及亚氨甲基（$-CH=NH$）等。

（一）一碳单位的来源

一碳单位主要来源于某些氨基酸的分解代谢。丝氨酸、甘氨酸、组氨酸和色氨酸等在代谢过程中均可产生一碳单位，不同形式的一碳单位在一定条件下可相互转变。

（二）一碳单位的载体

一碳单位在体内不能单独存在，需要四氢叶酸（FH_4）作为载体。FH_4 分子上的 N^5 和 N^{10} 是一碳单位的结合位点，二者结合后形成 N^5-甲基四氢叶酸（N^5-CH_3-FH_4）、N^5，N^{10}-亚甲四氢叶酸（N^5，N^{10}-CH_2-FH_4）、N^5，N^{10}-次甲四氢叶酸（N^5，$N^{10}$$=$$CH$-$FH_4$）等形式在体内运输。

【护考提示】

与四氢叶酸相连的一碳单位可处于不同的氧化水平，如甲酸、甲醛或甲醇等，在氧化还原酶的催化下，可以互相转化。

（三）一碳单位的生理作用

（1）一碳单位是嘌呤和嘧啶核苷酸合成的原料，在核酸的生物合成中有重要作用，与细胞的增殖、组织生长和机体发育等重要过程密切相关。如果人体缺乏叶酸，一碳单位无法正常转运，核苷酸合成障碍，导致红细胞 DNA 及蛋白质合成受阻，产生巨幼细胞贫血。

（2）一碳单位将蛋白质代谢与核酸代谢联系在一起。一碳单位来自蛋白质分解产生的某些氨基酸，又可作为核苷酸合成的原料，因此将蛋白质与核酸的代谢联系在一起。

三、含硫氨基酸的代谢

牛磺酸是半胱氨酸的代谢产物。半胱氨酸首先氧化成磺酸丙氨酸，再经磺酸丙氨酸脱羧酶催化脱去羧基生成牛磺酸。牛磺酸是结合胆汁酸的组成成分。脑中含有较多牛磺酸。

$$\text{半胱氨酸} \xrightarrow{3[O]} \text{磺酸丙氨酸} \xrightarrow[\searrow CO_2]{\text{磺酸丙氨酸脱羧酶}} \text{牛磺酸}$$

知识链接

牛磺酸是 1827 年在牛的胆汁中发现的一类化合物。1976 年 Hayes 等人证明牛磺酸具有能够保护心肌，增强心脏的功能，对肝脏和肠胃都有保护作用，能增强人体的免疫机能，调节脑部的兴奋状态，并有助于修复角膜、保持视网膜的健康、预防白内障等。牛磺酸对婴儿生长尤其是大脑和视网膜的发育更为重要。牛磺酸的缺乏会影响到孩子的视力、心脏与脑的正常发育。

尽管牛磺酸广泛存在于动物体内，但一些较高级的动物自身合成牛磺酸的数量有限，不能满足机体需要，它们所需的牛磺酸主要从食物中获得。含量最丰富的是海鱼、贝类，如墨鱼、章鱼、虾，贝类的牡蛎、海螺、蛤蜊等。母亲的初乳中含有高浓度的牛磺酸，但牛奶中几乎不含牛磺酸，所以婴幼儿奶粉中应当添加牛磺酸。

四、苯丙氨酸与酪氨酸的代谢

芳香族氨基酸包括苯丙氨酸、酪氨酸和色氨酸，苯丙氨酸和色氨酸为营养必需氨基酸。

（一）苯丙氨酸的代谢

1. 苯丙氨酸羟化生成酪氨酸　正常情况下，苯丙氨酸的主要代谢是经苯丙氨酸羟化酶(phenylalanine hydroxylase)催化生成酪氨酸，然后再生成一系列代谢产物。苯丙氨酸羟化酶主要存在于肝等组织中，催化的反应不可逆，故酪氨酸不能转变成苯丙氨酸(图9-3)。

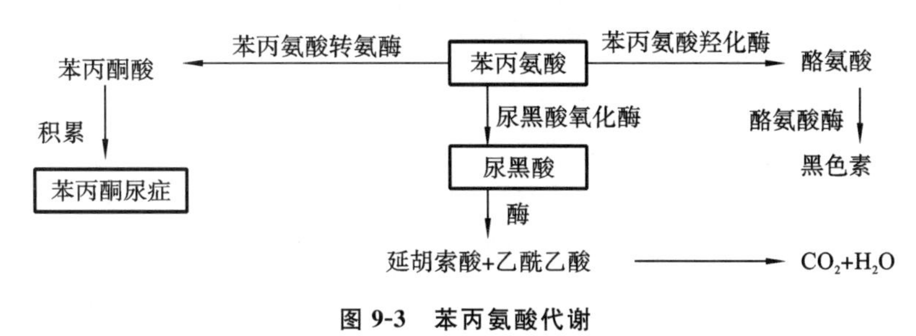

图 9-3　苯丙氨酸代谢

2. 苯丙酮尿症　若苯丙氨酸羟化酶先天性缺失，则苯丙氨酸羟化生成酪氨酸这一主要代谢途径受阻，于是大量的苯丙氨酸遵循次要代谢途径，即转氨基作用生成苯丙酮酸，导致血中苯丙酮酸含量增高，并从尿中大量排出，即是苯丙酮尿症(phenylketonuria，PKU)。苯丙酮酸的堆积对中枢神经系统有毒性，使患儿出现智力发育障碍，这是氨基酸代谢中最常见的一种遗传性疾病，发病率为 8/10 万～10/10 万，治疗原则是早期发现，并适当控制膳食中苯丙氨酸的含量。

知识链接

苯丙酮尿症患儿出生时大多表现正常，新生儿期无明显特殊的临床症状。未经治疗的患儿 3～4 个月后逐渐表现出智力、运动发育落后，头发由黑变黄，皮肤白，全身和尿液有特殊鼠臭味，常有湿疹。随着年龄增长，患儿智力低下越来越明显，年长儿约 60%有严重的智能障碍。2/3 患儿有轻微的神经系统体征，例如，肌张力增高、腱反射亢进、小头畸形等，严重者可有脑性瘫痪。约 1/4 患儿有癫痫发作，常在 18 个月以前出现，可表现为婴儿痉挛性发作、点头样发作或其他形式。约 80%患儿有脑电图异常，异常表现以痫样放电为主，少数为背景活动异常。经治疗后血苯丙氨酸浓度下降，脑电图亦明显改善。

（二）酪氨酸的代谢

1. 转化为激素和神经递质　酪氨酸在肾上腺髓质及神经组织经酪氨酸羟化酶催化生成 3,4-二羟苯丙氨酸(DOPA，多巴)。酪氨酸羟化酶是以四氢蝶呤为辅酶的单加氧酶。多巴经多巴脱羧酶催化生成多巴胺(DA)。多巴胺是一种神经递质。帕金森病患者多巴胺生成减少。在肾上腺髓质，多巴胺的侧链再经 β-羟化生成去甲肾上腺素，而后甲基化生成肾上腺素。去甲肾上腺素、肾上腺素等激素和神经递质，具有调节血压、血糖等作用。

2. 转化为黑色素　在黑色素细胞中酪氨酸经酪氨酸酶催化，羟化生成多巴，多巴经

氧化变成多巴醌，再经脱羧环化等反应，最后聚合为黑色素。先天性酪氨酸酶缺乏的患者，因不能合成黑色素，患者皮肤毛发色浅或者是白色，称为白化病。患者对阳光敏感，易患皮肤癌。

3. 转变成乙酰乙酸和延胡索酸 酪氨酸在酪氨酸转氨酶催化下，经转氨基作用生成对羟苯丙酮酸，然后氧化脱羧生成尿黑酸，后者经尿黑酸氧化酶及异构酶等作用进一步转变成乙酰乙酸和延胡索酸，二者分别沿糖和脂肪酸代谢途径变化。尿黑酸氧化酶缺陷可使尿黑酸的氧化受阻，出现尿黑酸症。

直通护考

直通护考答案

A_1 型题

1. 不出现在蛋白质中的氨基酸是（　　）。

A. 半胱氨酸　B. 胱氨酸　C. 瓜氨酸　D. 精氨酸　E. 赖氨酸

2. 肌肉中氨基酸脱氨的主要方式是（　　）。

A. 嘌呤核苷酸循环　B. 谷氨酸氧化脱氨作用

C. 转氨基作用　D. 鸟氨酸循环

E. 转氨作用与谷氨酸氧化脱氨作用的联合

3. 生物体内氨基酸脱氨的主要方式是（　　）。

A. 氧化脱氨　B. 还原脱氨　C. 直接脱氨

D. 转氨基　E. 联合脱氨

4. 哺乳类动物体内氨的主要去路是（　　）。

A. 渗入肠道　B. 在肝中合成尿素

C. 经肾泌氨随尿排出　D. 生成谷氨酰胺

E. 合成营养非必需氨基酸

5. 蛋白质的互补作用是指（　　）。

A. 糖和蛋白质混合食用，以提高食物的营养价值

B. 脂肪和蛋白质混合食用，以提高食物的营养价值

C. 几种营养价值低的蛋白质混合食用，以提高食物的营养价值

D. 糖、脂肪、蛋白质及维生素混合食用，以提高食物的营养价值

E. 用糖和脂肪代替蛋白质的作用

6. 脑中氨的主要去路是（　　）。

A. 扩散入血　B. 合成谷氨酰胺　C. 合成谷氨酸

D. 合成尿素　E. 合成嘌呤

7. 牛磺酸是由下列哪种氨基酸转变而来的？（　　）

A. 甲硫氨酸　B. 半胱氨酸　C. 苏氨酸　D. 甘氨酸　E. 谷氨酸

8. 消耗性疾病恢复期的患者体内氮平衡的状态是（　　）。

A. 摄入氮＜排出氮　B. 摄入氮≤排出氮　C. 摄入氮＞排出氮

D. 摄入氮≥排出氮　E. 摄入氮＝排出氮

9. 缺乏下列哪种物质可以产生巨幼细胞贫血？（　　）

A. 维生素 B_{12}　B. 维生素 C　C. 维生素 B_1　D. 维生素 B_2　E. 维生素 B_6

10. 转氨酶的辅酶是（　　）。

A. 维生素 B_1 的磷酸酯　B. 维生素 B_2 的磷酸酯

C. 维生素 B_{12} 的磷酸酯　　D. 维生素 PP 的磷酸酯

E. 维生素 B_6 的磷酸酯

11. 临床上对肝硬化伴有高氨血症的患者禁用碱性肥皂液灌肠，这是因为(　　)。

A. 肥皂液使肠道 pH 升高，促进氨的吸收　　B. 可能导致碱中毒

C. 可能严重损伤肾功能　　D. 可能严重损伤肝功能

E. 可能引起肠道功能紊乱

12. 体内最重要的甲基直接供体是(　　)。

A. S-腺苷甲硫氨酸　　B. N^5-甲基四氢叶酸

C. N^5,N^{10}-甲烯四氢叶酸　　D. N^5,N^{10}-甲炔四氢叶酸

E. N^{10}-甲酰四氢叶酸

13. 磺胺类药物可干扰哪种物质的合成？(　　)

A. 维生素 B_{12}　　B. 吡哆醛　　C. CoA　　D. 生物素　　E. 叶酸

14. 调节鸟氨酸循环的关键酶是(　　)。

A. 精氨酸酶　　B. 氨基甲酰磷酸合成酶Ⅰ

C. 尿素酶　　D. 精氨酸代琥珀酸裂解酶

E. 鸟氨酸氨基甲酰转移酶

15. 苯丙酮尿症患者缺乏(　　)。

A. 酪氨酸转氨酶　　B. 苯丙氨酸羟化酶　　C. 酪氨酸酶

D. 多巴脱羧酶　　E. 酪氨酸羟化酶

(代传艳)

第十章　核苷酸代谢

能力目标

扫码看课件

1. 掌握：嘌呤核苷酸、嘧啶核苷酸的合成原料，嘌呤核苷酸的分解代谢终产物及临床意义。

2. 熟悉：核苷酸的生理功能、核苷酸抗代谢物在临床的应用及痛风的原因与治疗原则。

3. 了解：核苷酸的代谢途径。

核苷酸是核酸的基本结构单位，是体内合成DNA和RNA的基本原料。除此之外，核苷酸在体内还具有多种重要的生物学功能：①ATP体内能量的利用形式；②充当载体、活化中间代谢物；③构成辅酶参与相关物质代谢；④形成第二信使参与细胞信号传导。

食物中的核酸多与组蛋白结合以核蛋白的形式存在，在胃酸作用下可分解成蛋白质和核酸，小肠中胰液和肠液存在各种核酸水解酶，可催化核酸逐级水解（图10-1）。各种核苷酸及其水解产物可被吸收，其中磷酸和戊糖可以再被机体利用，碱基除小部分可再被机体利用外，大部分被分解而排出体外。

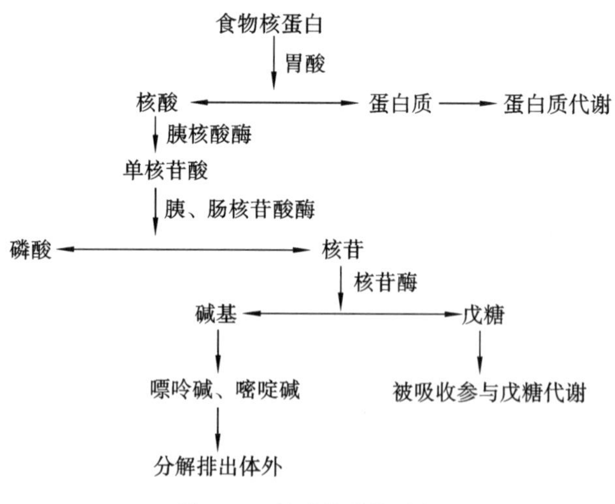

图10-1　核酸的消化过程

虽然食物中核酸类成分丰富，核酸降解可以产生核苷酸，而核苷酸又是合成核酸的原料，同时还参与能量代谢、信号传导及代谢调节等过程，但食物提供的核苷酸仍不被认为是人体健康必需的营养物质，这与来源于食物中的嘌呤和嘧啶极少被机体利用，以及机体可自身合成核苷酸有关。核苷酸合成及分解的速率直接影响机体内代谢池中的核苷酸含量，进而对细胞内核酸的形成也会造成重要的影响。影响核苷酸代谢途径的各个

因素均影响核酸代谢，如代谢酶的遗传缺陷、四氢叶酸的缺乏以及众多抗代谢物等。因此，干预核酸代谢进程又是临床肿瘤化疗的重要策略，使得各种核苷酸的抗代谢物在抗肿瘤治疗中发挥重要作用。

第一节 嘌呤核苷酸代谢

案例导入 10-1

患儿，男，3 岁，自婴儿期就特别喜欢吸吮自己的手指，后家人发现有咬自己手指和足趾等自残行为，到医院检查表现为高尿酸血症和高尿酸尿症、脑发育不全、智力低下等症状，并且攻击和破坏性行为较明显。

具体任务：

1. 小明可能患有什么病？涉及哪条代谢途径？
2. 出现以上症状的发病机制是什么？

案例导入分析

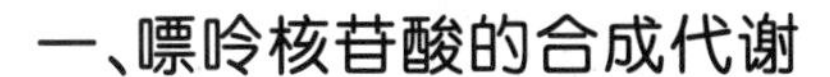

一、嘌呤核苷酸的合成代谢

核苷酸的合成代谢有从头合成(denovo synthesis)和补救合成(salvage synthesis)两种方式。从头合成途径是嘌呤核苷酸的主要合成途径，肝细胞及多数组织以从头合成途径为主。此种途径是以简单化合物磷酸核糖、氨基酸、一碳单位及 CO_2 为原料，经过一系列酶促反应，合成嘌呤核苷酸。补救合成途径是脑组织和骨髓合成嘌呤核苷酸的主要途径。此途径是利用细胞已有的嘌呤或嘌呤核苷为前体，经过简单的反应合成嘌呤核苷酸的过程。从头合成与补救合成途径在不同组织中的重要性各不相同。

(一) 嘌呤核苷酸的从头合成

【护考提示】

嘌呤碱合成的元素来源。

1. 嘌呤核苷酸的从头合成途径 以 5-磷酸核糖、天冬氨酸、甘氨酸、谷氨酰胺、一碳单位及 CO_2 等简单物质为原料，经过一系列酶促反应，合成嘌呤核苷酸，此过程称为嘌呤核苷酸的从头合成途径，嘌呤碱合成的元素来源如图 10-2 所示。从头合成反应过程分两个阶段：第一阶段先在 5-磷酸核糖的基础上逐步合成次黄嘌呤核苷酸(inosine mono phosphate，IMP)；第二阶段是以 IMP 作为共同前体，再转化为腺嘌呤核苷酸(AMP)和鸟嘌呤核苷酸(GMP)。ATP 提供合成过程所需要的能量。

(1) IMP 合成：以 5-磷酸核糖为起始物，在磷酸核糖焦磷酸合成酶的作用下活化生成 5-磷酸核糖-1-焦磷酸(phosphoribosyl pyrophosphate，PRPP)，由谷氨酰胺提供酰氨基取代 PRPP 上的焦磷酸，形成磷酸核糖胺(PRA)。由 ATP 供能，天冬氨酸、谷氨酸、谷氨酰胺、一碳单位及 CO_2 提供碳或氮原子，在酶的催化下，逐步形成嘌呤环，生成 IMP(图 10-3)。

(2) AMP 和 GMP 的生成：IMP 是合成 AMP 和 GMP 的前体物质。IMP 转变成 AMP 和 GMP 过程如图 10-4 所示。IMP 转变途径一是由天冬氨酸提供氨基，脱去延胡

CO_2 甘氨酸 天冬氨酸 N_1 C_6 N_7 C_5 C_8 甲烯基（一碳单位） 甲酰基（一碳单位） C_2 C_4 N_3 N_9 谷氨酰胺（酰胺基）

图 10-2　嘌呤碱的元素来源

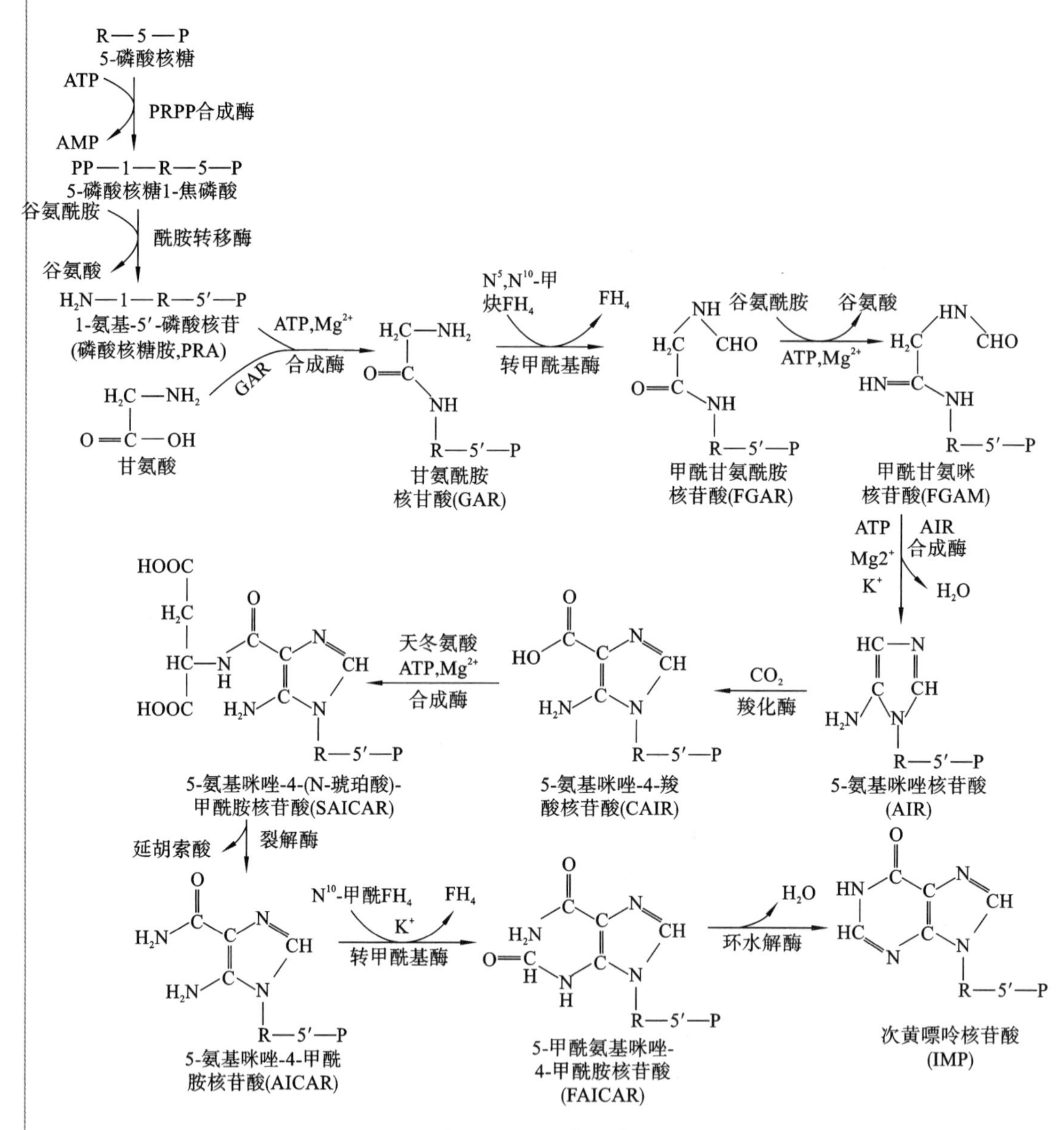

图 10-3　IMP 的合成

索酸，生成 AMP；转变途径二是 IMP 先氧化生成黄嘌呤核苷酸（XMP），由谷氨酰胺提供氨基生成 GMP，此过程由 ATP、GTP 提供能量。

AMP 和 GMP 经过磷酸化反应分别生成 ATP 和 GTP，GTP 和 ATP 是合成 RNA 的原料（图 10-5）。

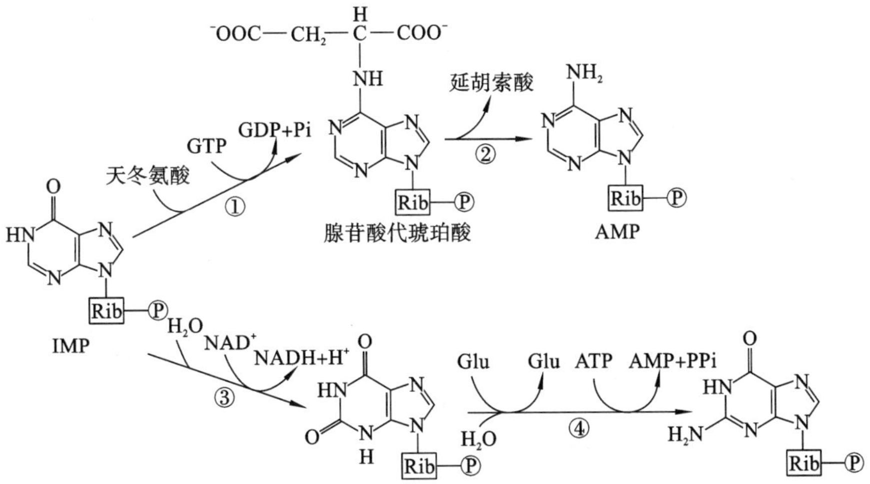

图 10-4　AMP 和 GMP 的生成

注：①腺苷酸代琥珀酸合成酶；②腺苷酸代琥珀酸裂解酶；③IMP 脱氢酶；④GMP 合成酶。

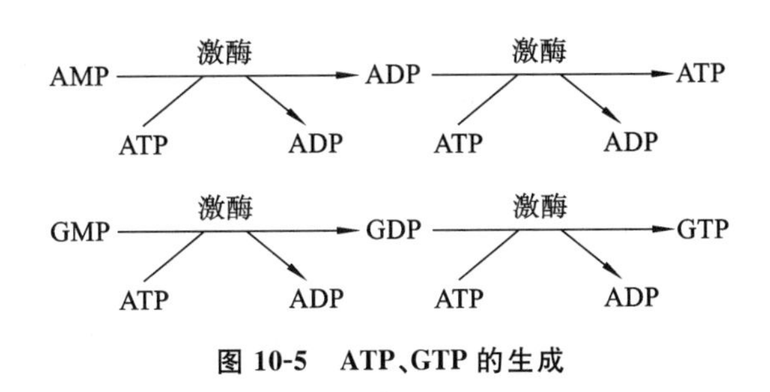

图 10-5　ATP、GTP 的生成

2. 嘌呤核苷酸从头合成途径特点

(1) 在磷酸核糖的基础上逐步合成嘌呤环结构，而不是首先单独合成嘌呤碱，然后再与核糖及磷酸结合。

(2) 并不是所有的细胞都具有从头合成嘌呤核苷酸的能力，肝是从头合成嘌呤核苷酸的主要器官，其次是小肠黏膜和胸腺。

【护考提示】嘌呤核苷酸从头合成途径特点。

(二) 嘌呤核苷酸的补救合成途径

哺乳类动物的某些组织细胞如脑组织、骨髓和脾，缺乏从头合成的酶体系而不能进行嘌呤核苷酸的从头合成途径，只有利用补救合成途径即细胞利用现有的嘌呤碱或嘌呤核苷与 5-磷酸核糖-1-焦磷酸（PRPP）反应形成嘌呤核苷酸，这一合成途径比较简单，能量和氨基酸前体的消耗也较少。因此，补救合成途径对于这些组织器官有着重要意义。嘌呤核苷酸的补救合成也是由 PRPP 提供磷酸核糖，经腺嘌呤磷酸核糖转移酶（APRT）和黄嘌呤-鸟嘌呤磷酸核糖转移酶（HGPRT）的催化，这两种酶分别催化嘌呤碱基从 PRPP 获得磷酸核糖基而生成 AMP、IMP 和 GMP（图 10-6）。

$$\text{腺嘌呤+PRPP} \xrightarrow{\text{APRT}} \text{AMP+PPi}$$

$$\text{次黄嘌呤+PRPP} \xrightarrow{\text{HGPRT}} \text{IMP+PPi}$$

$$\text{鸟嘌呤+PRPP} \xrightarrow{\text{HGPRT}} \text{GMP+PPi}$$

图 10-6　嘌呤核苷酸的补救合成

补救合成的生理意义：①过程简单，减少能量和一些氨基酸前体的消耗；②体内某些组织器官如脑、骨髓等由于缺乏相关酶，不能从头合成嘌呤核苷酸，补救合成途径合成嘌呤核苷酸是唯一途径。由于基因缺陷而导致 HGPRT 严重不足或完全缺失，可导致一种 X 染色体连锁隐性遗传病，称为自毁容貌症（Lesch-Nyhan 综合征），患儿有咬自己的手指和足趾、口唇等自毁容貌表现。

知识链接

自毁容貌症

Lesch-Nyhan 综合征，又称为自毁容貌症，是先天基因缺陷导致次黄嘌呤-鸟嘌呤磷酸核糖转移酶（HGPRT）的缺失引起的。缺乏 HGPRT 使脑内核苷酸与核酸合成障碍，次黄嘌呤和鸟嘌呤不能转换为 IMP 和 GMP，而是降解为尿酸，进而影响脑细胞的生长发育导致的遗传代谢性疾病。Lesch-Nyhan 综合征常见于男性，表现为尿酸增高及神经异常，如脑发育不全、智力低下、出现攻击和自残行为。患儿发作性地用牙齿咬伤自己的手指、嘴唇、口腔黏膜等；或将自己的手、脚插入转动的机器齿轮中；或从高处跳下跌伤，甚至将手指插入电流插座里。这时患者知觉是正常的，对自己身上的任何伤残都会感到难忍的疼痛，但患者往往一边由于病痛而惨叫，一边仍继续这种自残行为。

（三）脱氧核糖核苷酸的合成

细胞分裂增殖时需要提供大量脱氧核苷酸，以适应 DNA 生物合成需求。DNA 由 4 种脱氧核糖核苷酸组成，无论是嘌呤脱氧核苷酸还是嘧啶脱氧核糖核苷酸，都是通过相应的核糖核苷酸在核苷二磷酸（NDP）水平直接还原而成（N 代表 A、G、U、C 等碱基），即氢取代其核糖分子中 C_2 上的羟基而生成相应的 dNDP，并非先合成脱氧核糖再结合到脱氧核苷酸分子上。脱氧核苷二磷酸在激酶催化下，消耗 ATP 生成脱氧核苷三磷酸，成为合成 DNA 的原料（图 10-7）。

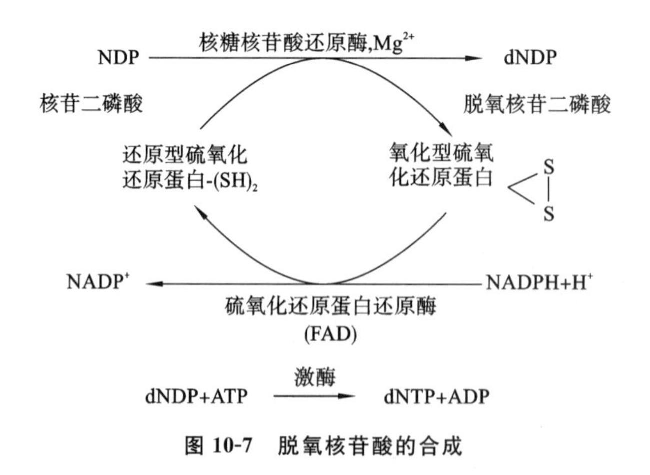

图 10-7　脱氧核苷酸的合成

二、嘌呤核苷酸分解代谢

人体内嘌呤核苷酸的分解代谢主要在肝、小肠及肾中进行。细胞中的核苷酸酶可催化各种核苷酸脱去磷酸生成嘌呤核苷；嘌呤核苷由嘌呤核苷酸磷酸化酶(PNP)催化，转变成游离的嘌呤和1-磷酸核糖。嘌呤碱可以进一步降解，也可参加核苷酸的补救合成。1-磷酸核糖主要进入糖代谢，经磷酸戊糖途径氧化分解后又可转变为5-磷酸核糖作为PRPP的原料，用于合成新的核苷酸。体内大部分嘌呤碱最终都分解生成尿酸，AMP经分解反应降解为黄嘌呤，在黄嘌呤氧化酶作用下被氧化生成尿酸；而GMP分解生成的鸟嘌呤经氧化生成黄嘌呤，最终也转变为尿酸。嘌呤核苷酸降解反应的简要过程如图10-8所示。

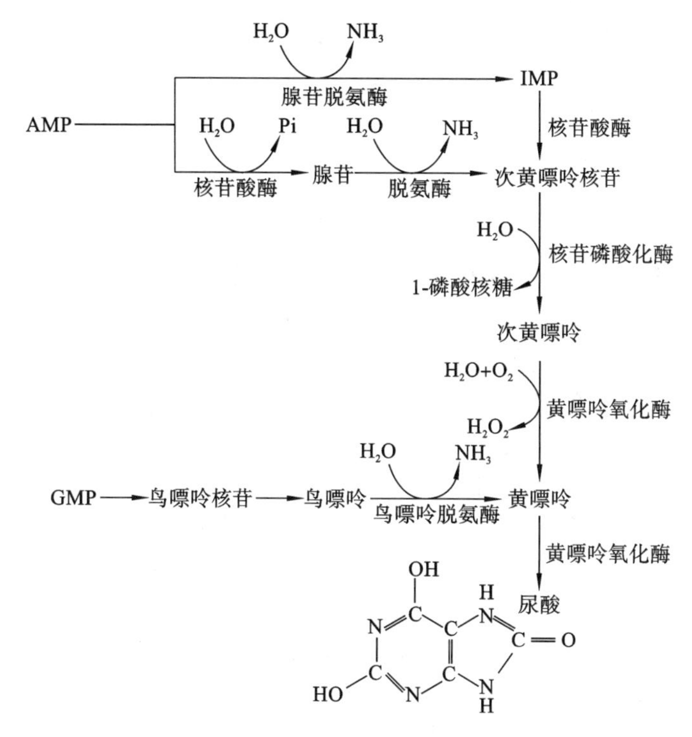

图10-8　嘌呤核苷酸的分解代谢

【护考提示】
痛风症的发病机制。

尿酸是人体嘌呤核苷酸分解代谢的最终产物，经肾随尿液排出体外，正常人每天排出尿酸400～600 mg。正常人血浆中尿酸的含量为0.12～0.36 mmol/L，男性略高于女性。痛风是以血中尿酸含量升高为主要特征的疾病，多见于成年男性。尿酸的水溶性较差，当血中尿酸含量超过0.48 mmol/L时，尿酸盐结晶可沉积于关节、软组织、软骨及肾等处，导致关节炎、尿路结石及肾疾病等，引起疼痛、畸形及功能障碍，痛风分为原发性和继发性两种类型。原发性痛风是由于嘌呤核苷酸代谢相关的某些酶遗传性缺陷导致尿酸生成异常增加，引起高尿酸血症。继发性痛风多因进食高嘌呤食物、体内核酸大量分解或肾疾病导致尿酸排泄障碍等，引起血中尿酸升高。临床上常用抑制尿酸形成药物或促进尿酸排泄的药物治疗痛风。

第二节　嘧啶核苷酸代谢

嘧啶核苷酸的合成与嘌呤核苷酸一样也有从头合成和补救合成两种途径，但嘧啶核苷酸的从头合成比嘌呤核苷酸要简单。

一、嘧啶核苷酸合成代谢

（一）嘧啶核苷酸从头合成

嘧啶核苷酸的从头合成是体内利用谷氨酰胺、5-磷酸核糖、天冬氨酸及 CO_2 等物质为原料，先合成嘧啶环，然后再与磷酸核糖相连的过程称为嘧啶核苷酸的从头合成。嘧啶碱的元素来源如图 10-9 所示。

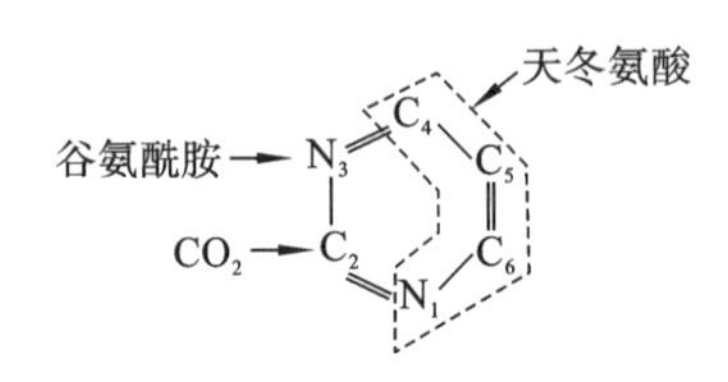

图 10-9　嘧啶碱的元素来源

嘧啶核苷酸的从头合成是以氨基甲酰磷酸为起点，先合成嘧啶环，再与磷酸核糖相连而成。最先合成尿嘧啶核苷酸（UMP），再转变成 CTP、dTMP。

1. 尿嘧啶核苷酸（UMP）的合成　主要在肝细胞的胞质中进行，以谷氨酰胺作为氮源与 CO_2 反应生成氨基甲酰磷酸；天冬氨酸从氨基甲酰磷酸获得氨甲酰基缩合生成氨甲酰天冬氨酸；二氢乳清酸酶催化氨甲酰天冬氨酸脱水环化，生成具有嘧啶环的二氢乳清酸；二氢乳清酸脱氢酶催化二氢乳清酸脱氢生成乳清酸；乳清酸在乳清酸磷酸核糖转移酶的催化下，从 PRPP 获得磷酸核糖缩合生成乳清酸核苷酸（OMP）；乳清酸核苷酸在乳清酸核苷酸脱羧酶的催化下脱羧最终形成尿嘧啶核苷酸（UMP），反应过程如图 10-10 所示。

2. CTP 的生成　UMP 分别在尿苷激酶和核苷二磷酸激酶的作用下先生成尿苷三磷酸（UTP），然后在 CTP 合成酶的催化下，接受来自谷氨酰胺的氨基生成 CTP。

3. 脱氧胸腺嘧啶核苷酸的（dTMP）生成　dTMP 是由 dUMP 的 C_5 甲基化而形成的。甲基由 N^5,N^{10}-甲烯 FH_4 提供，反应过程如图 10-11 所示。

脱氧胸苷可通过胸苷激酶催化而生成 dTMP，但此酶在正常肝脏中活性很低，再生肝中活性升高，肝癌时明显升高，以此作为评估恶性程度的肿瘤标志物。

知识链接

乳清酸尿症

乳清酸尿症是一种罕见的嘧啶核苷酸代谢紊乱、常染色体隐性遗传病，是由于乳清酸磷酸核糖转移酶和乳清酸脱羧酶基因缺陷造成的乳清酸在血液中堆积，尿液含量增多。主要特征是乳清酸结晶尿、生长迟缓和重度贫血等。乳清酸尿症可用尿嘧啶治疗，因尿嘧啶在核苷酸的补救合成途径中与 PRPP 合成尿嘧啶核苷酸，并抑制氨甲酰磷酸合成酶Ⅱ的活性，从而抑制了嘧啶核苷酸的从头合成和乳清酸的生成，达到治疗效果。

（二）嘧啶核苷酸的补救合成途径

除胞嘧啶外，细胞利用尿嘧啶、胸腺嘧啶及乳清酸作为底物，在嘧啶磷酸核糖转移酶的催化下生成相应的嘧啶核苷酸。各种嘧啶核苷可以在相应的核苷激酶的催化下，与 ATP 作用生成相应的嘧啶核苷酸和 ADP（图 10-12）。

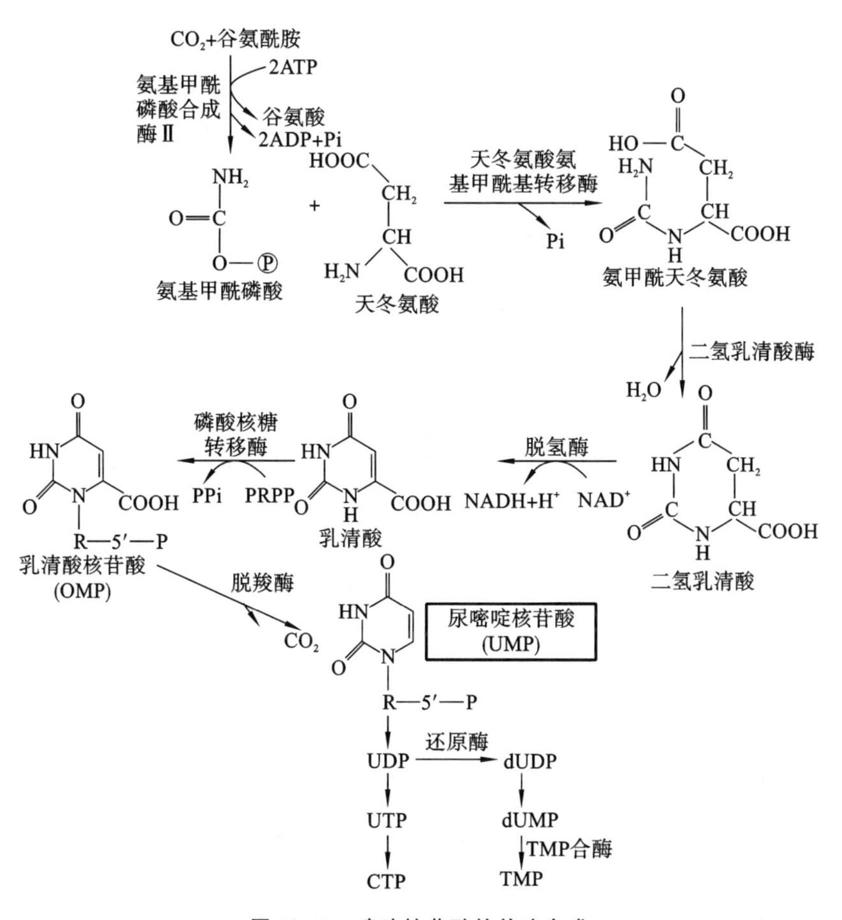

图 10-10　嘧啶核苷酸的从头合成

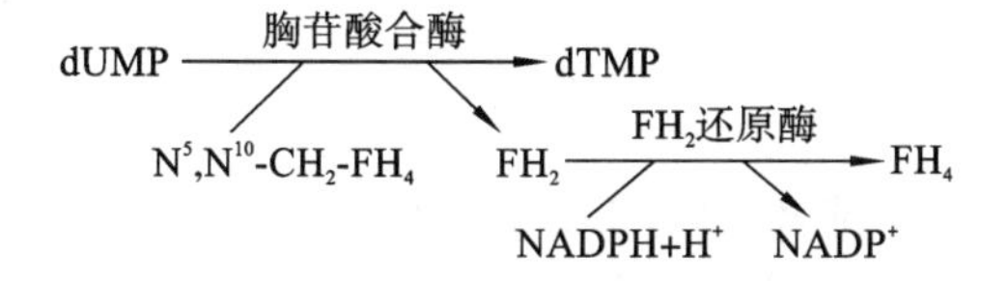

图 10-11　脱氧胸苷酸的生成

嘧啶+PRPP —嘧啶磷酸核糖转移酶→ 磷酸嘧啶核苷+PPi

尿嘧啶核苷+ATP —尿苷激酶→ UMP+ADP

图 10-12　嘧啶核苷酸的补救合成

二、嘧啶核苷酸分解代谢

嘧啶核苷酸主要在肝中分解。生成的胞嘧啶脱氨作用后转变为尿嘧啶，尿嘧啶最终分解生成 NH_3、CO_2 及 β-丙氨酸。胸腺嘧啶则分解成 NH_3、CO_2 及 β-氨基异丁酸。嘧啶碱的分解产物易溶于水，可直接随尿排出，也可以进一步分解(图 10-13)。

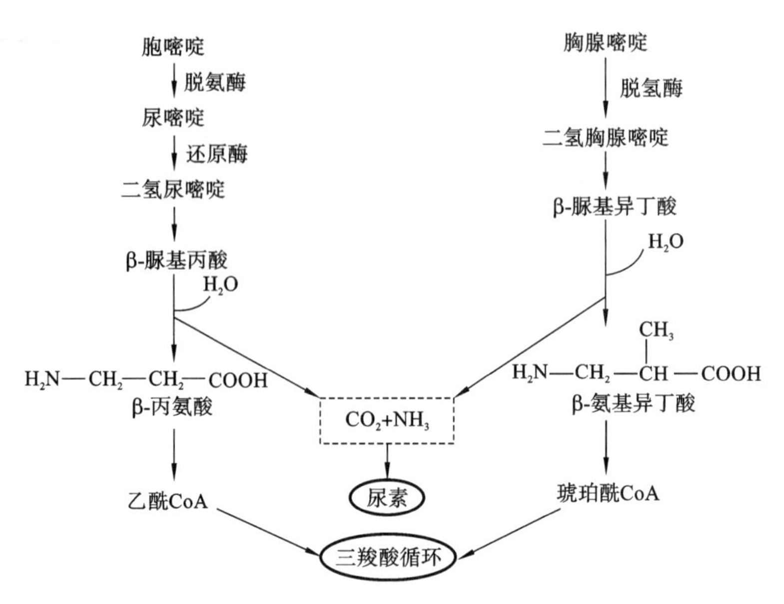

图 10-13 嘧啶核苷酸的分解代谢

第三节　核苷酸的抗代谢物

在临床治疗肿瘤过程中，经常依据酶竞争性抑制的作用原理，针对核苷酸代谢过程的不同环节，使用类似代谢物的药物，干扰或阻断核苷酸的合成代谢，使癌变细胞中核酸和蛋白质的生物合成被抑制，从而控制病情的发展。此类药物分为两大类：一类是嘌呤、嘧啶、核苷酸类似物，主要通过转变为异常核苷酸干扰核苷酸的生物合成；另一类是谷氨酰胺、叶酸等类似物，直接阻断谷氨酰胺、一碳单位在核苷酸合成中的作用(表 10-1)。

一、嘌呤类似物

嘌呤的类似物主要有 6-巯基嘌呤(6-mercaptopurine，6-MP)、8-氮杂鸟嘌呤等。临床上以 6-MP 最常用。6-MP 的化学结构与次黄嘌呤相似，6-MP 在体内可转变为 6-MP 核苷酸，后者可抑制 IMP 转变为 AMP 和 GMP；6-MP 能直接通过竞争性抑制影响 HGPR，阻断嘌呤核苷酸补救合成途径；6-MP 核苷酸还可反馈抑制 PRPP 酰胺转移酶，从而阻断嘌呤核苷酸的从头合成。

二、嘧啶类似物

嘧啶类似物主要以 5-氟尿嘧啶(5-fluorouracil，5-FU)，是临床上常用的抗肿瘤药物。5-FU 的结构与胸腺嘧啶相似，在体内必须转变成脱氧核糖氟尿嘧啶核苷一磷酸(FdUMP)及氟尿嘧啶核苷三磷酸(FUTP)后，才能发挥作用。FdUMP 与 dUMP 的结构相似，抑制胸腺嘧啶核苷合成酶，阻断 dTMP 的合成，从而抑制 DNA 的合成。此外，FUTP 以 FUMP 的形式在 RNA 合成时掺入，可以破坏 RNA 的结构与功能。

三、叶酸及氨基酸类似物

1. 叶酸类似物　叶酸类似物有氨蝶呤和甲氨蝶呤(methotrexate，MTX)，两者竞争

性抑制二氢叶酸还原酶，使叶酸不能还原成 FH_2 及 FH_4，阻碍一碳单位代谢，从而抑制嘌呤核苷酸的合成。叶酸类似物也可抑制脱氧胸苷酸合成，从而影响 DNA 的合成。甲氨蝶呤在临床上常用于白血病等疾病的治疗。

2. 氨基酸类似物　氮杂丝氨酸结构与谷氨酰胺相似，可干扰谷氨酰胺在嘌呤、嘧啶核苷酸合成中的作用，从而抑制核苷酸的合成。

表 10-1　各种抗代谢药物的作用机制

抗代谢物	作用机制
6-MP	嘌呤类似物 阻断嘌呤核苷酸的从头合成 转变为 6-MP 核苷酸，抑制 IMP 转变为 AMP 和 GMP 转变成 6-MP 核苷酸，抑制 PRPP 酰胺转移酶 转变成 6-MP 核苷酸，竞争性抑制 HGPR 阻断嘌呤核苷酸补救合成途径
5-FU	嘧啶类似物 阻断 TMP 合成 转变成脱氧核糖氟尿嘧啶核苷一磷酸(FdUMP)抑制 TMP 合成酶 转变为氟尿嘧啶核苷三磷酸(FUTP)参与 RNA 分子，破坏 RNA 的结构与功能
氮杂丝氨酸	氨基酸类似物 结构与谷氨酰胺相似，可干扰谷氨酰胺在嘌呤、嘧啶核苷酸合成中的作用
6-重氮-5-氧正亮氨酸	抑制嘌呤核苷酸及 CTP 的合成
氨蝶呤和甲氨蝶呤	叶酸类似物 竞争性抑制二氢叶酸还原酶，使叶酸不能还原成 FH_2 及 FH_4，阻碍一碳单位代谢，从而抑制嘌呤核苷酸的合成 使 dUMP 不能生成 dTMP，影响 DNA 的合成
阿糖胞苷	核苷酸类似物 抑制 CDP 还原成 dCDP，影响 DNA 的合成

直通护考

直通护考答案

A_1 型题

1. 进行嘌呤核苷酸从头合成的主要器官是(　　)。

A. 脑　B. 肝脏　C. 骨髓　D. 肾脏　E. 红细胞

2. 下列代谢物中，参与 IMP 转化为 AMP 的是(　　)。

A. 氨和 ATP　B. 硫氧还原蛋白　C. 谷氨酰胺和 ATP

D. 天冬氨酸和 GTP　E. N^5,N^{10}-亚甲基四氢叶酸

3. 下列代谢过程中，不消耗 5-磷酸核糖焦磷酸的是(　　)。

A. 合成乳清酸　B. 从头合成 TMP　C. 鸟嘌呤转化为 GMP

D. 腺嘌呤转化为 AMP　　E. 次黄嘌呤转化为 IMP

4. 只能进行核苷酸补救合成的是(　　)。

A. 肝脏　　B. 骨髓　　C. 脾脏　　D. 肾脏　　E. 小肠

5. 下列核苷酸可直接转化为 TMP 的是(　　)。

A. IMP　　B. UTP　　C. UDP　　D. UMP　　E. dUMP

6. 下列酶中,以四氢叶酸为辅酶因子的是(　　)。

A. 转酮酶　　B. 谷草转氨酶　　C. 黄嘌呤氧化酶

D. 苹果酸脱氢酶　　E. 胸苷酸合成酶

7. 下列代谢物中,嘌呤核苷酸分解代谢的终产物是(　　)。

A. NH_3　　B. 尿素　　C. 尿酸

D. β-丙氨酸　　E. β-氨基异丁酸

8. 下列代谢物水平异常可作为痛风诊断指标的是(　　)。

A. 嘧啶　　B. 尿酸　　C. 嘌呤

D. β-丙氨酸　　E. β-氨基异丁酸

9. 别嘌醇抑制(　　)。

A. 尿酸酶　　B. 核苷酸酶　　C. 鸟嘌呤酶

D. 腺苷脱氨酶　　E. 黄嘌呤氧化酶

10 氟尿嘧啶属于化疗药物的是(　　)。

A. 激素类　　B. 抗生素类　　C. 生物碱类

D. 抗代谢物类　　E. 细胞毒素类

11. 下列代谢物中,嘌呤核苷酸从头合成不需要的是(　　)。

A. 甘氨酸　　B. 谷氨酸　　C. 二氧化碳　　D. 天冬氨酸　　E. 一碳单位

(魏菊香)

第十一章　肝的生物化学

能力目标

扫码看课件

1. 掌握：肝在糖、脂类、蛋白质代谢中的作用；生物转化的概念及生理意义；胆色素的概念及代谢。

2. 熟悉：肝在维生素和激素代谢中的作用；生物转化的影响因素；胆汁酸的肠肝循环及胆汁酸的功能。

3. 了解：生物转化的反应类型；胆汁酸的生成。

第一节　肝的物质代谢特点

案例导入 11-1

案例导入分析

患者，男，63 岁，因大量饮酒后出现纳差乏力半个月，尿液发黄 4 日入院。入院时神清，精神差，全身皮肤黏膜及巩膜重度黄染，小便呈深黄色，四肢无水肿，腹软。经检查：生命指征平稳，总胆红素 203 μmol/L，总蛋白 53 g/L，白蛋白 38 g/L。经输白蛋白、输血浆、护肝及对症治疗无好转，3 日后检查肝功能：白蛋白 30.5 g/L，ALT 1200 U/L，AST 692 U/L，TBIL 411.8 U/L，DBIL 253.1 U/L，并开始出现大便带鲜红色血且逐渐加重。彩超提示：弥漫性肝损害，腹水。诊断：慢性重症肝炎。

具体任务：

用肝生理的知识解释该患者的哪些肝功能指标出现了异常。

肝不仅与糖、脂类、蛋白质、维生素和激素代谢有着密切的关系，同时在生物转化、胆汁酸和胆红素代谢等方面也发挥着重要作用。肝复杂的功能与其独特的形态组织结构和化学组成特点密不可分。第一，肝具有双重血供，即肝动脉和门静脉。第二，肝具有双重排泄通道，即肝静脉和胆道。第三，肝具有丰富的血窦，血窦使血流速度变缓，有利于进行物质交换。第四，肝还含有大量的细胞器，如线粒体、内质网、微粒体等。第五，肝含有种类、数量繁多的酶，其中有些还是它特有的酶。这些特点决定了肝是机体具有多种

【护考提示】
肝在糖、脂类、蛋白质代谢中的作用。

代谢功能的重要器官，常被称为体内的“物质代谢中枢”。

一、肝在糖代谢中的作用

肝主要通过糖原的合成与分解、糖异生作用维持机体血糖浓度的相对恒定，保障全身组织，尤其是大脑和红细胞的能量供应。

正常情况下，人体主要依靠激素和器官的调节作用，使血糖的来源和去路维持动态平衡，肝是调节血糖的主要器官。

进食后，血糖浓度升高，肝可将较多的葡萄糖转变为糖原，肝糖原的总储量可达 75～100 g。空腹或饥饿早期，肝糖原可迅速分解为葡萄糖以补充血糖，确保脑等重要组织的能源供给，饥饿状态持续十几小时后，肝通过糖异生可将非糖物质转变为葡萄糖，从而维持血糖浓度的相对恒定。空腹 24～48 h 后，糖异生可达最大峰值。

任何原因引起的肝功能低下，均可导致肝糖原的合成与分解、糖异生作用降低，血糖浓度异常，易出现空腹低血糖及餐后高血糖现象。

二、肝在脂类代谢中的作用

肝在脂类的消化、吸收、合成、分解与运输等代谢过程中均发挥重要的作用。

肝细胞合成并分泌的胆汁酸作为强乳化剂乳化食物中的脂类(包括脂溶性维生素)，有利于脂类的消化吸收。肝胆疾病患者由于肝分泌胆汁能力下降、胆管阻塞等原因可出现脂类消化不良，产生厌油腻、脂肪泻及维生素缺乏等临床症状。

外源性的甘油三酯可在肝内进行同化作用，使之转变成人体自身的脂肪，并运送到脂肪组织储存。肝细胞富含合成脂肪酸、酮体及促进脂肪酸 β-氧化的酶，是脂肪酸合成、β-氧化的最主要场所，也是酮体生成的唯一器官。肝内生成的酮体经血液运输到脑、心、骨骼肌、肾等肝外组织氧化利用。酮体是肝内、肝外组织输出能源的一种形式。

血液中的胆固醇及磷脂主要由肝合成。肝利用糖或某些氨基酸合成脂肪、胆固醇和磷脂，并以 VLDL、HDL 的形式分泌入血。磷脂是构成生物膜的重要成分，又是血浆脂蛋白的组分之一，当肝功能受损或磷脂合成障碍时，脂肪不能有效地以脂蛋白形式由肝输出，会在肝内堆积，形成脂肪肝。脂肪肝多见于内分泌疾病。糖尿病患者的肝细胞常有不同程度的脂肪堆积，临床上给予甲硫氨酸或胆碱促进磷脂合成，可有效防止脂肪肝的发生。

肝是合成胆固醇最活跃的器官，其合成量占全身总合成量的 3/4 以上。肝在胆固醇的酯化中也起到重要作用。肝是合成和分泌胆汁酸的唯一器官，它可利用胆固醇合成胆汁酸，是体内胆固醇的主要代谢去路，即不断将胆固醇转化为胆汁酸随胆汁分泌到肠道，进而排出体外，以防止体内胆固醇的超负荷。

三、肝在蛋白质代谢中的作用

肝在人体蛋白质合成、分解及氨基酸代谢中起重要作用。

肝的一个重要功能是合成和分泌血浆蛋白质。肝合成蛋白质非常活跃，不仅合成肝细胞自身结构蛋白质，还可合成与分泌 90%以上的血浆蛋白质，如全部清蛋白、凝血酶原、纤维蛋白原、多种载脂蛋白等。正常成人每日合成清蛋白约 12 g。当肝功能严重损害时，蛋白质的合成减少，尤其是清蛋白减少最为明显，使血浆胶体渗透压降低，可致水分在组织或皮下滞留。正常成人血浆总蛋白含量为 60～75 g/L，清蛋白与球蛋白的比值(A/G 值)为 1.5∶1～2.5∶1，肝功能受损时，A/G 值下降，甚至出现倒置(A/G<1)。

肝还是体内除支链氨基酸亮氨酸、异亮氨酸、缬氨酸以外的所有氨基酸分解和转化的重要器官。肝内氨基酸代谢酶丰富，脱氨作用、转氨基作用、脱羧作用、脱硫作用、转甲基作用等十分活跃。ALT在正常血液中活性很低，当肝细胞受损时，会大量进入血液，测定血液ALT活性可作为临床判断肝细胞受损程度及康复的依据。

肝的另一重要功能是解氨毒。机体各种途径产生的氨，都可在肝内通过鸟氨酸循环转化为无毒的尿素，从而达到解氨毒的作用。当肝功能受损时，合成尿素能力下降，导致高血氨，使中枢神经系统能量代谢紊乱出现昏迷现象，即肝性脑病。

四、肝在维生素代谢中的作用

肝在维生素的吸收、储存、转化和运输等方面有重要作用。

肝合成和分泌的胆汁酸可促进脂溶性维生素的吸收。维生素A、维生素E、维生素K、维生素B_{12}主要储存于肝中，其中维生素A最为丰富。肝还参与体内多种维生素的转化，如将维生素PP转化为NAD^+、$NADP^+$等，这对机体的物质代谢起着重要的作用。维生素A运输所需的视黄醇结合蛋白质由肝生成。

五、肝在激素代谢中的作用

体内许多激素发挥作用后主要在肝进行代谢、转化和降解，使其活性减弱或丧失，这一过程称为激素的灭活。如胰岛素、性激素、醛固酮、抗利尿激素等均在肝内灭活。严重肝病变时，激素灭活作用减弱，导致某些病理现象出现，如醛固酮水平增高，导致肾小管对Na^+、Cl^-、H_2O重吸收增加，引起水、钠潴留；雌性激素水平升高，则可出现肝掌、蜘蛛痣、男性乳房女性化等体征。

第二节　肝的生物转化作用

一、生物转化的概念

人体内不可避免地存在许多非营养物质，需及时排出体外。体内非营养物质分为外源性和内源性两类。外源性非营养物质包括药物、食品添加剂、环境污染物、毒物以及从肠道吸收来的腐败产物等，统称为异源物；内源性非营养物质包括体内各种代谢产物及代谢中间物，如氨、胆红素、激素、神经递质等。这些非营养物质在体内代谢转变的过程称为生物转化。

二、生物转化的类型

肝的生物转化反应可分为两相。即第一相反应和第二相反应，需多种酶参与。

1. 第一相反应　包括氧化、还原、水解反应。许多非营养物质经第一相反应后，极性增强，水溶性增加，即可排出体外。

1）氧化反应：氧化反应是生物转化中最多见的反应类型。在肝细胞的微粒体、线粒体及胞液中含有各种不同的氧化酶系，常见的有单加氧酶系、单胺氧化酶和脱氢酶系等。

（1）单加氧酶系：存在于微粒体中，又称羟化酶或混合功能氧化酶。单加氧酶系催化氧分子中的一个氧原子掺入底物分子中，而另一个氧原子被NADPH还原为水分子。其

最重要的作用是将药物和毒物代谢转化，同时也参与维生素 D_3 的羟化、肾上腺皮质激素、性激素及胆汁酸盐代谢转化过程中的羟化作用，其催化的反应通式为

$$RH + O_2 + NADPH + H^+ \xrightarrow{\text{单加氧酶}} ROH + NADP^+ + H_2O$$

(2) 单胺氧化酶(MAO)：存在于线粒体中的单胺氧化酶是一种黄素蛋白。外源性胺（如致幻药麦司卡林、抗疟药伯氨喹等）和许多内源性胺（组胺、酪胺、5-羟色胺、儿茶酚胺等），均可由单胺氧化酶催化。经氧化、脱氨生成相应的醛，再进一步氧化为酸以消除毒性。其催化反应通式为

$$RCH_2NH_2 + O_2 + H_2O \xrightarrow{MAO} RCHO + NADH + H^+$$

$$RCHO + NAD^+ + H_2O \longrightarrow RCOOH + NADH + H^+$$

(3) 脱氢酶系：存在于胞液和微粒体中，主要包括醇脱氢酶(ADH)和醛脱氢酶(ALDH)，均以 NAD^+ 为辅酶，使体内的醇和醛氧化成相应的醛和酸，其催化反应的通式如下：

$$RCH_2OH + NAD^+ \xrightarrow{ADH} RCHO + NADH + H^+ \xrightarrow{ALDH} RCOOH + NADH + H^+$$

2) 还原反应：主要由肝细胞微粒体中的硝基还原酶和偶氮还原酶催化，反应由 NADPH 提供氢，还原成相应的胺类。食品防腐剂、工业试剂、杀虫剂中的硝基化合物和食品色素等物质在体内可被还原。

$$C_6H_5NO_2 \xrightarrow[-H_2O]{2H} C_6H_5NO \underset{\text{自动反应}}{\overset{2H}{\rightleftharpoons}} C_6H_5NHOH \xrightarrow[-H_2O]{2H} C_6H_5NH_2$$

(硝基苯)　(亚硝基苯)　(羟氨基苯)　(苯胺)

硝基还原酶催化的反应

$$C_6H_5{-}N{=}N{-}C_6H_5 \xrightarrow{2H} C_6H_5{-}NH{-}NH{-}C_6H_5 \xrightarrow{2H} 2\,C_6H_5{-}NH_2$$

(偶氮苯)　(苯胺)

偶氮还原酶催化的反应

3) 水解反应：肝细胞的胞液和微粒体中含有多种水解酶类，如酯酶、酰胺酶和糖苷酶等，可催化利多卡因、普鲁卡因及简单的脂肪族酯类水解。例如，酯酶可催化乙酰水杨酸（阿司匹林）水解。

$$\text{乙酰水杨酸} \xrightarrow{\text{酯酶}} \text{乙酸} + \text{水杨酸}$$

2. 第二相反应　主要指结合反应。少数非营养物质经第一相反应后，可直接排出体外，而大多数非营养物质要继续进行第二相反应，生成剂型更强的化合物才能排出体外。有些异源物可不经过第一相反应而直接进入第二相反应。

第二相反应是体内最重要的生物转化方式。凡含有羟基、羧基或氨基等基团的非营养物质均可与葡萄糖醛酸、活性硫酸根、甘氨酸、乙酰基和甲基等结合物或基团发生结合反应。其中以葡萄糖醛酸结合反应最多见。

(1) 葡萄糖醛酸结合反应：葡萄糖醛酸结合反应是最普遍的一种结合反应。葡萄糖醛酸的供体是尿苷二磷酸葡萄糖醛酸(uridine diphosphate glucuronic，UDPGA)。醇、酚、胺及羧酸化合物，在葡萄糖醛酸转移酶的催化下可与葡萄糖醛酸结合，形成葡萄糖醛

酸苷。如:类固醇激素、胆红素、吗啡、苯巴比妥类药物等均可发生此类结合反应进行转化。临床上使用肝泰乐(葡醛内酯)“保肝”治疗,其原理是增强肝的生物转化功能。

(2) 硫酸结合反应:3′-磷酸腺苷-5′-磷酸硫酸(PAPS)为活性硫酸的供体。醇、酚和芳香胺类化合物可在硫酸基转移酶催化下与硫酸结合,生成硫酸酯。如雌酮在肝内与硫酸结合而失活。反应式如下:

$$\text{雌酮}+\text{PAPS}\xrightarrow{\text{硫酸基转移酶}}\text{雌酮硫酸酯}+3'\text{-磷酸腺苷-}5'\text{-磷酸}$$

(3) 乙酰基结合反应:乙酰辅酶A是乙酰基的直接供体。在肝细胞内含有乙酰基转移酶,可催化乙酰基结合反应,生成乙酰化衍生物。乙酰基结合反应是某些含胺异源物的重要的代谢途径,如抗结核药物异烟肼和大部分磺胺类药物均通过这种方式灭活。如:

$$\text{氨苯磺胺}+\text{乙酰辅酶A}\xrightarrow{\text{乙酰基转移酶}}\text{乙酰胺苯磺胺}+\text{辅酶A}$$

但应指出,磺胺类药物经乙酰化后,其溶解度不升反降,在酸性尿中易于析出,故在服用磺胺类药物时应服用适量碳酸氢钠,以提高其溶解度,利于随尿液排出。

三、影响生物转化的因素

肝的生物转化作用受年龄、性别、疾病、诱导物及遗传等因素的影响。

新生儿肝发育尚不完善,生物转化酶发育不全,对非营养物质转化能力较弱,容易发生药物和毒物中毒。例如,新生儿易发生氯霉素中毒导致“婴儿灰色综合征”。老年人由于器官退化,药物半衰期延长,易出现中毒现象。某些生物转化反应有明显的性别差异。例如,女性对乙醇及氨基比林的转化能力明显高于男性。

严重肝病可明显影响肝生物转化作用。此时患者肝生物转化酶合成减少,尤其是单加氧酶系可降至50%,使肝对药物及毒物在内的许多物质转化能力明显下降,易蓄积中毒,故对肝病患者用药应特别谨慎。

有些药物可诱导合成一些生物转化酶类,加速其代谢转化从而产生耐药性。例如,长期服用苯巴比妥药物可诱导肝微粒体单加氧酶系的合成,使机体对其转化能力增强,是机体产生耐药的重要原因之一。

遗传变异可引起种群或个体之间存在生物转化酶类的多态性,从而造成酶活性丢失,影响对非营养物质的代谢转变,增加其危险性。

$$\text{苯酚}+\text{UDPGA}\xrightarrow{\text{葡萄糖醛酸转移酶}}\text{苯-}\beta\text{-葡萄糖醛酸苷}+\text{UDP}$$

四、生物转化的特点

【护考提示】
生物转化的特点。

体内的非营养物质多数为有机化合物,呈脂溶性,一般需经生物转化使其极性增强,溶解性增大,易于随胆汁或尿液排出体外,对机体具有保护作用。但有些物质经过生物转化后,其毒性反而增加或溶解度降低,不易排出体外。某些毒物或药物经生物转化作用后,才出现毒性或药效。

此外肝在进行生物转化反应时,呈现出明显的三大特点。

1. 反应过程的连续性　有些物质进行一步反应就能排出体外,但有些物质需要几步连续反应,才能达到极性增强的程度,最终排出体外。例如乙酰水杨酸,先进行水解,再进行羟化,最后与葡萄糖醛酸结合排出体外。

2. 反应类型多样性　一种物质在生物转化过程中可进行多种类型的反应。如乙酰水杨酸可以经过水解反应生成水杨酸,又可与葡萄糖醛酸或甘氨酸发生结合反应。

3. "解毒致毒"双重性 大部分有毒物质经生物转化后，毒性降低。但有些物质经生物转化后可变为有毒物质或毒性增强，如香烟中3,4-苯并芘本无直接致癌作用，但进入人体内经生物转化可变为具有很强致癌作用的7,8-二氢二醇-9,10-环氧化物。所以，生物转化作用并不等同于解毒作用。

第三节 胆汁酸代谢

一、胆汁

胆汁分为肝胆汁和胆囊胆汁。肝胆汁是肝细胞合成并分泌的一种黄色或棕色液体，肝细胞初分泌的胆汁，含水量为97%，密度约为1.009 g/cm³，略偏碱性，微苦，每天产生300～700 mL。肝胆汁通过肝内胆道系统流出并储存于胆囊，浓缩成为胆囊胆汁。胆囊胆汁的密度增大，颜色加深，呈棕绿色或暗褐色。胆汁中的成分除水外，主要是胆汁酸，胆汁酸以钠盐或钾盐的形式存在，称为胆汁酸盐，约占固体成分的50%。胆汁中还含有多种酶类，例如脂肪酶、磷脂酶、淀粉酶、磷酸酶等。除此之外的其他成分多属排泄物，如进入人体的重金属盐、药物、毒物、染料、胆色素等，均可随胆汁进入肠道通过粪便排出体外。

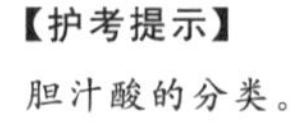
【护考提示】
胆汁酸的分类。

二、胆汁酸的分类

胆汁酸按其结构可分为游离型胆汁酸和结合型胆汁酸，而按来源则分为初级胆汁酸和次级胆汁酸。

1. 初级胆汁酸的生成 肝细胞以胆固醇为原料直接合成的胆汁酸，称为初级胆汁酸，包括胆酸和鹅脱氧胆酸及其与甘氨酸或牛磺酸的结合产物。正常成人每天合成胆固醇1～1.5 g，约2/5的胆固醇在肝中转变成胆汁酸。在肝细胞的微粒体及胞液中，胆固醇首先经7α-羟化酶作用生成7α-羟胆固醇，然后经羟化、加氢、侧链氧化断裂和修饰等一系列复杂酶促反应生成初级游离胆汁酸，即胆酸和鹅脱氧胆酸。两者分别与甘氨酸或牛磺酸结合，生成初级结合胆汁酸，包括甘氨胆酸、甘氨鹅脱氧胆酸、牛磺胆酸、牛磺鹅脱氧胆酸。在正常成人体内与甘氨酸结合同与牛磺酸结合含量之比为3∶1。

2. 次级胆汁酸的生成 初级胆汁酸在肠道细菌作用下转变生成的脱氧胆酸和石胆酸及其结合型胆汁酸称为次级胆汁酸。

初级结合胆汁酸以钠盐形式随胆汁分泌到肠道，在肠道细菌的作用下，水解脱去甘氨酸或牛磺酸成为初级游离胆汁酸，进而经脱羟反应，胆酸生成脱氧胆酸，鹅脱氧胆酸生成石胆酸，即形成次级游离胆汁酸。石胆酸溶解度小，它不再与甘氨酸或牛磺酸结合；而脱氧胆酸与两者结合，生成次级结合胆汁酸。胆汁酸的类型见表11-1。

表11-1 胆汁酸的分类

类型	游离型	结合型
初级胆汁酸	胆酸 鹅脱氧胆酸	甘氨胆酸 甘氨鹅脱氧胆酸 牛磺胆酸 牛磺鹅脱氧胆酸
次级胆汁酸	脱氧胆酸 石胆酸	甘氨脱氧胆酸 牛磺脱氧胆酸

三、胆汁酸的代谢

胆道内各种胆汁酸只有少量随粪便排出，约 95%的胆汁酸被肠壁重吸收。胆汁酸的重吸收方式有两种：一种是以结合型胆汁酸在回肠部位主动重吸收的主要方式，另一种是以游离型胆汁酸在小肠部位及大肠被动重吸收的辅助方式。这种由肠道重吸收的胆汁酸经门静脉又回到肝，肝将游离的胆汁酸再转变为结合胆汁酸，并与新合成的初级结合胆汁酸一起再随胆汁分泌到肠道，这一过程称为胆汁酸的肠肝循环(图 11-1)。

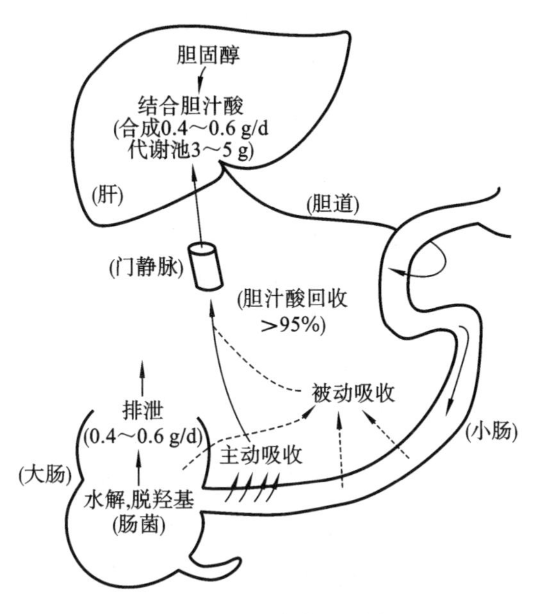

图 11-1　胆汁酸的肠肝循环

人体每天进行 6～12 次胆汁酸肠肝循环(每餐后 2～4 次)，从肠道重吸收入肝的胆汁酸总量可达 12～32 g，其生理意义是使有限的胆汁酸最大限度地发挥乳化作用，促进脂类的消化吸收。另外，胆汁酸的重吸收有助于胆汁的分泌，并使胆汁酸与胆固醇比例恒定，不易形成胆固醇结石。

【护考提示】
胆汁酸的肠肝循环。

四、胆汁酸的生理功能

1. 促进脂类物质的消化和吸收　胆汁酸分子内部具有亲水和疏水两个侧面，使胆汁酸具有较强的界面活性，能降低油和水两相之间的表面张力，这种结构特性既有利于消化酶对脂肪的作用，又有利于吸收。这是胆汁酸最重要的生理功能。

2. 抑制胆固醇结石的析出　胆固醇难溶于水，因其在浓缩的胆囊胆汁中较易沉淀析出，需要渗入卵磷脂-胆汁酸盐微团中，使胆固醇通过胆道运送到小肠而不致析出。不同胆汁酸对结石形成的作用不同，鹅脱氧胆酸可使胆固醇结石溶解，而胆酸及脱氧胆酸则无此作用。临床上常用鹅脱氧胆酸及熊脱氧胆酸治疗胆固醇结石。

第四节　胆色素代谢与黄疸

胆色素是含铁卟啉化合物在体内分解代谢的产物，包括胆红素、胆绿素、胆素原和胆

素。体内含铁卟啉的化合物主要有血红蛋白、细胞色素、过氧化氢酶、过氧化物酶等。机体80%胆色素来源于血红蛋白的降解。

一、胆红素的来源与运输

正常红细胞的寿命约为120天。衰老的红细胞在肝、脾、骨髓的单核-吞噬细胞系统被破坏后释放出血红蛋白,血红蛋白降解为珠蛋白和血红素。珠蛋白可供机体再利用。血红素在微粒体血红素加氧酶的作用下消耗 O_2 和 NADPH,氧化生成胆绿素、CO_2 和 Fe^{3+}。胆绿素则进一步在胆绿素还原酶催化下从 NADPH 获得2个氢原子,迅速转变成胆红素。此胆红素也称为游离胆红素,为橙黄色化合物,具有亲脂疏水性,易透过生物膜,对细胞产生毒害作用。过多的游离胆红素可侵入脑组织,引起胆红素脑病(也称核黄疸)。

【护考提示】
胆红素的来源。

在单核-吞噬细胞系统生成的胆红素因具有亲脂性,能自由透过细胞膜进入血液。在血液中,大部分胆红素以清蛋白为载体,以胆红素-清蛋白复合物的形式运输,少部分胆红素与 α_1-球蛋白结合。胆红素-清蛋白复合物增加了胆红素在血浆中的溶解度,避免了对组织细胞的毒性作用。正常成人血胆红素含量为3.4~17.1 μmol/L(0.2~0.9 mg/100 mL),而每100 mL血浆中的清蛋白能结合20~25 mg游离胆红素,故足以防止其进入脑组织产生毒性作用。一些有机阴离子如磺胺类、水杨酸、某些抗生素、利尿剂等可与胆红素竞争清蛋白,使胆红素从胆红素-清蛋白复合物中游离出来,增加对细胞的毒性作用,故新生儿高胆红素血症时要慎用磺胺类和水杨酸类药物。

游离胆红素与胆红素-清蛋白复合物尚未经肝细胞进行生物转化,故称为未结合胆红素或血胆红素。未结合胆红素不被肾小球滤过,用普通化学方法检测正常人尿液,胆红素为阴性反应。

二、胆红素在肝中的转变

胆红素在肝内的代谢转变主要包括摄取、转化和排泄三个过程。

胆红素随着血液到达肝,在被肝细胞摄取前,先与清蛋白分离,之后迅速被肝细胞内存在的Y蛋白和Z蛋白捕捉,以胆红素-Y蛋白与胆红素-Z蛋白复合物的形式运输到内质网。这种结合一方面增加了胆红素的水溶性,另一方面防止胆红素反流入血。由于新生儿在出生7周后Y蛋白才达到正常水平,故易产生新生儿生理性黄疸。

胆红素-Y蛋白(或胆红素-Z蛋白)被运送到肝细胞滑面内质网上,在UDP-葡萄糖醛酸转移酶催化下,胆红素与连接蛋白脱离,接受来自UDPGA的葡萄糖醛酸基,生成葡萄糖醛酸胆红素,也称结合胆红素或肝胆红素。每分子胆红素可结合2分子葡萄糖醛酸。UDP-葡萄糖醛酸转移酶是诱导酶,苯巴比妥类药物及紫外线照射可诱导其生成,从而加强胆红素代谢,故用于治疗胆红素脑病。

【护考提示】
游离胆红素和结合胆红素的比较。

结合胆红素水溶性强,不易透过细胞膜和血脑屏障,对组织细胞毒性降低,容易运输和排泄,能通过肾小球基底膜从尿中排出,如果血液中存在大量结合胆红素,尿液检测则出现胆红素阳性反应。结合胆红素与重氮试剂反应,立即生成紫色化合物,故结合胆红素也称为直接反应胆红素。未结合胆红素因分子内形成氢键,不能直接与重氮试剂反应,必须先加入乙醇或尿素使氢键破坏,才能与重氮试剂生成紫色化合物,故未结合胆红素也称为间接胆红素。两种胆红素的比较见表11-2。

表 11-2　两种胆红素的比较

比较项目	游离胆红素	结合胆红素
常见其他名称	血胆红素	肝胆红素
	间接胆红素	直接胆红素
与葡萄糖醛酸结合	未结合	结合
与重氮试剂反应	慢、间接反应	快、直接反应
溶解性	脂溶性	水溶性
进入脑组织产生毒性反应	大	无
经肾可随尿排出	不能	能

三、胆色素代谢

结合胆红素排入十二指肠，在肠菌的作用下，水解脱去葡萄糖醛酸基并被还原为无色的胆素原族化合物（包括中胆素原、粪胆素原和尿胆素原），其中大部分胆素原随粪便排出，在肠道下段，胆素原接触空气后，被氧化成为黄色的粪胆素，成为粪便的主要颜色。

在肠道内，80%～90%生物胆素原随粪便排出，每日排出总量为 40～280 mg。胆道梗阻时，胆红素不能排入肠道形成胆素原与胆素，所以粪便颜色变浅，甚至呈现灰白色。新生儿肠道细菌少，未被细菌作用的胆红素使粪便呈现橘黄色。

在生理情况下，肠道内其余 10%～20%的胆素原被肠黏膜细胞重吸收，经门静脉入肝。肝可有效地、不经任何转变地将其中大部分胆素原随胆汁又排到肠道，构成胆素原的肠肝循环。重吸收入肝的胆素原还有一小部分进入血液到达肾随尿排出，在接触空气后，被氧化成黄色的尿胆素，成为尿液的主要色素。每天经肾排出的尿胆素原为 0.5～4.0 mg。

胆色素的代谢过程如图 11-2 所示。

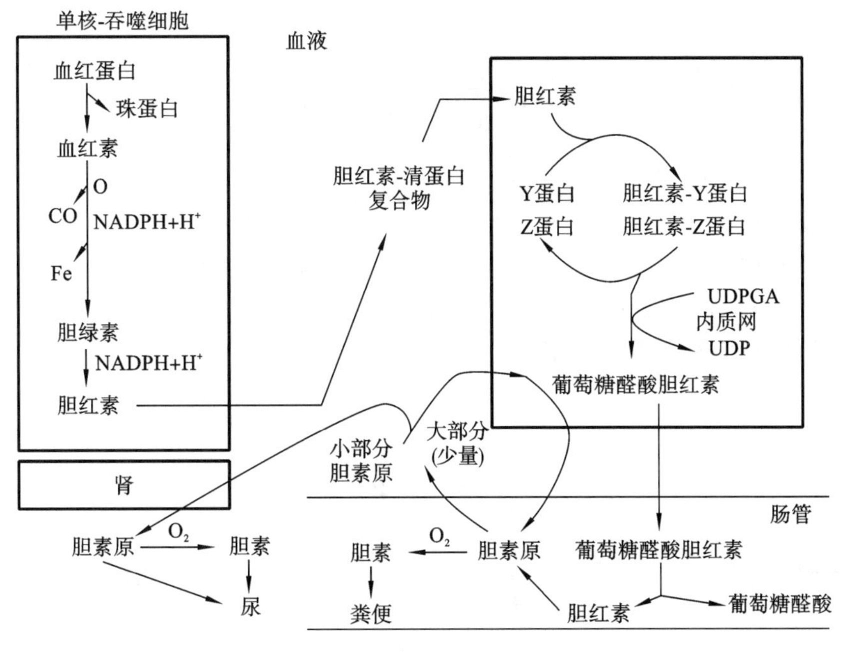

图 11-2　胆色素的代谢过程

四、血清胆红素与黄疸

正常人体血清胆红素含量低于 17.1 μmol/L(其中 80%为未结合胆红素,其余为结合胆红素)。当出现溶血、肝疾病或胆道阻塞时,血液中胆红素浓度会升高,若血清胆红素浓度超过 34.2 μmol/L,皮肤、巩膜、黏膜均出现黄染,称为黄疸。当血清胆红素浓度介于 17.1~34.2 μmol/L 时,肉眼观察不到组织黄染现象,临床称为隐性黄疸。

根据其发病机制不同,可将黄疸分为三类。

【护考提示】
黄疸的类型。

(一)溶血性黄疸

由于先天或后天原因引起的红细胞大量破坏,未结合胆红素浓度过高,超过肝的转化能力,引起血中未结合胆红素浓度增高。此时,肝最大限度地发挥处理胆红素的能力,结合胆红素浓度变化不大,其主要特征是血中未结合胆红素浓度增高,尿胆红素阴性,尿胆红素原增高,粉色加深。输血不当、镰状细胞贫血、蚕豆病等可导致溶血性黄疸。

(二)肝细胞性黄疸

由于肝细胞或毛细胆管破坏,肝细胞摄取、转化、排泄胆红素的能力下降。此时肝细胞摄取胆红素障碍会造成血清未结合胆红素增高,又因肝细胞结构破坏,毛细血管阻塞或毛细胆管与血窦相通,使部分结合胆红素反流入血,血液中结合胆红素浓度也增高。尿胆红素阳性,尿胆素原变化不定,粪色变浅或正常。各种肝炎、肝肿瘤和肝硬化等疾病可导致肝细胞性黄疸。

(三)阻塞性黄疸

由胆管阻塞,结合胆红素不能进入肠道,反流入血液所致。此时血清结合胆红素升高,未结合胆红素无明显改变,重氮实验直接反应阳性,尿胆红素原下降,粪便颜色变浅,甚至为灰陶土色。临床上阻塞性黄疸常见于胆管炎、胆结石、肿瘤或先天性胆管闭锁等疾病。

知识链接

肝的解酒机制及酒精对肝的损害

人们饮入的酒中很重要的一个成分就是乙醇。乙醇属于非营养性物质,由肝对其分解转化,即所谓的解酒。肝中的"醇脱氢酶"和"醛脱氢酶"是分解乙醇的主要物质。当长期饮酒、一次性大量饮酒或慢性酒精中毒时,会诱导机体乙醇氧化系统(MEOS)生成,MEOS 不但不能使乙醇产生 ATP,还可增加机体对氧和 NADPH 的消耗,而且还可催化脂质过氧化生成羟乙基自由基,后者又进一步促进脂质过氧化,引发肝损伤。

直通护考

A_1 型题

1. 肝内胆固醇代谢的主要终产物是(　　)。

A. 7α-胆固醇　　B. 胆酰 CoA　　C. 结合胆汁酸
D. 维生素 D_3　　E. 胆色素

2. 下面关于生物转化作用的叙述哪一项是错的？（　　）

A. 对体内非营养物质的改造　　B. 使非营养物质生物活性降低或消失

C. 可使非营养物质溶解度增加　　D. 结合反应主要在肾脏进行

E. 使非营养物质从胆汁或尿液中排出体外

3. 血中胆红素的主要运输形式是（　　）。

A. 胆红素-清蛋白　　B. 胆红素-Y 蛋白　　C. 胆素原

D. 胆红素-氨基酸　　E. 胆红素-葡萄糖酸醛酯

4. 阻塞性黄疸时，重氮反应为（　　）。

A. 直接反应阴性　　B. 直接反应阳性　　C. 双相反应阳性

D. 双相反应阴性　　E. 直接反应阴性，间接反应强阳性

5. 胆红素主要来源于（　　）。

A. 血红蛋白分解　　B. 肌红蛋白分解　　C. 过氧化物酶分解

D. 过氧化氢酶分解　　E. 细胞色素分解

6. 下列哪种胆汁酸是次级胆汁酸？（　　）

A. 甘氨脱氧胆酸　　B. 甘氨胆酸　　C. 牛磺鹅脱氧胆酸

D. 脱氧胆酸　　E. 牛磺胆酸

7. 生物转化中第一相反应最主要的是（　　）。

A. 水解反应　　B. 还原反应　　C. 氧化反应　　D. 脱羧反应　　E. 加成反应

8. 下列化合物哪一个不是胆色素？（　　）

A. 血红素　　B. 胆绿素　　C. 胆红素　　D. 胆素原族　　E. 胆素族

9. 关于溶血性黄疸的表现下列哪一项不存在？（　　）

A. 血中游离胆红素增加　　B. 粪胆原增加　　C. 尿胆原增加

D. 尿中出现胆红素　　E. 粪便颜色加深

10. 对胆汁酸的肠肝循环描述错误的是（　　）。

A. 结合型胆汁酸在回肠和结肠中水解为游离型胆汁酸

B. 结合型胆汁酸的重吸收主要在回肠部

C. 重吸收的胆汁酸被肝细胞摄取并可转化成为结合型胆汁酸

D. 人体每天进行 6～12 次肠肝循环

E. 肠肝循环障碍并不影响对脂类的消化吸收

11. 不参与肝脏生物转化的反应是（　　）。

A. 氧化反应　　B. 还原反应　　C. 水解反应

D. 转氨基反应　　E. 结合反应

12. 关于胆汁酸盐的错误叙述是（　　）。

A. 在肝脏由胆固醇合成　　B. 为脂类吸收中的乳化剂

C. 能抑制胆固醇结石的形成　　D. 是胆色素的代谢产物

E. 能经肠肝循环被重吸收

（王双冉）

直通护考答案

Note

第十二章　水、无机盐代谢及酸碱平衡

扫码看课件

1. 掌握：电解质的概念；体液电解质的组成和分布特点；钾、钠、钙、磷等代谢特点；血液缓冲体系、肺及肾对酸碱平衡调节的基本机制；酸碱平衡的主要生化诊断指标。

2. 熟悉：某些微量元素与疾病的关系；酸性、碱性物质来源，以及酸碱平衡调节因素。

3. 了解：体液组成的特点；酸碱平衡失调的几种基本类型以及酸碱平衡生化指标的变化。

第一节　水的代谢

案例导入 12-1

案例导入分析

患者，男，62 岁，因进食即呕吐 10 天入院。近 20 天尿少色深，明显消瘦，卧床不起，精神恍惚，嗜睡，皮肤干燥松弛，眼窝凹陷，呈深度脱水征。呼吸 17 次/分，血压 120/70 mmHg，诊断为幽门梗阻。血清生化实验检查结果：钠 158 mmol/L（参考范围 135～145 mmol/L），钾 3.4 mmol/L（参考范围 3.5～5.5 mmol/L），氯 90 mmol/L（参考范围 96～106 mmol/L）。

具体任务：

用体液交换的知识解释该患者出现脱水体征的原因。

一、体液

体液是指人体内存在的液体，其中含有多种无机盐和有机物。各种物质代谢的化学反应都在体液中进行，因此保持体液容量、分布、pH、渗透压和组成的动态平衡是保证细胞正常代谢和维持人体正常生命活动的必要条件。正常情况下，体液之间的水与电解质处于动态平衡，这种平衡易受体内外因素影响而被破坏，导致水、电解质和酸碱平衡紊乱，若没有得到及时纠正，可能会导致严重的后果，甚至危及生命。无机盐与部分以离子形式存在的有机物如蛋白质、有机酸等统称为电解质。葡萄糖、尿素等不能解离的物质称为非电解质。

（一）体液的组成和分布

1. 体液的含量与分布　成人的体液总量约占体重的60%。通常把体液分为两大部分，以细胞膜为界，分布于细胞内的体液为细胞内液，分布于细胞外的体液为细胞外液。细胞外液又可分为血浆和细胞间液两部分，其中细胞间液包括淋巴液、渗出液、脑脊液、关节滑液、胸膜腔液、腹膜腔液等。

体液（占体重的60%）
- 细胞外液（占体重的20%）
  - 血浆（占体重的5%）
  - 细胞间液（占体重的15%）
- 细胞内液（占体重的40%）

2. 影响体液含量和分布的因素　人体体液的含量和分布有明显的个体差异，主要随年龄、性别和胖瘦程度的不同而异。新生儿、婴儿、儿童和老年人的体液含量分别约占体重的80%、70%、65%和55%，可见年龄越小，体液占体重的百分比越大。男性肌肉发达，而脂肪组织较少，因此体液含量占体重的百分比较大；女性反之。另外，体液的含量还与组织结构有关：肾脏含水量最多，而脂肪组织含水量最少。

（二）体液电解质的组成、含量与分布特点

1. 体液电解质的组成及含量　体液电解质主要包括K^+、Na^+、Ca^{2+}、Mg^{2+}、Cl^-、HCO_3^-、HPO_4^{2-}、SO_4^{2-}、有机酸根和蛋白质阴离子等（表12-1）。另外还含有一些微量元素，如铁、铜、锌、硒等。

表12-1　体液中主要电解质含量（mmol/L）

电解质		血浆		细胞间液		细胞内液	
		离子	电荷	离子	电荷	离子	电荷
阳离子	Na^+	142	142	147	147	15	15
	K^+	5	5	4	4	150	150
	Ca^{2+}	2.5	5	10.25	20.50	1	2
	Mg^{2+}	1.5	3	1	2	13.5	27
	总量	151	155	162.25	173.5	179.5	194
阴离子	Cl^-	103	103	114	114	1	1
	HCO_3^-	27	27	30	30	10	10
	HPO_4^{2-}	1	2	1	2	50	100
	SO_4^{2-}	0.5	1	0.5	1	10	20
	有机酸根	6	6	7.5	7.5		
	蛋白质阴离子	2.25	18	0.25	2	8.1	65
	总量	139.75	157	153.25	156.5	79.1	196

2. 体液中电解质的分布特点

（1）体液中阴、阳离子总数相等，体液各部分呈"电中性"。一般阴离子随阳离子总量的改变而改变。血浆中Cl^-、HCO_3^-总和与Na^+浓度之间保持一定比例关系。即$[Na^+]=[HCO_3^-]+[Cl^-]+12(10)$ mmol/L。

（2）细胞内、外液的渗透压相等。正常成人体液渗透浓度为280～310 mmol/L，在此范围为等渗，如临床上常用的5%葡萄糖溶液、0.9%NaCl溶液等属于等渗溶液。若小于280 mmol/L则为低渗溶液，大于310 mmol/L为高渗溶液。

(3) 血浆和细胞内液离子分布不同。细胞外液的阳离子以 Na^+ 为主，占阳离子总量的 90%以上，对维持细胞外液的渗透压、体液的分布和转移起着决定性的作用；阴离子以 Cl^- 及 HCO_3^- 为主。而细胞内液的阳离子则以 K^+、Mg^{2+} 为主；阴离子以蛋白质阴离子(Pr^-)和磷酸氢根离子(HPO_4^{2-})为主。细胞内、外液中钠钾浓度差不是依赖细胞膜对这些离子的不同渗透性，而是主要依赖于细胞膜上 Na^+-K^+-ATP 酶即钠泵的主动转运功能。钠泵将细胞内液的 Na^+ 转运到细胞外液，将 K^+ 转移到细胞内液，该过程耗能。消耗 1 分子 ATP，可将 3 个 Na^+ 从细胞内泵到细胞外，将 2 个 K^+ 和 1 个 H^+ 由细胞外泵到细胞内。细胞内液 Na^+ 增加或细胞外液 K^+ 增加都可将钠泵激活。

(4) 血浆蛋白质含量高于细胞间液。细胞间液是血浆的超滤液，其电解质成分和浓度与血浆极为相似，主要差别是蛋白质含量不同，血浆中含较多蛋白质，细胞间液中蛋白质含量极少。这种差别有利于血浆和细胞间液之间水的交换。

【护考提示】

简述体液中电解质的分布特点。

(三) 体液的交换

正常状态下，血浆、细胞内液及细胞间液三者之间的水和无机盐在不停地进行交换。交换的重要意义不仅在于使组织细胞获取营养物质、排出代谢废物，同时还能维持体液各部分容量和渗透压的恒定。血浆与细胞间液交换的动力是血浆胶体渗透压与静水压(血压)之差，其中胶体渗透压在血浆与细胞间液的交换中起着主要作用，同时还可影响细胞外液的总量。细胞间液与细胞内液之间的交换主要取决于细胞内外液的渗透压，因为细胞膜对水与各种电解质的通透性不同，水总是向渗透压高的一侧移动。正常体液的分布、组成及含量三方面均在神经体液等因素调节下保持动态平衡，以保证机体各种生理活动的正常进行。

1. 血浆与细胞间液之间的交换 血浆与细胞间液之间的交换部位主要在毛细血管壁。毛细血管壁只有一层内皮细胞，具有半透膜特性，除大分子的蛋白质不易透过外，水、电解质及小分子有机化合物(即晶体液)均可自由通过。其交换意义是将吸收进入血浆的营养物质带给各组织细胞，组织细胞产生的代谢废物则进入血浆，再通过排泄器官排出体外。

影响体液进出毛细血管的因素是管壁两侧各种压力的对比。有效滤过压是毛细血管血压、细胞间液的胶体渗透压、细胞间液静水压和血浆胶体渗透压四种压力的总和。

有效滤过压＝(毛细血管血压＋细胞间液的胶体渗透压)－(细胞间液静水压＋血浆胶体渗透压)

临床上，心功能不全患者静脉回流受阻，导致毛细血管血压增高；肝、肾疾病患者的低蛋白血症，血浆胶体渗透压降低，造成毛细血管静脉端回流减少，都能引起水肿。

2. 细胞间液和细胞内液的交换 细胞间液和细胞内液的交换部位在细胞膜，细胞膜是结构和功能复杂的半透膜，大分子蛋白质不能自由通过，Na^+、K^+、Ca^{2+}、Mg^{2+} 等离子有特殊的通透规律。细胞内液中 K^+ 浓度高，Na^+ 浓度低，而细胞外液 Na^+ 浓度高，K^+ 浓度低，依靠细胞膜上钠-钾泵的作用逆浓度差主动转运来完成。决定交换的主要因素是无机离子产生的晶体渗透压。水分总是从低渗向高渗流动。正常状态下，细胞内外液的渗透压基本相等，其水分的进出也处于动态平衡。当细胞外液晶体渗透压升高时，细胞内水分被吸引进入细胞外，导致细胞皱缩；当细胞外液晶体渗透压下降时，细胞外液的一部分水进入细胞内，导致细胞肿胀。

二、水的生理功能

正常情况下，人体每日水的摄入量和排出量保持相对稳定，这对维持体液和渗透压

的平衡起着非常重要的作用。水是人体内含量最多、最重要的无机物，各种物质代谢的化学反应都是在水中进行的。体内的水除了一部分以自由水的形式分布在体液中外，还有大部分水以结合水的形式存在。所谓结合水是指与蛋白质、多糖和核酸等物质结合而存在的水。水是维持人体正常代谢活动和生理作用的必需物质之一。

【护考提示】

简述水的生理功能。

（一）调节体温

机体对水的需要量与代谢过程中产生的热量成正比，蒸发少量汗液就能散发大量的热量，每天散热所需水量约占体内总量的1/4。

（二）运输作用

水是一种良好的溶剂，机体所需要的多种营养物质和各种代谢产物都能溶解于水中，而且水的黏度小、易流动，有利于运输营养物质和代谢产物。

（三）促进和参与体内的物质代谢

体内各种代谢产物都能溶解或分散于水中，有利于进行化学反应。水还能促进各种电解质的解离，加速化学反应的进行。另外，水还参与体内水解、水化、加水脱氢等物质代谢反应。

（四）润滑作用

唾液有助于咽部湿润和食物吞咽，泪液能防止眼球干燥，关节滑液有利于关节活动，胸腔和腹腔浆液、呼吸道和胃肠道黏液都有很好的润滑作用。

（五）水是机体重要的组成成分

大部分水以结合水的形式存在。结合水与自由水不同，无流动性，对保持组织、器官的形态、硬度和弹性起着重要作用。如心肌含水量约为79%，主要为结合水，因此能维持一定的形态。

三、水的来源和去路

正常情况下水的摄入量与排出量基本相等，维持动态平衡称为水平衡。小儿因身体生长需要，每日水的摄入量略大于排出量；疾病时则因病情而异。

水的来源：
- 饮水约1200 mL
- 食物水约1000 mL
- 内生水约300 mL

水的去路：
- 肾脏排尿约1500 mL
- 肺呼出350 mL
- 皮肤蒸发500 mL
- 粪便排出150 mL

（一）水的来源

成人每日所需的水量为2000～2500 mL，体内水的来源主要包括如下几种。

1. 饮水　成人每日饮水量约为1200 mL，饮水量因个人习惯、气候条件等不同而有较大差异。

2. 食物水　各种食物含水量不同，成人每日从食物中摄取的水量约为1000 mL。

3. 内生水　各种营养物质如糖、蛋白质、脂肪在代谢过程中产生的水称为内生水或代谢水，成人每日体内产生的内生水约为300 mL。

（二）水的去路

成人每日排出的水量为2000～2500 mL，体内水的去路包括如下几种。

1. 肾脏排尿　正常成人每日尿量约为1500 mL，但尿量受饮水量和其他途径排水量

的影响较大。成人每日约由尿排出至少 35 g 的固体代谢废物，而 1 g 固体溶质至少需要 15 mL 水才能将其溶解，因此，正常成人每日至少需要排尿 500 mL 才能将代谢废物排尽。500 mL 即为最低尿量，尿量少于 500 mL 时称为少尿，少于 100 mL 时称为无尿。少尿或无尿时体内的代谢废物潴留而引起中毒。

2. 肺呼出 正常成人每天自肺排出的水量约为 350 mL。肺呼吸时是以水蒸气的形式排出水分，排出量取决于呼吸的深度和频率。如高热时呼吸加深加快，排出量增加，多达 2000 mL。

3. 皮肤蒸发 正常成人每天由体表蒸发即非显性出汗方式排出水分约为 500 mL，其中的电解质含量很少。皮肤汗腺活动分泌的汗液即显性出汗，其中含有一定量的电解质。故某些因素导致的大量出汗，如高温作业或强体力劳动后，除补充水分外还应注意电解质的补充。

4. 粪便排出 正常情况下，经粪便排出的水量约为 150 mL。在某些疾病状态下，如严重的腹泻、肠瘘等，消化液大量丢失，导致不同性质的水、电解质紊乱。因此，临床补液时需要根据失水的性质决定应补充的电解质种类。

第二节 无机盐代谢

一、无机盐的生理功能

（一）构成体液的成分、维持细胞内外液的渗透压

体液中含有各种阴阳离子，其中 Na^+ 和 Cl^- 是维持细胞外液渗透压的主要离子；K^+ 和 HPO_4^{2-} 是维持细胞内液渗透压的主要离子。当这些离子的浓度发生改变时，体液的渗透压会随之改变，进而影响水在体内的分布和转移。

（二）维持体液的酸碱平衡

体液中某些阴离子如 HCO_3^-、HPO_4^{2-} 等分别与其相应的酸类形成缓冲对，利用缓冲对的缓冲作用，使强酸碱缓冲为弱酸碱，对维持体液的酸碱平衡具有重要意义。此外，K^+ 可通过细胞膜与细胞外液的 H^+ 和 Na^+ 进行交换，对维持和调节体液的酸碱平衡也起着重要作用。

【护考提示】
试比较 Ca^{2+} 和 K^+ 对神经肌肉和心肌细胞的兴奋性的差异。

（三）维持正常神经肌肉的兴奋性

体液中各种电解质的浓度和比例对神经、肌肉的兴奋性有重要的影响，其关系如下：

$$\text{神经肌肉兴奋性} \propto \frac{[Na^+]+[K^+]+[OH^-]}{[Ca^{2+}]+[Mg^{2+}]+[H^+]}$$

即神经肌肉的兴奋性与 Na^+、K^+ 和 OH^- 浓度呈正相关，与 Ca^{2+}、Mg^{2+} 和 H^+ 浓度呈负相关。当 Na^+、K^+ 浓度降低或酸中毒时，神经肌肉的兴奋性降低，可出现肌肉松弛、软弱无力，胃肠蠕动减慢，严重时可出现肠麻痹等症状。当 Ca^{2+}、Mg^{2+} 浓度降低或碱中毒时，神经肌肉的兴奋性增高，可引起手足搐搦，临床上常用钙剂治疗。

而 Ca^{2+} 和 K^+ 对心肌兴奋性的作用恰恰相反：

$$\text{心肌细胞兴奋性} \propto \frac{[Na^+]+[Ca^{2+}]+[OH^-]}{[K^+]+[Mg^{2+}]+[H^+]}$$

即心肌细胞的兴奋性与 Na^+、Ca^{2+} 和 OH^- 浓度呈正相关，与 K^+、Mg^{2+} 和 H^+ 浓度呈负

相关。高钾血症可引起心肌抑制，导致舒张期延长，心率减慢，收缩力减弱，传导阻滞，严重时可使心跳停止在舒张期。低钾血症常出现心脏自动节律性增高，易产生期前收缩，严重时使心跳停止在收缩期。可以看出，Na^+、Ca^{2+}和K^+、Mg^{2+}之间有拮抗作用，因此临床常用钠盐或钙盐治疗高钾血症或高镁血症对心肌所致的毒性作用。

（四）参与或调节体内物质代谢

某些无机离子构成酶的辅因子或作为酶的激活剂、抑制剂，组成体内有特殊功能的活性物质，直接参与和调节物质代谢。作为激活剂的有K^+、Na^+、Mg^{2+}、Zn^{2+}、Ca^{2+}、Fe^{3+}等，其中Mg^{2+}是多种激酶及合成酶的激活剂，唾液淀粉酶受Cl^-激活，细胞色素氧化酶需要Fe^{2+}和Cu^{2+}，Ca^{2+}构成凝血因子Ⅳ，99%血红蛋白的铁原子呈Fe^{2+}状态。

二、钠和氯代谢

（一）含量与分布

正常成人钠含量为45～50 mmol(1～1.15 g)/kg体重，约45%结合于骨骼的基质，45%存在于细胞外液，10%存在于细胞内液，是细胞外液中最主要的阳离子。正常成人血清Na^+浓度为137～147 mmol/L，平均为142 mmol/L。正常成人氯含量约33 mmol/kg体重，70%分布于血浆、组织和淋巴液中，是胃肠液中主要的阴离子，也是细胞外液中含量最多的阴离子。

（二）吸收与排泄

成人每日需要4.5～9.0 g NaCl，主要来自食盐。肾对钠的排出具有较强的调节能力，其特点是“多吃多排，少吃少排，不吃不排”。

（三）钠平衡紊乱

体内可交换的钠总量是细胞外液渗透压的主要决定因素，通过渗透压作用可影响细胞内液。水与钠的正常代谢及平衡是维持人体内环境稳定的重要因素。细胞外液钠浓度的改变可由水、钠任一含量的变化而引起。钠平衡紊乱常伴有水平衡紊乱。

1. 低钠血症　血浆钠浓度小于135 mmol/L称为低钠血症。血浆钠浓度是血浆渗透浓度(P_{osm})的主要决定因素，P_{osm}降低导致水向细胞内转移，使细胞内水量过多，出现细胞水肿，严重者有可能出现脑水肿和消化道紊乱。这是低钠血症产生症状和威胁生命的主要原因。血浆钠浓度并不能说明钠在体内的总量。

2. 高钠血症　见于钠摄入过多、钠潴留或水丢失过多，临床较少见。水的丢失大于钠的丢失见于尿崩症、水样泻、出汗过多等以及糖尿病患者，由于水随糖以糖尿的形式排出体外等造成高钠血症。高钠血症使细胞外液渗透压升高，细胞内水向细胞外转移，患者出现口渴等细胞内脱水症状。

三、钾的代谢

（一）含量与分布

正常成人钾含量约为50 mmol(1.95 g)/kg体重，其中98%分布于细胞内液，是维持细胞内液渗透压的主要阳离子，仅2%分布于细胞外液。故血钾浓度并不能准确地反映体内总钾量。血钾浓度是指血清钾的浓度，正常成人为3.5～5.5 mmol/L。血浆钾浓度要比血清钾浓度约低0.5 mmol/L。因为血液凝固成血块时，血小板及其他血细胞会释放少量钾入血清，临床以测血清钾为准。细胞内钾的浓度高达150 mmol/L，故临床上测定血钾采集血标本时，应防止溶血。

(二) 吸收与排泄

人体钾完全从外界摄入，在动、植物性食物中含量丰富，一般膳食每日可供的钾足够维持生理上的需求。90%的钾由肠道吸收，80%～90%经肾脏排泄，10%左右的钾经粪便排出，其特点为“多吃多排，少吃少排，不吃也排”，所以禁食患者应注意补钾。皮肤排出钾量较少，大量出汗时可排出增多。

(三) 影响血浆 K^+ 浓度恒定的因素

1. 物质代谢的影响 糖原或蛋白质合成时，K^+ 从细胞外进入细胞内；糖原或蛋白质分解时，K^+ 从细胞内释放到细胞外。

2. 体液酸碱平衡的影响 代谢性酸中毒时，K^+ 从细胞内释放到细胞外引起高钾血症，代谢性碱中毒时 K^+ 从细胞外进入细胞内引起低钾血症。

(四) 钾平衡紊乱

各种原因引起细胞外液中钾离子的浓度异常，当血清钾浓度大于 5.5 mmol/L 时称为高钾血症。当血清钾浓度小于 3.5 mmol/L 时称为低钾血症。

1. 高钾血症

1) 原因

(1) 钾输入过多：多见于钾溶液输入速度过快或量过大，特别是当肾功能不全、尿量减少时，又输入钾溶液，更易引起高钾血症。

(2) 钾排泄障碍：各种原因引起的少尿或无尿，如急性肾功能衰竭导致肾排钾障碍。

(3) 细胞内的 K^+ 向细胞外转移：如代谢性酸中毒时，血浆中的 H^+ 向细胞内转移，细胞内的 K^+ 转移到细胞外液；同时，肾小管上皮细胞泌 H^+ 增加，而泌 K^+ 减少，使钾潴留于体内。再如大面积烧伤时，组织细胞被大量破坏，细胞内 K^+ 大量释放入血，使血钾浓度升高。

2) 症状：高钾血症患者心肌兴奋性降低，故有心动徐缓，心音减弱，易发生心律失常。高钾血症患者神经、肌肉兴奋性增高，表现为肌肉酸痛，肢体苍白湿冷。

2. 低钾血症

1) 原因

(1) 钾摄入不足：如慢性消耗性疾病或术后较长时间禁食。钾虽然来源不足，而肾仍然排钾，易造成低钾血症。

(2) 钾丢失或排出增多：如严重腹泻、呕吐、胃肠减压和肠瘘者；肾上腺皮质激素可以促进排钾保钠，长期应用可引起低钾血症；心衰、肝硬化患者，在长期使用利尿剂时，因大量排尿增加钾的丢失。

(3) 细胞外 K^+ 进入细胞内：如静脉输入过多葡萄糖，尤其是加用胰岛素时，促进糖原合成，K^+ 进入细胞内，易造成低钾血症。代谢性碱中毒或输入过多碱性药物，H^+ 从细胞内转移到细胞外，细胞外 K^+ 进入细胞内，造成低钾血症。

2) 症状：低钾血症患者心肌兴奋性增高，故有心动过速，心律失常，严重者心脏停搏于收缩期。低钾血症患者神经、肌肉兴奋性降低，出现全身软弱无力，腱反射迟钝或消失。

四、钙和磷的代谢

(一) 钙、磷的含量与分布

钙和磷是体内含量最多的无机元素，99%的钙和 86%的磷以羟基磷灰石的形式存在

于骨组织和牙齿中，其余部分以溶解状态分布于体液和软组织中。正常成人体内钙的总量为 700～1400 g，磷的总量为 400～800 g，分别占体重的 1.5%～2.2%和 0.8%～1.2%。

（二）Ca^{2+} 的生理功能

1. 降低毛细血管和细胞膜的通透性，降低神经、肌肉的兴奋性　当血浆中 Ca^{2+} 的浓度降低时，神经、肌肉的兴奋性增高，引起抽搐。

2. 作为血浆凝血因子Ⅳ参与凝血过程　Ca^{2+} 是多种凝血因子激活过程中不可或缺的辅因子。

3. 骨骼肌中的 Ca^{2+} 可引起肌肉收缩　当肌细胞内储存的 Ca^{2+} 受神经冲动释放，浓度增大到 10^{-7}～10^{-5} mol/L 时，Ca^{2+} 可迅速与钙蛋白中的钙结合亚基结合，引起一系列构象改变后导致肌肉收缩。

4. Ca^{2+} 是重要的调节物质　Ca^{2+} 一是作用于细胞膜，影响膜的通透性和膜的转运；二是在细胞内作为第二信使，起着重要的代谢调节作用；Ca^{2+} 还是脂肪酶、ATP 酶等的激活剂，Ca^{2+} 还能抑制维生素 D_3-1α-羟化酶的活性，从而影响代谢。

【护考提示】
试比较肾对钾和钠代谢特点的差异。

（三）磷的生理功能

（1）血中磷酸盐是血液缓冲体系的重要组成成分，对维持体液的酸碱平衡起着非常重要的作用。

（2）细胞内的磷酸盐参与多种酶促反应，如磷酸基转移反应。

（3）磷是核苷酸、磷脂等重要化合物的组成成分。

（4）细胞膜磷脂在构成生物膜结构、维持膜功能和代谢调控上均起重要作用。

（四）钙的吸收和排泄

1. 钙的吸收　正常成人每日需要钙 0.5～1.0 g，孕妇、哺乳期妇女和儿童需钙量增加，每日为 1.0～1.5 g。食物中的钙主要存在于牛奶、乳制品和果蔬中，吸收部位主要在小肠，尤其十二指肠和空肠最多，成人钙的吸收率约为 30%，婴儿达 50%以上。

【护考提示】
简述影响 Ca^{2+} 吸收的主要因素。

2. 影响 Ca^{2+} 吸收的主要因素

（1）1,25-$(OH)_2$-D_3：钙是在活性维生素 D_3 的调节下主动吸收的，若缺乏维生素 D_3 或不能转化为活性维生素 D_3 时，可引起体内钙的缺乏。1,25-$(OH)_2$-D_3 是影响钙吸收的最主要因素。

（2）肠道 pH 可明显影响钙的吸收：在 pH 小于 6 时，可使 Ca^{2+} 从复合物中游离出来，促进肠道对钙的吸收。凡是能降低肠道 pH 的因素均可促进钙的吸收，如胃酸、乳酸、柠檬酸、氨基酸及中、短链脂肪酸等。蛋白质在消化道分解产生的氨基酸可与钙形成易溶的氨基酸钙，故高蛋白膳食有利于钙的吸收。

（3）乳糖：乳糖能与钙螯合形成可溶性复合物，有利于钙的吸收。

（4）牛奶及乳制品：牛奶及乳制品不仅含钙丰富，而且含有乳糖和氨基酸，有利于钙的吸收。

（5）某些疾病：如胃大部分切除、胃酸缺乏或长期服用抗酸剂的患者，钙的吸收减少。

（6）食物中有过多的某些阴离子：如碱性磷酸盐、草酸、鞣酸和植酸等，可与钙结合成不溶性钙盐，从而影响钙的吸收。

（7）年龄：钙的吸收率与年龄成反比，随着年龄增长，钙的吸收率会下降。

3. 钙的排泄　钙通过肠管和肾排泄，每日由肾小球滤过钙约为 10 g，但从尿中仅排出 150 mg，大部分被肾小管重吸收。尿钙排出量直接受血钙浓度的影响，当血钙浓度小

于2.4 mmol/L 时，尿钙接近零。

（五）磷的吸收和排泄

1. 磷的吸收 正常成人每日进食的磷为1.0～1.5 g，主要来自食物，以有机磷酸酯和磷脂为主，在肠管内磷酸酶的作用下分解为无机磷酸盐。磷的吸收部位主要在小肠上段，较钙更易吸收，吸收率达70%。长期口服氢氧化铝凝胶以及食物中钙离子、镁离子、铁离子过多，均可由于形成不溶性磷酸盐而影响磷的吸收。影响钙吸收的因素也同样影响磷的吸收。

2. 磷的排泄 60%～80%的磷主要经肾脏排出，其余20%～40%经粪便排出。

（六）血钙与血磷

1. 血钙 血钙几乎全部存在于血浆中，60%为扩散钙，非扩散钙约占40%。非扩散钙是指与血浆白蛋白结合的钙，其含量和血浆白蛋白有关。扩散钙又分为扩散性离子钙即游离钙（约占总血钙45%）和扩散性非离子钙（约占总血钙15%）。这三种形式存在的钙，只有游离钙有生理活性。非扩散钙与游离钙之间呈动态平衡，可以互相转化。当游离钙浓度降低，非扩散钙可以逐步释放成离子钙。血浆pH也会影响其动态平衡，碱中毒时，Ca^{2+}浓度降低，会出现手足抽搐症状。

血钙
- 扩散钙（60%）
  - 游离钙（45%）
  - 扩散性非离子钙（15%）
- 非扩散钙即蛋白结合钙（40%）

扩散性非离子钙（15%）与非扩散钙即蛋白结合钙（40%）合称：结合性钙

游离钙 $\underset{酸}{\overset{碱}{\rightleftharpoons}}$ 蛋白结合钙

2. 血磷 血液中的磷有两种存在形式：无机磷和有机磷。血磷通常是指无机磷酸盐中所含的磷。

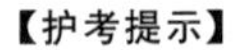
【护考提示】

简述钙磷代谢的调节。

（七）钙、磷代谢的调节

钙、磷的吸收与排泄、血钙与血磷的水平、机体各组织对钙磷的摄取利用和储存等都是在甲状旁腺素、降钙素及活性维生素D_3这三种激素的调节下进行的。

1. 甲状旁腺素 甲状旁腺素（PTH）是维持血钙正常水平的最重要的调节因素，它有升高血钙、降低血磷和酸化血液等作用，其主要的靶器官是骨、肾小管，其次是小肠黏膜等。PTH对骨的作用：骨是最大的钙储存库，PTH总的作用是促进溶骨，升高血钙浓度。PTH对肾的作用：主要是促进磷的排出及钙的重吸收，进而降低血磷浓度，升高血钙浓度。PTH对小肠的作用是促进肠管对钙和磷的吸收。

2. 降钙素 降钙素（CT）作用的主要靶器官是骨、肾和小肠。CT对骨的作用是抑制破骨细胞活性，从而抑制骨基质的分解和骨盐溶解，同时抑制破骨细胞的生成，还有使间质细胞转变为成骨细胞的作用，结果促进骨盐沉淀，降低血钙浓度。此外，它还有抑制肾小管对磷的重吸收、增加尿磷、降低血磷浓度的作用。

3. 活性维生素D_3 活性维生素D_3作用的场所主要是小肠、骨和肾。对小肠的作用是促进小肠对钙、磷的吸收和转运作用。对骨的直接作用是促进溶骨，加速破骨细胞的形成，增强破骨细胞活性，通过促进肠管对钙、磷的吸收及促进溶骨，使血钙、血磷水平增高以利于骨的钙化。对肾的作用是促进对钙、磷的重吸收。

在正常人体内，通过PTH、CT、活性维生素D_3三者的相互制约，相互协调，以适应环

境变化，保持血钙、血磷浓度的相对恒定。

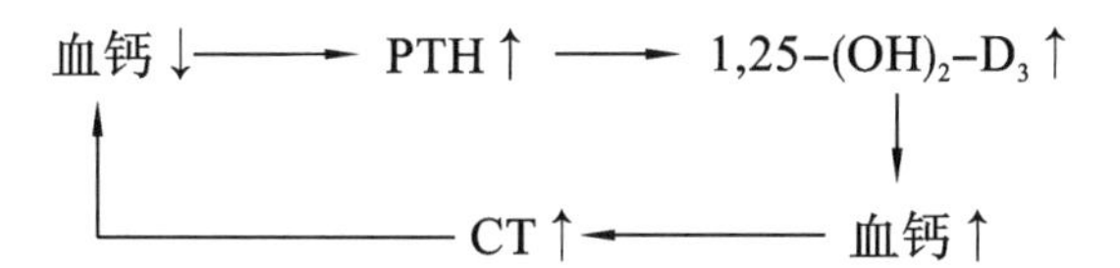

五、微量元素的代谢

微量元素是指含量占体重的0.01%以下的元素。可根据微量元素生物学功能的不同将其划分为必需、无害及有害三类。必需的微量元素有铁、锌、铜、锰、铬、钼、钴、硒、镍、钒、锡、氟、碘、硅等。无害的微量元素有钡、钛、铌、锆等。有害的微量元素有铋、锑、镉、汞、铅等。

知识链接

微量元素检查被叫停？

2013年，国家卫计委（现国家卫健委）正式出台了相关文件，称在对孩子检查的时候，微量元素检测不适合作为常规的检查项目，特别是对于6个月以下的宝宝基本没有检查的必要性，没有多大的参考价值。

微量元素检测最常见的方法有两种，首先就是头发采集标本：不过这类因素可能会受到外界干扰，因此准确度不高，不再推广。其次比较准确的方法就是血液检测，其中静脉血的创伤相对更大，因此结果更准确。此外，还有的药店免费快速检测，一般都是推销自己产品的，不可信！

不同元素在肠道吸收的时候都是有竞争关系的，一种元素多了，就会对其他元素的吸收带来影响。因此建议不要盲目去选购保健品，防止破坏孩子体内元素的平衡。如果是早产儿或者先天性疾病，在医生评估下往往需要进行微量元素检测，不过也只是作为一种辅助参考。如果孩子发育指标正常，营养均衡，就不要再给孩子进行微量元素检测了。

（一）微量元素的生理功能

1. 酶的激活剂　体内近1000种酶中有50%～70%的酶含微量元素或以微量元素的离子作为激活剂。

2. 构成体内重要的载体及电子传递系统　铁参与组成肌红蛋白、血红蛋白，运输和储存氧；铁硫蛋白作为呼吸链中的电子传递体。

3. 参与激素和维生素的合成　钴构成维生素B_{12}，碘组成甲状腺激素T_3、T_4。

4. 影响生长发育和免疫系统的功能　锌具有影响生长发育，增强免疫系统的功能；硒能促进抗体的形成，增强机体抵抗力。

【护考提示】

简述微量元素碘、硒、铁、汞、铜、铬与疾病的关系。

（二）微量元素与疾病的关系

微量元素缺乏或过多，可导致某些地方病或职业病的发生。如缺碘与地方性甲状腺肿及呆小症有关；低硒与克山病和骨节病有关；铁过剩可导致血色素沉积症；汞中毒可发

生“水俣病”；先天性铜代谢异常引起 Wilson 病；铬中毒引起疼痛、肾损伤及骨折的“疼痛病”等。

第三节　酸、碱性物质的来源

一、酸性物质的来源

（一）挥发性酸

人体内糖、脂类和蛋白质被彻底氧化分解的终产物为 CO_2 和 H_2O。CO_2 在碳酸酐酶的催化下与 H_2O 结合生成 H_2CO_3。H_2CO_3 在肺部重新分解成 CO_2 并呼出体外，称为挥发性酸。正常成人安静状态下每天产生 CO_2 的量为 300～400 L，与 H_2O 结合可生成 13～18 mol 的 H_2CO_3。

（二）固定酸

人体内的糖、脂类、蛋白质在氧化分解过程中还产生一些有机酸（如乳酸、乙酰乙酸等）及无机酸（如硫酸、磷酸等）。这些酸性物质只能经肾随尿排出体外，称为非挥发性酸或固定酸。正常成人每天产生的固定酸仅为 50～100 mmol。机体在缺氧、长期饥饿、代谢失调等情况下，可因固定酸在体内生成过多或在体内累积而导致代谢性酸中毒。

二、碱性物质的来源

（一）食物中的碱

瓜果蔬菜中柠檬酸、苹果酸的钠盐或钾盐的有机酸根可与 H^+ 结合生成有机酸，再被氧化分解为 CO_2 和 H_2O 排出体外。余下的 K^+ 和 Na^+ 则可与 HCO_3^- 结合生成 $KHCO_3$、$NaHCO_3$，从而使体内的碱性物质含量增加，故瓜果和蔬菜被称为碱性食物。

（二）药物中的碱

如碳酸氢钠片、小苏打、氢氧化铝片等均属于常用的碱性药物。

（三）机体代谢产生的碱

物质代谢过程中也可产生少量的碱性物质，如氨基酸脱氨作用产生的 NH_3。

第四节　酸碱平衡的调节

机体通过一系列的调节，使体液 pH 维持在恒定的范围，这一过程称为酸碱平衡。机体对酸碱平衡的调节主要通过体液的缓冲、肺的呼吸、肾的重吸收与排泄三方面的作用来实现。这三方面相互协调，相互制约，共同维持体液 pH 的相对恒定。当体内酸性或碱性物质过多，超出机体的调节能力，或肺和肾功能障碍使调节酸碱平衡的功能异常，均可使血浆中 HCO_3^- 与 H_2CO_3 浓度及其比值变化超出正常范围而导致酸碱平衡紊乱。

一、血液的缓冲作用

（一）血液缓冲体系

【护考提示】
简述血液缓冲体系的缓冲对。

血液缓冲体系包括血浆缓冲体系和红细胞缓冲体系。血浆缓冲体系的缓冲对有 $NaHCO_3/H_2CO_3$、Na_2HPO_4/NaH_2PO_4、NaPr/HPr（Pr 代表蛋白质）。红细胞缓冲体系的缓冲对有 $KHCO_3/H_2CO_3$、K_2HPO_4/KH_2PO_4、KHb/HHb、$KHbO_2/HHbO_2$（Hb 代表血红蛋白）。在血浆缓冲体系中以 $NaHCO_3/H_2CO_3$ 缓冲对最为重要，血浆 pH 主要取决于血浆中 $[NaHCO_3]/[H_2CO_3]$ 的值，正常情况下血浆 $[NaHCO_3]$ 为 24 mmol/L，$[H_2CO_3]$ 为 1.2 mmol/L，比值为 20/1。在红细胞缓冲体系中以 KHb/HHb 和 $KHbO_2/HHbO_2$ 缓冲对最为重要。

（二）血液缓冲体系的缓冲作用

1. 对固定酸的缓冲作用　体内代谢产生的固定酸主要由 $NaHCO_3$ 来缓冲，将血浆中的 $NaHCO_3$ 称为碱储。固定酸（HA）进入血液后发生的缓冲反应主要为

$$HA + NaHCO_3 \longrightarrow NaA + H_2CO_3$$

$$H_2CO_3 \longrightarrow CO_2 + H_2O$$

由此可见，固定酸经缓冲后转变为挥发性酸，挥发性酸再被分解为 CO_2 和 H_2O，经肺呼出体外。

2. 对挥发性酸的缓冲　体内代谢产生的 CO_2 进入血液后，主要经红细胞中的血红蛋白缓冲体系缓冲，最终以 CO_2 形式经肺排出。

3. 对碱的缓冲　碱性物质进入血液后，主要由 H_2CO_3 进行缓冲。碱性物质产生后发生的缓冲反应主要为

$$Na_2CO_3 + H_2CO_3 \longrightarrow 2NaHCO_3$$

二、肺在调节酸碱平衡中的作用

肺的调节作用主要是通过改变呼吸频率及深度来调节 CO_2 的排出量，从而调节血浆中 H_2CO_3 的浓度，以维持酸碱平衡。当血液中 CO_2 分压增高、pH 降低时，呼吸加深加快，排出 CO_2 增多，血液中 H_2CO_3 含量下降；当血液中 CO_2 分压降低、pH 增高时，呼吸变浅变慢，排出 CO_2 减少，血液中 H_2CO_3 含量上升。此作用对 H_2CO_3 浓度的调节迅速而有效，但对 $NaHCO_3$ 的浓度没有调节作用。

【护考提示】
肾调节酸碱平衡的机制。

三、肾在调节酸碱平衡中的作用

肾对酸碱平衡的调节作用虽然较缓慢但极为重要，且较为彻底，是调节酸碱平衡的主要器官。它主要通过以下三种作用来实现。

（一）$NaHCO_3$ 的重吸收

肾小管上皮细胞内的碳酸酐酶能催化 CO_2 和 H_2O 生成 H_2CO_3。H_2CO_3 解离成 H^+ 和 HCO_3^-，H^+ 分泌至管腔，与原尿中的 Na^+ 交换，使 Na^+ 重新进入肾小管上皮细胞，与 HCO_3^- 结合生成 $NaHCO_3$，此过程称为 $NaHCO_3$ 的重吸收（图 12-1）。

（二）尿液的酸化

在正常血液 pH 条件下，Na_2HPO_4/NaH_2PO_4 缓冲对的比值为 4∶1。在近曲小管管腔中，这一缓冲对仍保持原来的比值，但由于远曲小管分泌的 H^+ 可在集合管中与

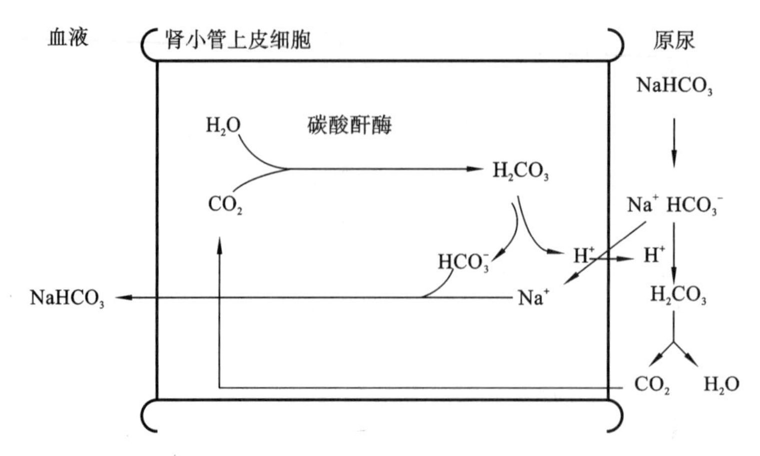

图 12-1 $NaHCO_3$ 的重吸收

HPO_4^{2-} 结合生成 $H_2PO_4^-$，因此终尿中这一比值变小，尿中排出 NaH_2PO_4 增加，尿液 pH 降低，这一过程称为尿液的酸化（图 12-2）。

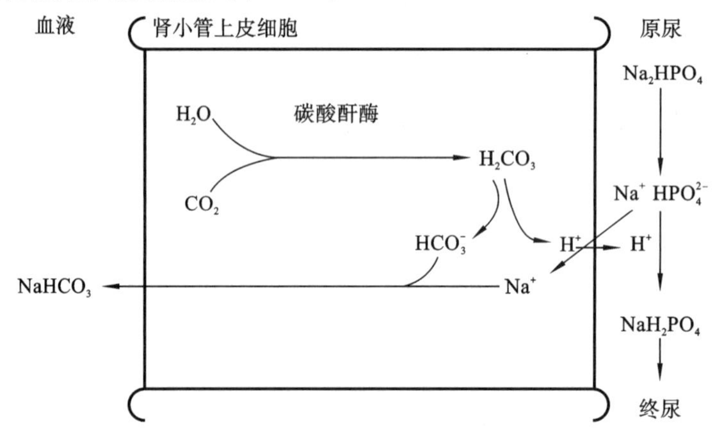

图 12-2 尿液的酸化

（三）肾小管泌 NH_3 作用

肾小管上皮细胞内的谷氨酰胺酶能水解谷氨酰胺生成谷氨酸和氨，谷氨酸经谷氨酸脱氢酶作用可生成α-酮戊二酸和氨，管壁细胞内的氨基酸经脱氨作用，亦可生成少量氨。NH_3 与 H^+ 结合生成 NH_4^+，NH_4^+ 以 NH_4Cl 或 $(NH_4)_2SO_4$ 的形式随尿排出体外（图 12-3）。

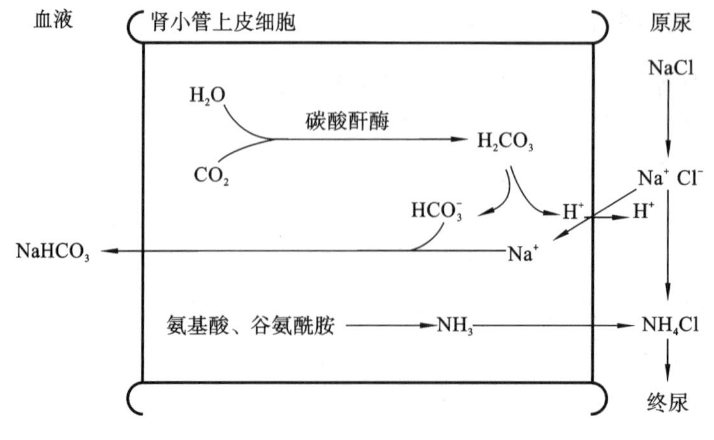

图 12-3 肾小管泌 NH_3 作用

第五节　酸碱平衡失调

案例导入 12-2

患者，男，被诊断为慢性肾功能衰竭、尿毒症。实验室检查：pH 7.23，P_{CO_2} 3.2 kPa，BB 36.1 mmol/L，BE 13.9 mmol/L，AB 9.7 mmol/L。

具体任务：

分析该患者发生了何种酸碱平衡失调？为什么？

案例导入分析

一、酸碱平衡失调类型

【护考提示】

酸碱平衡失调的类型。

血浆[HCO_3^-]与[H_2CO_3]比值<20/1，pH<7.35 称为酸中毒；[HCO_3^-]与[H_2CO_3]比值>20/1，pH>7.45 称为碱中毒。根据酸碱平衡失调产生的原因，又可进一步分类。

（一）代谢性酸中毒

血浆[HCO_3^-]原发性下降为代谢性酸中毒，是临床上最常见的酸碱平衡失调类型。常见原因如下。

（1）酸性代谢产物增加，如乳酸、酮体等产物。

（2）酸性物质排出障碍，如肾功能不全，尿液酸化不够。

（3）碱性物质丢失过多，如腹泻或 HCO_3^- 重吸收障碍。

当血浆中[H^+]升高，刺激呼吸中枢，呼吸加深加快，CO_2 排出增多；同时肾排酸保碱（Na^+-H^+ 交换增加），HCO_3^- 的重吸收增加，保持[HCO_3^-]与[H_2CO_3]比值为 20/1，pH 仍在正常范围，称为代偿性代谢性酸中毒。若经过代偿不能使[HCO_3^-]与[H_2CO_3]比值恢复到 20/1，血浆 pH<7.35 称为失代偿性代谢性酸中毒。

（二）代谢性碱中毒

由于碱性物质进入体内过多或生成过多，或酸性物质产生过少而排出过多，引起血浆[HCO_3^-]原发性升高，称为代谢性碱中毒。常见的原因如下。

（1）呕吐使酸性胃液大量丢失，肠液的 HCO_3^- 重吸收增多。

（2）低钾低氯血症，使红细胞和肾小管上皮细胞内 HCO_3^- 进入血浆增多，又由于排 K^+ 保 Na^+ 减弱，排 H^+ 保 Na^+ 加强，由肾重吸收入血的 $NaHCO_3$ 增多，导致碱中毒。

（3）输入碱性药物过多。

当血浆中[HCO_3^-]升高，呼吸中枢受到抑制，呼吸变浅、变慢，CO_2 排出减少；同时肾排酸保碱作用减弱，HCO_3^- 的重吸收减少，保持[HCO_3^-]与[H_2CO_3]比值为 20/1，pH 仍在正常范围，称为代偿性代谢性碱中毒。若经过代偿不能使[HCO_3^-]与[H_2CO_3]比值恢复到 20/1，血浆 pH>7.45 称为失代偿性代谢性碱中毒。

（三）呼吸性酸中毒

血浆[H_2CO_3]原发性升高，称为呼吸性酸中毒。由于呼吸功能下降，如呼吸道阻塞、

肺部疾病、呼吸中枢受到抑制等导致排出的CO_2减少，使CO_2潴留体内，[H_2CO_3]增加。呼吸性酸中毒主要依赖于肾脏调节，排H^+保Na^+作用加强，$NaHCO_3$重吸收加强，使血中[$NaHCO_3$]有一定程度的升高，若[HCO_3^-]/[H_2CO_3]维持在20/1，使pH仍在正常范围，称为代偿性呼吸性酸中毒。若经过代偿后[H_2CO_3]增加速度高于[HCO_3^-]的增长，使血液pH<7.35，称为失代偿性呼吸性酸中毒。

(四) 呼吸性碱中毒

血浆[H_2CO_3]原发性下降，称为呼吸性碱中毒，由过度换气(如癔症、甲状腺功能亢进、进入高原等)，导致CO_2排出过多所致。当血液[CO_2]减少，[H_2CO_3]降低，肾H^+-Na^+交换作用减弱，HCO_3^-重吸收减少，导致血浆[HCO_3^-]降低，保持[HCO_3^-]与[H_2CO_3]比值为20/1，pH仍在正常范围，称为代偿性呼吸性碱中毒。若经过代偿不能使[HCO_3^-]与[H_2CO_3]比值恢复到20/1，血浆pH>7.45称为失代偿性呼吸性碱中毒。

二、酸碱失衡的指标

(一) 血浆pH

正常人动脉血pH变动范围为7.35～7.45，平均为7.40。pH>7.45为失代偿性碱中毒；pH<7.35为失代偿性酸中毒。pH在正常范围内，可以表示酸碱平衡，也可表示酸碱平衡失调而代偿良好，或存在程度相近的酸中毒及碱中毒。

(二) 动脉血二氧化碳分压(P_{CO_2})

P_{CO_2}是指溶解于动脉血浆中的CO_2产生的张力，正常范围为4.5～6.0 kPa，平均为5.3 kPa。P_{CO_2}是衡量肺泡通气量的良好指标，也是反映呼吸性酸或碱中毒的重要指标。P_{CO_2}<4.5 kPa，表示肺通气过度，CO_2排出过多，见于呼吸性碱中毒或代偿后的代谢性酸中毒；P_{CO_2}>6.0 kPa，表示肺通气不足，有CO_2潴留，见于呼吸性酸中毒或代偿后的代谢性碱中毒。

(三) 标准碳酸氢盐(SB)和实际碳酸氢盐(AB)

SB是全血在标准条件下测得的血浆中HCO_3^-含量，代表血液中HCO_3^-的储备量，不受呼吸因素的影响，其数值的增减反映代谢因素的变化。AB是指在隔绝空气的条件下，在实际体温、P_{CO_2}和氧饱和度情况下测得的血浆中HCO_3^-的真实含量，其变化易受呼吸因素影响。正常人AB约等于SB，为22～27 mmol/L。SB正常时，如果AB>SB，则表明CO_2潴留，可见于呼吸性酸中毒；反之，如果AB<SB，则表明CO_2排出过多，见于呼吸性碱中毒。

(四) 缓冲总碱(BB)

BB是指血液中所有能起缓冲作用的阴离子的总和，包括HCO_3^-、Hb^-、HbO_2^-、Pr^-、HPO_4^{2-}等。正常值为45～52 mmol/L。BB是反映代谢性酸碱紊乱的指标，代谢性酸中毒时BB减少，代谢性碱中毒时BB升高。

(五) 碱剩余(BE)

BE是指在标准条件下处理的全血，分离血浆后用酸或碱滴定至pH为7.4时，所消耗的酸或碱的量。血浆BE的正常参考范围为－3.0～＋3.0 mmol/L。BE>＋3.0 mmol/L时，表示体内碱剩余，为代谢性碱中毒；BE<－3.0 mmol/L时，表示体内碱缺失，为代谢性酸中毒。

直通护考

直通护考答案

A_1型题

1. 下列不是K^+的主要功能的是(　　)。
A. 维持细胞外液容量　B. 参与细胞内的代谢
C. 调节酸碱平衡　D. 维持正常渗透压
E. 维持神经-肌肉应激性

2. 钾在体内主要分布于(　　)。
A. 组织间液　B. 细胞内液　C. 骨骼
D. 血液　E. 肝细胞线粒体

3. 哪一种情况下可发生血钾浓度降低?(　　)
A. 高热　B. 创伤　C. 酸中毒
D. 急性肾功能衰竭　E. 严重呕吐、腹泻

4. 钠在体内主要分布于(　　)。
A. 细胞外液　B. 细胞内液　C. 骨骼　D. 肌肉　E. 肝、肾

5. 细胞内液中最主要的阳离子是(　　)。
A. Mg^{2+}　B. Na^+　C. K^+　D. Mn^{2+}　E. Ca^{2+}

6. 健康人钠的主要排泄途径为(　　)。
A. 唾液　B. 尿　C. 汗液
D. 呼吸道分泌物　E. 粪便

7. 人体每天体内代谢产生的水大约有(　　)。
A. 200 mL　B. 300 mL　C. 400 mL　D. 500 mL　E. 600 mL

8. 维持细胞外液容量和渗透压最主要的离子是(　　)。
A. K^+和Cl^-　B. K^+和HPO_4^{2-}　C. Na^+和Cl^-
D. Na^+和HPO_4^{2-}　E. Na^+和HCO_3^-

9. 严重腹泻患者常引起(　　)。
A. P_{CO_2}↑　B. 血液pH↑　C. 血[Na^+]、[HCO_3^-]↑
D. 低血钾　E. P_{O_2}↑

10. 大量饮水后,水的主要排泄途径是(　　)。
A. 胆道　B. 皮肤　C. 肠道　D. 肾　E. 肺

11. 高钾血症是指血清钾浓度高于(　　)。
A. 3.5 mmol/L　B. 4.0 mmol/L　C. 4.5 mmol/L
D. 5.0 mmol/L　E. 5.5 mmol/L

12. 细胞内液与细胞外液在组成上的区别是(　　)。
A. 细胞内液阴离子以Cl^-为主
B. 细胞内液阴离子以HPO_4^{2-}和蛋白质为主,阳离子以K^+为主
C. 细胞内液阴离子以HCO_3^-为主,阳离子以Na^+为主
D. 细胞内液阳离子以Na^+为主
E. 细胞内、外液的渗透压不相等

13. 维持体液正常渗透压的电解质中不正确的是(　　)。
A. Cl^-　B. Na^+　C. Ca^{2+}　D. K^+　E. PO_4^{3-}

14. 实际碳酸氢根离子浓度代表（　　）。

A. 未排除呼吸因素的代谢因素

B. 排除了呼吸因素的代谢因素

C. 未排除代谢因素的呼吸因素

D. 排除了代谢因素的呼吸因素

E. 代谢和呼吸因素的共同影响

15. 失代偿性呼吸性酸中毒（　　）。

A. $NaHCO_3/H_2CO_3<20/1$，原发性 $NaHCO_3\downarrow$

B. $NaHCO_3/H_2CO_3<20/1$，原发性 $H_2CO_3\uparrow$

C. $NaHCO_3/H_2CO_3<20/1$，原发性 $NaHCO_3\uparrow$

D. $NaHCO_3/H_2CO_3>20/1$，原发性 $NaHCO_3\downarrow$

E. $NaHCO_3/H_2CO_3>20/1$，原发性 $H_2CO_3\uparrow$

16. 除哪一项外，以下因素都可能引起代谢性碱中毒？（　　）

A. 甲状腺功能亢进

B. 禁食

C. 应用大量糖皮质激素

D. 严重持续呕吐

E. 大量持续性使用中、强效利尿剂

17. 判断代偿性呼吸性碱中毒的指标是（　　）。

A. 血浆 pH 正常，HCO_3^- 升高，P_{CO_2} 下降

B. 血浆 pH 正常，HCO_3^- 下降，P_{CO_2} 下降

C. 血浆 pH 下降，HCO_3^- 下降，P_{CO_2} 升高

D. 血浆 pH 正常，HCO_3^- 下降，P_{CO_2} 正常

E. 血浆 pH 正常，HCO_3^- 升高，P_{CO_2} 升高

18. 实际碳酸氢盐(AB)＝标准碳酸氢盐(SB)且二者大于正常值表明发生了（　　）。

A. 代谢性酸中毒

B. 呼吸性酸中毒

C. 代谢性碱中毒

D. 呼吸性碱中毒

E. 无酸碱平衡紊乱

19. 某患者因急性肾功能衰竭入院，医生为其采血化验做离子检查。以下对检验结果影响最大的是（　　）。

A. 吸氧

B. 输血

C. 患者饮水

D. 采血困难使标本溶血

E. 患者嗜睡

20. 某患者 5 年前患乳腺癌，做过乳房切除和放射治疗。现因颈、背部疼痛就诊，实验室检查血钙浓度显著升高，有重度高钙血症。请问维持血钙正常水平的最重要的调节因素是（　　）。

A. PTH

B. 甲状腺素

C. 降钙素

D. 维生素 D

E. 活性维生素 D

（江伟敏）

第十三章　遗传信息的传递与表达

能力目标

1. 掌握:DNA复制和RNA转录特点与体系;反转录的概念;mRNA、tRNA、rRNA在蛋白质生物合成中的作用,蛋白质生物合成的基本过程。

2. 熟悉:DNA的复制过程;DNA的损伤与修复;参与蛋白质生物合成的原料、酶及其作用。

3. 了解:RNA的转录过程;反转录酶及反转录的意义,蛋白质生物合成后的加工修饰。

扫码看课件

基因是具有遗传效应的DNA片段。从遗传学的中心法则我们已知,生物遗传信息以特定的核苷酸序列形式编码在DNA分子上,通过复制转录,再翻译成蛋白质,以执行各种生命功能,使后代表现出与亲代相似的遗传性状。这些过程都是通过生物体内DNA、RNA和蛋白质生物合成实现的。因此,本章重点介绍DNA、RNA复制的特点和体系及过程,蛋白质生物合成的过程。

案例导入 13-1

某医院一对夫妇抱来几个月的女儿提出要做亲子鉴定。去年5月,孩子在医院出生后便被抱往了育婴室,当时孩子父亲问从产房里出来的一位护士,护士说是个男孩子,可当医生抱着孩子让他老婆喂奶时,却是个女孩,夫妇俩疑心重重,他了解到新生儿在医院里被"调包"的事情时有发生,于是他们就想到了做亲子鉴定。而当鉴定结果出来,DNA显示孩子与他们夫妇俩的基因相似度达到了99.9999%,完全相符。

具体任务:

用基因表达的知识解释亲子鉴定的机制。

案例导入分析

第一节　DNA的生物合成

DNA是遗传信息的载体,通过半保留复制的方式,将遗传信息传递给子代,并表达相应的生物学特征。遗传中心法则阐述了DNA的复制、基因表达过程中的转录和翻译

过程，反转录过程则是对遗传中心法则的补充。因此，DNA 生物合成的方式主要包括 DNA 复制和反转录。DNA 分子损伤后，体内可通过特殊的修复机制对 DNA 进行修补合成，以保证 DNA 的稳定。

一、DNA 复制的规律与体系

（一）DNA 复制的规律

DNA 复制最重要的特征是半保留复制。DNA 在复制过程中，亲代 DNA 双螺旋解开成为两条单链，各自作为模板，按照碱基互补配对规律合成一条与模板互补的新链，形成两个子代 DNA 分子，因此，每一个子代 DNA 分子的一条链来自亲代 DNA，而另一条链则是新合成的，故称为半保留复制（图 13-1）。

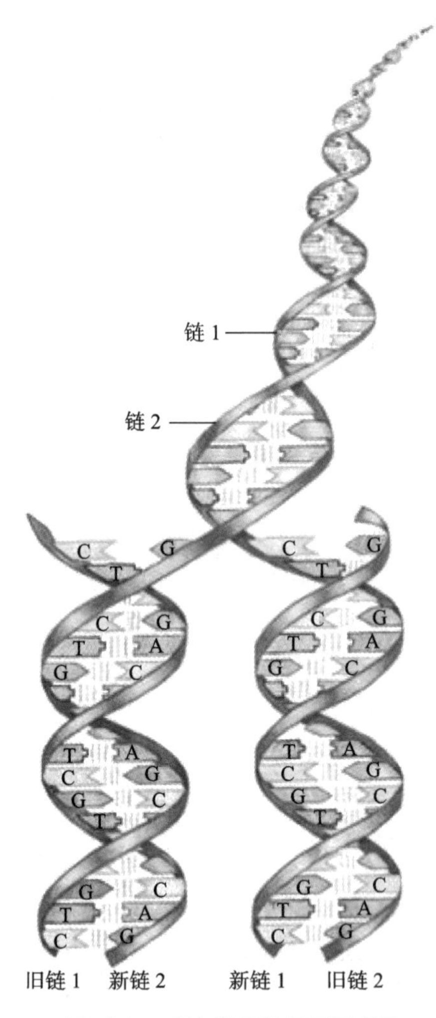

图 13-1　DNA 半保留复制示意图

【护考提示】
半保留复制、冈崎片段。

DNA 复制过程中，两条链都可以作为模板，同时合成出两条新的互补链。由于 DNA 分子的两条链是反向平行的，一条走向为 $5'\rightarrow3'$，另一条链为 $3'\rightarrow5'$，而新链的合成方向都是 $5'\rightarrow3'$，因此，新合成的 DNA 子代链中一条链的延长方向与复制叉前进的方向相同，可以顺利地按 $5'\rightarrow3'$方向连续合成，这条链称为前导链；而另一条模板链，其上合成 DNA 子代链延长的方向与复制叉前进的方向相反，故不能连续进行，形成许多不连续片段，这条链称为随从链。随从链上不连续合成的 DNA 片段称为冈崎片段。

DNA 复制时，一条链是连续合成的(前导链)，而另一条链是不连续合成的(随从链)，这种复制方式称为半不连续复制。

(二) DNA 复制体系

生物体内 DNA 复制过程有多种成分参与，构成复杂的 DNA 复制体系。DNA 复制需要模板、原料、复制酶体系和蛋白质因子、RNA 引物等相关物质参与，并由 ATP、GTP 提供能量共同完成 DNA 复制。

DNA 复制的反应体系组成如下。

1. 模板　DNA 复制是以亲代 DNA 的两条链作为模板按照碱基互补配对原则完成的。

2. 底物　底物是四种脱氧核苷三磷酸(dNTP)，即 dATP、dGTP、dCTP、dTTP。

3. 能量　DNA 复制主要依靠 ATP 供能。

4. 引物　引物是由引物酶催化合成的短链 RNA，为 DNA 聚合酶提供 3′-OH 末端。

5. 复制酶体系及蛋白因子　参与 DNA 复制的酶和蛋白因子主要有解旋酶、引物酶、DNA 聚合酶及 DNA 连接酶等。

【护考提示】
复制酶体系。

(1) 解旋酶：DNA 复制时，必须解开双链结构，单链作为模板指导复制。参与此过程的酶与蛋白质主要有三种：DNA 解旋酶、拓扑异构酶和单链 DNA 结合蛋白。DNA 解旋酶利用 ATP 分解供能，解开 DNA 双链间的氢键，形成单股 DNA 链，解旋酶能沿着模板随着复制叉延伸而移动。拓扑异构酶具有松解 DNA 超螺旋结构的作用，使 DNA 链末端沿松解的方向转动，DNA 分子变为松弛态。单链 DNA 结合蛋白(SSB)与解开的单链 DNA 结合，防止单链重新形成双链，保持模板的单链状态以便复制，也可防止单链模板被核酸酶水解。

(2) 引物酶：催化 RNA 引物合成，引物酶是一种特殊的 RNA 聚合酶，以 4 种 dNTP 为原料，以解开的 DNA 链为模板，按 5′→3′方向合成短片段的 RNA 作为引物。

(3) DNA 聚合酶：又称依赖 DNA 的 DNA 聚合酶，它催化四种底物(dNTP)通过碱基互补配对原则，聚合成新的 DNA 互补链。DNA 聚合酶以 DNA 单链为模板，由引物提供 3′-OH 端，催化 dNTP 聚合成 DNA 链。DNA 聚合酶只能催化 5′→3′反应，因而 DNA 子链的合成方向均是 5′→3′。

(4) DNA 连接酶：DNA 连接酶催化双链 DNA 中相邻单链片段的连接，催化形成磷酸二酯键，从而使不连续的冈崎片段连接形成一条 DNA 长链。

二、DNA 复制过程

DNA 复制是一个连续酶促反应的复杂过程，分为三个阶段：起始、延长、终止。

1. 复制的起始　DNA 复制从特定的起始部位开始，真核生物具有多个复制起点。DNA 拓扑异构酶和解旋酶在 DNA 复制起始部位解开 DNA 超螺旋结构，使 DNA 双链形成局部的 DNA 单链，单链 DNA 结合蛋白保护和稳定 DNA 单链结构，各复制点所形成的叉状结构，称为复制叉。引物酶识别起始部位，以解开的一段 DNA 链为模板，催化合成短片段引物 RNA，为 DNA 复制提供 3′-OH 末端。

2. 复制的延长　DNA 复制的延长是在 DNA 聚合酶催化下以 4 种 dNTP 为原料进行的聚合反应。复制延伸过程中，DNA 的两条链都可以作为模板，按照碱基互补配对的原则，合成出两条新的互补链，生成两个子代的双链 DNA 分子。DNA 分子的两条链是反向平行的，DNA 聚合酶催化反应的合成方向都是 5′→3′，因此前导链能连续合成，随从

链不能连续合成。

3. 复制的终止 当复制延长到复制终止区时，在DNA聚合酶的作用下，切除前导链和随从链的RNA引物，并催化合成一段DNA以填补引物水解留下的空隙。随从链上，不连续的冈崎片段之间，由DNA连接酶催化形成磷酸二酯键连接生成完整的DNA子链。

三、DNA的损伤与修复

DNA分子中碱基或DNA片段的结构或功能发生异常改变，称为DNA损伤或DNA突变，其实质是DNA分子中碱基序列的改变。

（一）DNA损伤的因素

1. 物理因素 主要是紫外线和各种辐射。如紫外线照射能引起DNA分子中相邻嘧啶碱发生共价交联形成嘧啶二聚体。电离辐射能使DNA吸收射线能量，产生自由基而损伤DNA。

2. 化学因素 化学物质也是引起DNA结构异常，导致基因突变的一个重要因素，包括化工原料、化工产品、工业排出废物、药物、食品添加剂、汽车排放废气等，且每年都有新的化学物质致癌的报告。如亚硝酸盐、氮芥类烷化剂、苯并芘、溴化乙锭等。

3. 生物因素 某些病毒或噬菌体的感染，可导致基因的突变，与某些肿瘤或癌症的发生密切相关。如反转录病毒、乙肝病毒等。

4. 自发因素 如碱基自发水解脱落、脱氨作用等。

（二）DNA损伤的类型

根据DNA分子结构的改变，可将损伤的类型分为以下几种。

1. 点突变 指DNA分子上的碱基发生错配，包括碱基的转换和颠换。同类碱基间的替换称为转换，如腺嘌呤变鸟嘌呤或胞嘧啶变胸腺嘧啶，异类碱基间的替换称为颠换，如嘌呤变嘧啶。

2. 缺失 指DNA链上一个或一段核苷酸的消失。

3. 插入 指原来不存在的一个碱基或一段核苷酸链插入到DNA分子中。

4. 重排 指DNA分子中的某个片段从一个位置转到另一个位置，或不同DNA分子间DNA片段的转移及重新组合。

（三）DNA损伤的修复

突变的DNA需要细胞内的一系列酶系统来进行修复，这些酶可以消除DNA分子上的突变部位，使DNA恢复正常结构，从而保持DNA的正常功能。修复的类型主要有光修复、切除修复、重组修复和SOS修复等。

1. 光修复 光修复过程是通过光修复酶催化完成，光修复酶普遍存在于各种生物体内，300～600 nm的光波可激活细胞内的光修复酶。

2. 切除修复 这是细胞内最重要和有效的修复方式。其过程包括识别、切除、填补和连接几个步骤(图13-2)。先由特异性的核酸内切酶识别并切除损伤的DNA，同时以另一条正常DNA链为模板，在DNA聚合酶催化下按$5'\rightarrow3'$方向进行空隙填补，最后由DNA连接酶连接两个片段。

3. 重组修复 DNA分子损伤面积太大，来不及修复完善时采用的修复方式。其机制是母链上的一段序列结合在子链的空缺处，以弥补该损伤部位出现的缺口，将子链修复成完整的子链，模板链上由DNA聚合酶催化合成DNA片段填补空缺，DNA连接酶催

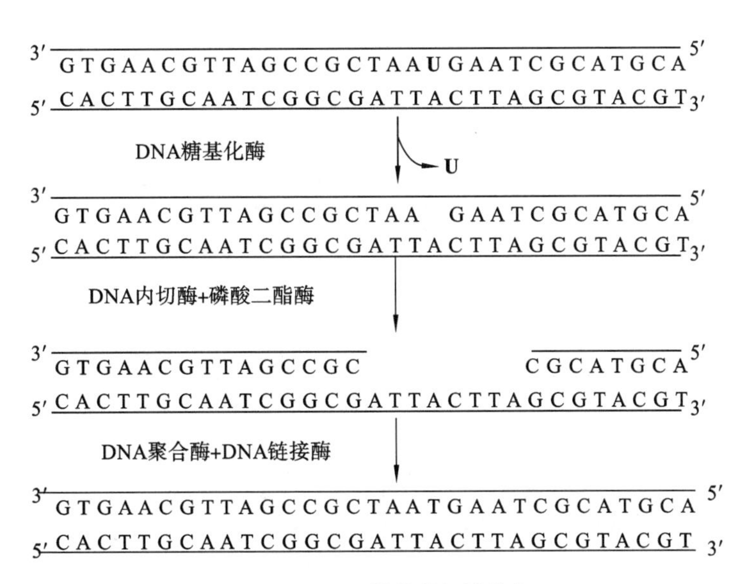

图 13-2　DNA 损伤的切除修复

化酯键形成，生成一条完整的 DNA 链。

知识链接

人类着色性干皮病

人类着色性干皮病(XP)是一种罕见的常染色体隐性遗传病，其基因产物为 XPA～XPG，该基因突变，可造成切除修复缺陷，患者主要的临床表现为皮肤对日光，特别是紫外线高度敏感，暴露部位皮肤出现色素沉着、干燥、角化、萎缩及癌变等，癌变率非常高。XPC 基因突变显著增加患者头颈部鳞状细胞癌的风险，XPD 基因突变可增加鳞状细胞肺癌的发病风险。

4. SOS 修复　SOS 修复是在 DNA 分子损伤严重，细胞处于危险状态，切除修复或重组修复机制均已被抑制时进行的急救措施，故也称紧急呼救修复。SOS 系统包括切除、重组修复系统。由于是紧急修复，不能将大范围内受损伤的 DNA 完全精确地修复，留下的错误较多，虽可以在一定程度上保证细胞的存活，但有较高的突变率。

四、逆转录

通过对遗传中心法则的补充和完善，发现部分病毒如 RNA 病毒，其遗传信息储存在 RNA 分子中，即 RNA 病毒能以 RNA 为模板，指导 DNA 的合成，称为反转录或逆转录。

逆转录酶是催化逆转录反应进行的酶，又称依赖 RNA 的 DNA 聚合酶。逆转录酶的作用是以 dNTP 为底物，以 RNA 为模板，在 tRNA 3′-OH 端按 5′→3′方向，合成一条与 RNA 模板互补的 DNA 单链，称为互补 DNA(cDNA)，与 RNA 模板通过碱基互补配对形成 RNA-DNA 杂化双链。在逆转录酶的作用下，水解掉 RNA 链以 cDNA 为模板合成另一条与其互补的 DNA 链，形成双链 cDNA(图 13-3)。RNA 病毒在进入细胞后，在胞液中脱出外壳，接着逆转录酶以病毒 RNA 为模板进行逆转录，新合成的 cDNA 携带 RNA 病毒的全部遗传信息，它可在细胞内独立复制，也可以整合到宿主细胞染色体的 DNA 中。前病毒的复制扩增及表达，可造成宿主细胞发生癌变。

逆转录酶缺乏 3′→5′外切酶活性，没有校对功能，逆转录的错误率相对较高。但它补

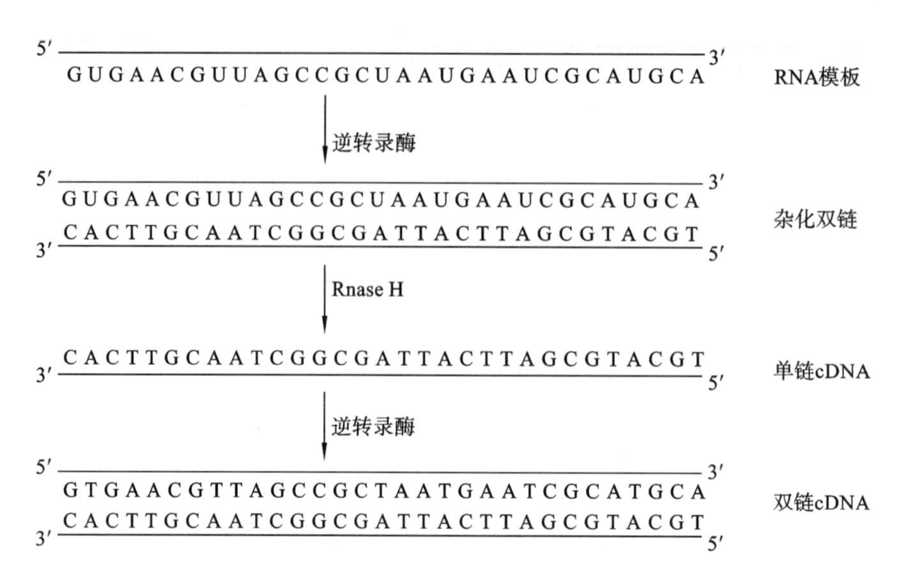

图 13-3 逆转录过程

充和发展了中心法则，发现 RNA 也兼有遗传信息的传代功能。在分子生物学研究中，逆转录酶得到了广泛应用。如在基因工程中，可利用反转录酶将 mRNA 反转录形成 cDNA，以获得目的基因。

知识链接

人类免疫缺陷病毒

人类免疫缺陷病毒(HIV)是一种逆转录病毒，HIV-1 的逆转录酶分子有两个亚基，其中 p66 亚基有两个关键性结构域，分别具有 DNA 聚合活性和 RNA 降解活性，该酶能以 RNA 为模板合成 DNA，并能降解 RNA 模板，合成的 DNA 单链能以自身为模板合成另外一条单链，形成完整的双链 DNA，并能插入人类细胞的基因组中，随细胞分裂而分裂。

第二节 RNA 的生物合成

生物体以 DNA 为模板合成 RNA 的过程称为转录(transcription)，即转录是以 DNA 为模板，以 ATP、GTP、CTP 和 UTP 为原料，在 RNA 聚合酶催化下合成 RNA 的过程。转录体系包括 DNA 模板、四种核苷三磷酸(NTP)、RNA 聚合酶、某些蛋白质因子及必要的无机离子等。

一、RNA 复制的规律与体系

1. 模板 转录以 DNA 分子双链中一条链为模板，根据碱基互补配对原则，合成互补的 RNA 分子。在 DNA 双链中，能转录出 RNA 的 DNA 片段，称为结构基因。在 DNA 双链分子中只有一条链能作为 RNA 合成的模板，此链称为模板链，不作为模板的另一条 DNA 链称为编码链。因此，将这种转录方式称为不对称转录。在 DNA 双链分子

中，各结构基因的模板链可以是同一DNA分子的不同单链，而RNA链的合成方向始终是5′→3′方向，因此，位于同一DNA分子不同的结构基因，其RNA转录方向不同(图13-4)。所以模板DNA的序列决定着转录RNA的序列，从而将DNA的遗传信息传给RNA。

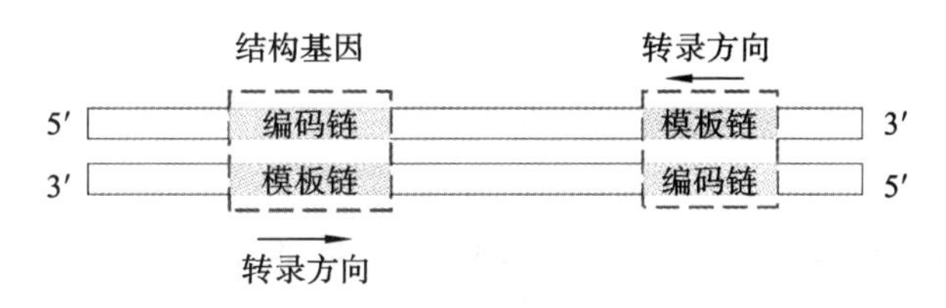

图13-4　不对称转录

2. 转录所需的原料　四种核苷三磷酸(NTP)，即ATP、GTP、CTP、UTP。

3. RNA聚合酶　RNA聚合酶是依赖DNA的RNA聚合酶，催化以DNA为模板，以四种核苷三磷酸为原料，催化过程需要二价金属离子，如Mg^{2+}、Zn^{2+}的参与。

4. 蛋白质因子　RNA转录时还需要一些蛋白质因子参与。如ρ因子是原核生物中能辅助转录终止的蛋白质，使转录过程终止。

二、RNA转录的过程

RNA的转录过程可分为起始、延长及终止三个阶段。

(一) 转录起始

RNA聚合酶通过识别并结合待转录基因的特定部位而启动基因转录，这个特定部位的DNA序列称为启动子。RNA聚合酶全酶的σ因子辨认DNA启动子部位，再与启动子结合，形成酶-RNA-DNA转录复合物，并使DNA的局部结构松弛，称为转录泡，暴露出DNA模板链。RNA聚合酶识别起始部位后，催化NTP，按照碱基互补配对原则，结合到DNA模板链上，通过形成磷酸二酯键，在游离的3′-OH连接NTP，延长RNA链。合成一小段RNA后，σ因子从复合物上脱落，核心酶移动，完成转录的起始。脱落后的σ因子与新的核心酶结合成RNA聚合酶的全酶，开始第二次转录过程。

(二) 链的延长

RNA聚合酶的核心酶催化RNA链的延长。核心酶沿模板DNA链以3′→5′方向移动，DNA双链被打开，并催化与模板互补配对结合的NTP形成磷酸二酯键，RNA链的合成方向为5′→3′。被解开的DNA链在核心酶移动过后，即恢复双螺旋结构，新生成的RNA单链与模板分离，伸出DNA双链之外。

(三) 转录的终止

RNA聚合酶的核心酶延伸至转录终止位点时，不再催化形成新的磷酸二酯键，RNA聚合酶、RNA链与模板分离，DNA恢复成双链，转录终止。DNA中能使转录终止的一段特殊DNA序列，称为终止子，帮助RNA聚合酶识别终止子的蛋白质因子称为终止因子。

三、转录后的加工修饰

转录生成的新生RNA分子是RNA的前体，没有生物活性，需要经过加工修饰才能成为具有功能的成熟RNA分子。

(一) mRNA 的转录后加工

储存在 DNA 分子中的遗传信息通过转录传递给 mRNA,mRNA 通过翻译将遗传信息传递给蛋白质分子。真核细胞的 mRNA 前体是核不均一 RNA(hnRNA),hnRNA 经过 5′-端加帽和 3′-端加尾及剪接加工过程,才能成为成熟的 mRNA。

1. 5′-端加帽 hnRNA 转录后在 mRNA 的 5′-端加上帽子结构(5′-m^7GpppGp)。帽子结构有稳定 mRNA、协助 mRNA 从细胞核转移至细胞质并准确定位于核糖体、增强翻译活性等功能。

2. 3′-端加多聚腺苷酸尾 真核生物的 mRNA 的加工还包括在 mRNA 分子的 3′末端加上多聚腺苷酸(poly A)尾结构。在细胞核内,特异性核酸外切酶切去 3′-端多余的核苷酸,多聚腺苷酸聚合酶催化 ATP 聚合,形成多聚腺苷酸尾。poly A 尾与维持 mRNA 稳定性、保持翻译模板活性有关。

3. 剪接 真核细胞的基因是不连续的,编码区与非编码区序列相间隔并连续排列,称为断裂基因。在结构基因中,具有表达活性的编码序列称为外显子;无表达活性、不能编码相应氨基酸的序列称为内含子。在转录过程中,hnRNA 切除内含子,连接外显子,生成成熟的 mRNA 链,这种加工过程称为剪接。

(二) tRNA 的转录后加工

在真核细胞中,tRNA 前体分子由核糖核酸酶切去 5′-端、3′-端及反密码环上的部分核苷酸而形成 tRNA。由核苷转移酶催化以 CTP 和 ATP 为供体,在 3′-末端添加 CCA-OH 结构,氨基酸臂具有携带和转运氨基酸的作用。由修饰酶将部分碱基加工修饰为稀有碱基。例如,碱基的甲基化反应产生甲基鸟嘌呤(mG)、甲基腺嘌呤(mA),还原反应使尿嘧啶转变成二氢尿嘧啶(DHU),脱氨反应使腺嘌呤转变为次黄嘌呤(I)等。成熟的 tRNA 分子一级结构有多种稀有碱基。

(三) rRNA 的转录后加工

真核细胞 rRNA 基因的转录初级产物是 45SrRNA,经过核酸酶催化,加工成核糖体的 28S、5.8S 及 18SrRNA。核糖体由 rRNA 和核蛋白体构成,核糖体是蛋白质合成的主要场所。rRNA 成熟过程中也包括碱基的修饰,主要以甲基化为主。

mRNA、tRNA、rRNA 通过链的剪切、拼接、核苷酸的添加与切除、碱基修饰等转录后加工过程转变为有生物活性的 RNA,参与蛋白质的生物合成。

第三节 蛋白质的生物合成

蛋白质的生物合成也称为翻译,是以转录合成的 mRNA 分子为模板合成具有特定序列多肽链的过程。此过程需要 20 种氨基酸为原料,以 mRNA 为模板,tRNA 为运载工具,核糖体为装配场所,多种酶和蛋白因子及供能物质 ATP、GTP 共同协调完成。

一、参与蛋白质生物合成的物质

(一) 原料

蛋白质合成的基本原料是 20 种编码氨基酸。

（二）能量

ATP 或 GTP 提供能量，需 Mg^{2+} 和 K^{+} 的参与。

（三）酶和蛋白因子

1. 氨基酰-tRNA 合成酶　由 ATP 供能，此酶催化氨基酸与其对应的 tRNA 结合，使氨基酸活化成氨基酰-tRNA。

2. 转肽酶　催化“P 位”的肽酰基转移至“A 位”的氨基酰-tRNA 的氨基酸上缩合形成肽键。

3. 转位酶　催化核糖体向 mRNA 3′-端移动一个密码子的位置。

4. 蛋白因子　起始因子（IF）、延长因子（EF）及释放因子（RF）作用于多肽链合成起始、延长和终止过程。

（四）RNA 在蛋白质生物合成中的作用

1. 翻译模板 mRNA 及遗传密码　mRNA 是蛋白质生物合成的直接模板，决定蛋白质分子中的氨基酸排列顺序。在原核生物中，mRNA 常携带多种相关的蛋白质编码信息，这些编码信息构成一个转录单位，指导多条多肽链合成，称为多顺反子，在翻译过程中可同时合成几种蛋白质。真核生物中每一种 mRNA 一般只带有一种蛋白质的编码信息，指导一条多肽链的合成，称为单顺反子，转录后需要进一步加工，才能成为成熟的模板。

mRNA 分子以 5′→3′方向，从 AUG 开始每 3 个相邻的核苷酸为一组形成三联体，代表一种氨基酸或者一种信息，称为遗传密码（genetic codon）或者密码子（codon）。生物体内共有 64 个密码子，其中 61 个密码子编码 20 种基本氨基酸。密码子 AUG 在原核生物中编码为多肽链中的甲酰甲硫氨酸，在真核生物中编码甲硫氨酸，还可作为多肽链合成的起始信号，称为起始密码子（initiation codon）。密码子 UAA、UAG、UGA 不编码氨基酸，作为多肽链合成的终止信号，称为终止密码子（termination codon）（图 13-5）。

第一碱基	第二碱基 U	第二碱基 C	第二碱基 A	第二碱基 G	第三碱基
U	UUU Phe	UCU Ser	UAU Tyr	UGU Cys	U
U	UUC Phe	UCC Ser	UAC Tyr	UGC Cys	C
U	UUA Leu	UCA Ser	UAA Stop	UGA Stop	A
U	UUG Leu	UCG Ser	UAG Stop	UGG Trp	G
C	CUU Leu	CCU Pro	CAU His	CGU Arg	U
C	CUC Leu	CCC Pro	CAC His	CGC Arg	C
C	CUA Leu	CCA Pro	CAA Gln	CGA Arg	A
C	CUG Leu	CCG Pro	CAG Gln	CGG Arg	G
A	AUU Ile	ACU Thr	AAU Asn	AGU Ser	U
A	AUC Ile	ACC Thr	AAC Asn	AGC Ser	C
A	AUA Ile	ACA Thr	AAA Lys	AGA Arg	A
A	AUG Met	ACG Thr	AAG Lys	AGG Arg	G
G	GUU Val	GCU Ala	GAU Asp	GGU Gly	U
G	GUC Val	GCC Ala	GAC Asp	GGC Gly	C
G	GUA Val	GCA Ala	GAA Glu	GGA Gly	A
G	GUG Val	GCG Ala	GAG Glu	GGG Gly	G

图 13-5　遗传密码表

mRNA 以密码子排列方式决定蛋白质氨基酸排列顺序，具有以下特点。

（1）方向性：遗传密码的方向性是指翻译时从 mRNA 的起始密码子 AUG 开始，按 5′→3′的方向逐一阅读，直至终止密码子，多肽链的合成从 N 端向 C 端延伸。

(2) 连续性　从 mRNA 5′-端的起始密码子 AUG 到 3′-端的终止密码子之间的核苷酸序列称为开放阅读框架(open reading frame,ORF)。mRNA 序列上密码子的排列是连续的,mRNA 上的碱基排列出现缺失或插入都会造成阅读框架改变,引起的突变称为移码突变(frame shift mutation),导致翻译出的多肽链氨基酸序列发生改变或者使翻译提前终止。

【护考提示】
密码子的特点、起始密码、终止密码。

(3) 简并性　组成蛋白质的 20 种氨基酸中,除了色氨酸和甲硫氨酸(蛋氨酸)各有一个密码子与之对应外,其余的氨基酸都有 2～6 个密码子与之对应。一种氨基酸有两个或两个以上的密码子为其编码,这一现象称为密码子的简并性(degeneracy),这种简并性主要表现为密码子的第 1 位和第 2 位碱基相同,而第 3 位碱基不同,也就是说第 3 位碱基的突变也能翻译出正确的氨基酸,从而不会影响蛋白质的结构。遗传密码的简并性对于减少有害突变,保证遗传信息的稳定性具有一定的意义。

(4) 通用性　生命世界从低等生物到高等生物,使用的是同一套遗传密码表,基本上适用于生物界所有物种,称为遗传密码的通用性(universal)。

(5) 摆动性　mRNA 中的密码子与 tRNA 中的反密码子在配对识别时,有时不完全遵守碱基互补配对原则,称为密码子的摆动性(wobble)。通常发生在 mRNA 上的密码子的第 3 位碱基与 tRNA 上的反密码子的第 1 位碱基不严格互补配对,但可以相互识别。

2. tRNA 和转运载体　tRNA 的二级结构呈三叶草形,有结合氨基酸的氨基酸臂和与 mRNA 结合的反密码子环。tRNA 的主要功能是在蛋白质生物合成中,通过反密码子识别 mRNA 的密码子,氨基酸臂携带氨基酸准确地运送到核糖体上,合成蛋白质。

3. rRNA 和翻译场所核糖体　rRNA 与核糖体蛋白结合构成核糖体,核糖体是蛋白质合成的场所。

核糖体由大、小亚基组成,亚基由不同的 rRNA 分子与多种蛋白质分子构成。核糖体中的 rRNA 能够与 mRNA 在核糖体中碱基互补配对结合,核糖体沿着 mRNA 5′→3′方向阅读遗传密码。原核生物核糖体有 3 个位点,结合氨基酰-tRNA 的位点称为受位或 A 位,结合肽酰-tRNA 的位点称为给位或 P 位,排出空载 tRNA 的出口位称为 E 位。

二、蛋白质生物合成的过程

蛋白质的生物合成即翻译,是把核酸中四种碱基组成的遗传信息,以解读遗传密码的方式转变为蛋白质或多肽链中氨基酸排列顺序的过程。合成过程为氨基酸活化、多肽链合成的起始、延长、终止及释放。

(一) 氨基酸活化

在进行多肽链合成之前,氨基酸必须先经过活化,由氨基酰-tRNA 合成酶催化特定的氨基酸与特异的 tRNA 结合,生成氨基酰-tRNA,再转运到 mRNA 相应的位置。每个氨基酸活化需要消耗 2 个高能磷酸键。

(二) 起始

翻译过程的起始阶段是指模板 mRNA 和起始的氨基酰-tRNA 结合到核糖体起始复合物的过程。该过程还需要 GTP、起始因子 IF 和 Mg^{2+} 的参与。

1. 核糖体大、小亚基的分离　起始因子 IF 作用于核糖体,促进大、小亚基的分离,小亚基才能与 mRNA 及起始氨基酰-tRNA 结合。IF 还具有防止大、小亚基重新结合的作用。

2. mRNA 与小亚基结合 mRNA 上有多个 AUG 起始密码子，核糖体小亚基通过识别 AUG 形成特异的开放阅读框架，mRNA 与小亚基结合，从而指导翻译蛋白质。

3. 30S 起始复合物形成 甲酰甲硫氨酰-tRNA（fMet-$tRNA^{fMet}$）的反密码子通过与 mRNA 分子中的起始密码子配对结合，并结合到核糖体小亚基 P 位，结合 IF 形成起始复合体，这一过程还需要 GTP 提供能量，而起始时的 A 位被 IF 占据，不结合任何氨基酰-tRNA。

4. 核糖体大、小亚基的结合 50S 大亚基与 30S 起始复合物重新结合，GTP 水解释放能量促使 IF 释放，形成包括核糖体大、小亚基及 mRNA、fMet-RNA^{fMet} 组成的翻译起始复合物。此时 fMet-RNA^{fMet} 识别密码子 AUG 并结合于 P 位而 A 位空缺，从而进入多肽链合成的延长阶段。

（三）延长

翻译的延长阶段在核糖体上连续循环进行，也叫核糖体循环，包括进位、成肽和转位三个步骤，此过程需要延长因子参与。

1. 进位 mRNA 模板中密码子决定的氨基酰-tRNA 进入并结合到核糖体 A 位的过程，又称注册。此过程需延长因子 EF-T 以及 GTP 的参与。

2. 成肽 位于大亚基 P 位上的甲酰甲硫氨酰-tRNA（真核生物为甲硫氨酰-tRNA）在转肽酶的作用下转移到 A 位，并与 A 位氨基酰-tRNA 上的氨基结合形成肽键的过程，转肽酶需要有 Mg^{2+}、K^{+} 的参与。

3. 转位 在转位酶的催化下，核糖体沿 mRNA 链 5′-端向 3′-端移动一个密码子的距离，使 A 位的肽酰-tRNA 移入 P 位，A 位空出，也叫移位。转位需要延长因子及 GTP 的辅助。

在多肽链上每增加一个氨基酸都需经过进位、成肽、转位三个步骤，消耗 2 分子 GTP。核糖体沿着 mRNA 模板从 5′-端向 3′-端阅读遗传密码并合成肽链，多肽链延伸方向是从氨基末端（N 端）向羧基末端（C 端），直到终止密码子出现。

（四）终止

肽链合成的终止是指核糖体沿着 mRNA 模板从 5′-端向 3′-端移动，直到出现终止密码子后停止合成，合成的肽链从肽酰-tRNA 上释放出来，mRNA，核糖体大、小亚基相互分离，该过程需要释放因子 RF 的参与。

三、翻译后的加工

新合成的多肽链并不具有生物活性，在细胞内经过复杂的加工和修饰后才能转变成具有生物学功能的成熟蛋白质，这一过程称为蛋白质翻译后加工。在胞质中合成的各种蛋白质，定向输送到特定的组织细胞才能发挥生物活性，称为靶向输送。蛋白质翻译后加工包括一级结构加工修饰、高级结构形成及靶向输送。

（一）一级结构加工修饰

1. 氨基端修饰 多肽链合成的起始氨基酸为甲酰甲硫氨酸或甲硫氨酸，可通过甲酰化或去甲硫氨酰基化在多肽链折叠成一定的空间结构之前被切除。

2. 化学修饰 由专一性的酶催化氨基酸进行修饰，如糖基化、胶原蛋白前体中赖氨酸、脯氨酸的羟基化、酪蛋白中丝氨酸、苏氨酸的磷酸化等。

3. 形成二硫键 由专一性的二硫键异构酶催化，将 SH 氧化为—S—S—。

4. 水解修饰 由专一性的蛋白酶催化，将部分肽段切除，生成有活性的肽链。如酶

原的激活就是通过切除修饰后转化成酶而具有生物活性。甲状旁腺素、生长激素等激素初合成时是无活性的前体，需经水解剪去部分肽段而成为有活性的激素。

（二）高级结构形成

蛋白质翻译后加工除了需要形成正确折叠的空间构象外，还需要经过亚基聚合、辅基连接等修饰方式，才能成为有完整天然构象和生物学功能的蛋白质。蛋白质高级结构的修饰方式主要有如下两种。

1. 亚基聚合 亚基合成多肽链后通过非共价键将亚基聚合成具备完整四级结构的多聚体才能表现出生物活性。

2. 辅基连接 细胞内结合蛋白质如糖蛋白、脂蛋白、金属蛋白等蛋白质合成后，需要与非蛋白质部分连接形成具有生物活性的结合蛋白。

（三）靶向输送

蛋白质合成后，定向输送到其执行功能的特定细胞，称为蛋白质的靶向输送。靶向输送的蛋白质结构中存在可引导蛋白质运输到特定的组织细胞的特异氨基酸序列，这类序列称为信号序列。合成后分泌到细胞外的蛋白质称分泌型蛋白质，如抗体蛋白、多肽类激素、血浆蛋白等，在这些蛋白质分子的氨基端有一段疏水的肽段，称为信号肽。分泌型蛋白质的靶向输送就是通过信号肽与胞质中的信号肽识别颗粒识别并特异性结合，然后再通过信号肽识别颗粒与膜上的对接蛋白识别并结合后，将所携带的蛋白质送出细胞。核定位蛋白质在细胞质中合成，通过核孔进入细胞核，如 DNA 聚合酶、RNA 聚合酶、组蛋白等，必须从细胞质通过核定位信号的引导进入细胞核才能正常发挥其功能。

四、蛋白质生物合成与医学

蛋白质生物合成与生物体遗传、代谢、分化、免疫等生命活动密切相关，影响蛋白质生物合成的物质很多，它们可以作用于 DNA 复制和 RNA 转录，或者直接作用于翻译过程中肽链合成起始、延长、终止的某一阶段，从而对蛋白质的生物合成产生重要影响。临床上用抗生素类药物通过干扰细菌蛋白质合成，阻止细菌生长、繁殖，达到抑制微生物生长的治疗目的。某些毒素也作用于真核生物蛋白质的合成而呈现毒性作用，研究其致病机制，可为临床治疗提供依据。

1. 抗生素 抗生素由某些真菌、细菌等微生物产生，是以直接阻断细菌细胞内蛋白质合成而抑制细菌生长和繁殖。抗生素可用于预防和治疗人、动物的感染性疾病。如链霉素、卡那霉素、新霉素等，可通过作用于革兰氏阴性菌蛋白质合成的起始、延长、终止的三个阶段从而抑制细菌的生长。四环素和土霉素通过抑制起始复合物的形成，并抑制氨基酰-tRNA 进入核糖体的 A 位，阻断肽链的延伸。四环素类抗生素对细菌核糖体有抑制作用，对人体细胞的核糖体也有抑制作用，但对细菌核糖体的抑制作用更显著，因此对细菌蛋白质合成抑制作用更强。

2. 干扰素 干扰素是细胞感染病毒后合成和分泌的一类具有抗病毒作用的小分子蛋白质。从白细胞中得到 α-干扰素，从成纤维细胞中得到 β-干扰素，在免疫细胞中得到 γ-干扰素。由于干扰素具有很强的抗病毒作用，而且还具有调节细胞生长分化、激活免疫系统等功效，因此在医学上有重大的实用价值。通过基因工程合成的干扰素已普遍应用于临床治疗与研究。

3. 毒素 毒素是指生物体在生长代谢过程中产生的对宿主细胞具有毒性的化学物质。某些毒素可经不同机制干扰蛋白质合成而呈现毒性作用。多种毒素在肽链延长阶

段可阻断蛋白质合成，如白喉毒素是由白喉杆菌产生的真核细胞蛋白质合成抑制剂，作用于真核生物蛋白质合成的延长因子，使之失活。白喉毒素的催化效率极高，只需微量就能有效地抑制细胞整个蛋白质合成，从而导致细胞死亡。

直通护考

直通护考答案

A_1 型题

1. 与镰状细胞贫血患者血红蛋白的β链有关的突变是(　　)。

A. 插入　B. 断裂　C. 缺失　D. 交联　E. 点突变

2. 与 DNA 修复过程缺陷有关的疾病是(　　)。

A. 黄嘌呤尿症　B. 着色性干皮病　C. 卟啉病　D. 痛风　E. 黄疸

3. 抗生素利福平专一性地作用于 RNA 聚合酶的哪个亚基？(　　)

A. α　B. β　C. β'　D. α_2　E. σ

(廖小立)

实验一　血清蛋白质醋酸纤维薄膜电泳

一、实验目的

掌握醋酸纤维薄膜电泳分离法分离血清蛋白的原理和方法。

二、实验原理

蛋白质是两性电解质。在pH小于其等电点的溶液中，蛋白质带正电荷，在电场中向负极移动；在pH大于其等电点的溶液中，蛋白质带负电荷，在电场中向正极移动。血清中含有多种蛋白质，它们所带的可解离基团不同，在同一pH的溶液中，所带电荷不同，可以利用电泳法将其分离。

血清中含有清蛋白、α_1-球蛋白、α_2-球蛋白、β-球蛋白、γ-球蛋白等。各种蛋白质因其氨基酸组成、结构、相对分子质量、分子的形状、等电点、所带电荷不同，在电场中的迁移速度不同。由实验表1-1可知，血清中5种蛋白质的等电点大多低于pH 7.0，所以在pH 8.6的缓冲液中，它们都带负电荷，在电场中向正极移动。

实验表1-1　血清中5种蛋白质的等电点及相对分子质量

蛋白质名称	等电点	相对分子质量
清蛋白	4.84	69 000
α_1-球蛋白	5.06	200 000
α_2-球蛋白	5.06	300 000
β-球蛋白	5.12	90 000～150 000
γ-球蛋白	6.85～7.50	156 000～300 000

三、实验试剂

(1) 巴比妥-巴比妥钠缓冲液：取两个大烧杯，分别称取巴比妥2.76 g和巴比妥钠15.46 g溶解于600 mL蒸馏水中，加热溶解后加蒸馏水至1000 mL，混匀。

(2) 染色液(可重复使用，使用后回收)：氨基黑10B 0.5 g，溶于甲醇50 mL中，再加冰醋酸10 mL，蒸馏水40 mL，混匀。

(3) 漂洗液(100 mL每组)：95%乙醇45 mL，冰醋酸5 mL，蒸馏水50 mL混匀。

(4) 透明液(20 mL每组)：95%乙醇75 mL，冰醋酸25 mL，混匀。

(5) 健康人血清(新鲜，无溶血现象)。

四、实验器材

醋酸纤维薄膜(2 cm×8 cm，厚度120 μm)、试管6个、人血清、恒温水浴锅、烧杯及培养皿数个、电泳槽、点样器、直流稳压电泳仪、竹镊子、剪刀、玻璃棒、电吹风、载玻片数个、

Note

胶头滴管等。

五、实验步骤

1. 浸泡薄膜 提前将醋酸纤维薄膜浸泡于巴比妥缓冲液 30 min。

2. 检查电泳仪 进行水平和电源的检查。

3. 准备电泳槽 在两个电极槽中，各倒入等体积的电极缓冲液。将滤纸条对折，翻过来，用电极缓冲液完全浸湿，架在电泳槽的四个膜支架上（使滤纸一端的长边与支架前沿对齐，另一端浸入电极缓冲液中）。再用玻璃棒轻轻挤压膜支架上的滤纸以驱逐其中的气泡，使滤纸的一端能紧贴在膜支架上。

4. 点样 取新鲜血清于载玻片上，将盖玻片剪成适宜大小，使一边小于薄膜宽度。再将浸泡好的醋酸纤维薄膜取出，用滤纸吸去表面多余的液体，然后平铺在玻璃板上（无光泽面朝上）。最后将盖玻片在血清中轻轻划一下，在膜条一端 1.5 cm 处轻轻水平落下并迅速提起，即在膜条上点上细条状的血清样品，呈淡黄色。

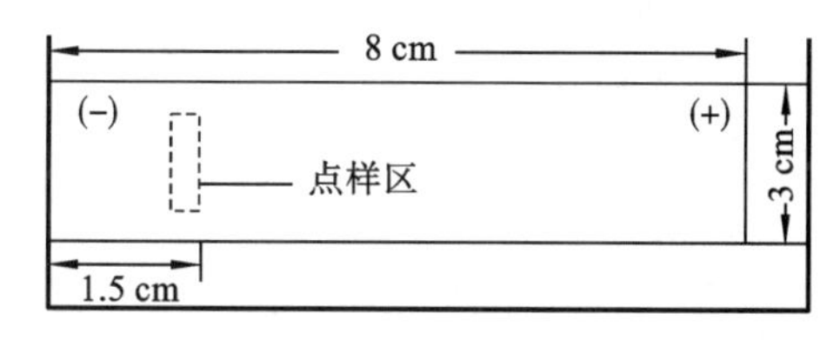

5. 电泳 用镊子将点样端的薄膜平贴在负极电泳槽支架的滤纸桥上（点样面朝下），另一端平贴在正极支架上，并用镊子将其中气泡赶出（薄膜紧贴滤纸桥并绷直，中间不能下垂）。盖上电泳槽盖，平衡 2～3 min，通电，调节电压使之控制在 110～140 V，电泳50～60 min。

6. 染色 将染液倒入大培养皿中，电泳完后立即用镊子取出薄膜，直接浸入染液中，染色 5 min 取出。

7. 漂洗 配制好漂洗液，将染色完的薄膜从染液中取出，直接放入漂洗液中，漂洗多次直到薄膜几乎无色为止。

8. 透明 配制好透明液，用镊子将薄膜取出，贴在容器壁上（不可有气泡）。用吹风机轻轻吹干薄膜。用胶头滴管淋洗薄膜，将每组 20 mL 透明液淋洗完毕后再用吹风机彻底吹干。轻轻将薄膜自容器壁取下来。

六、注意事项

（1）电泳槽内缓冲液液面应在同一水平面。

（2）薄膜一定要充分浸透才能点样。点样后电泳槽一定要密闭。电泳时电流不宜太大，以防薄膜干燥，电泳图谱出现条痕。

（3）点样时要选在无光泽面点取，否则很难吸入，点好的样应细窄、均匀、集中，量不宜过多，点样位置要合适。

（4）应控制染色时间。时间长，薄膜底色不易脱去；时间太短，着色不易区分或造成条带染色不均匀。

七、实验结果

染色后的薄膜上可显现清晰的五条区带。从正极端起，依次是清蛋白、α_1-球蛋白、α_2-球蛋白、β-球蛋白、γ-球蛋白。下图是通过实验所获得的一条电泳带。

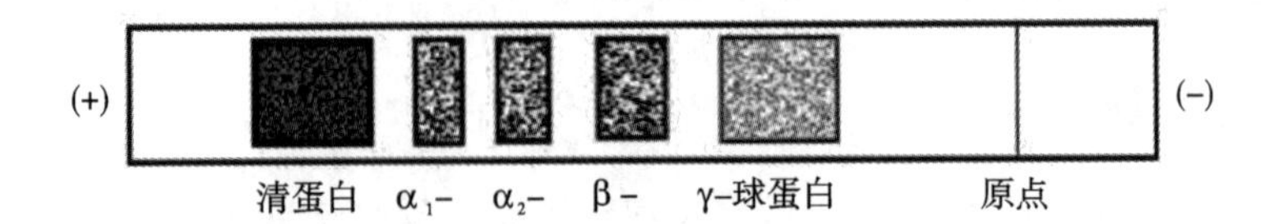

八、思考题

电泳后,泳动在最前面的是哪种蛋白质?请分析原因。

(赵永琴)

实验二　酶的特异性

一、实验目的

通过实验理解和验证酶的特异性。

二、实验原理

淀粉酶能催化淀粉水解，水解后生成的麦芽糖属于还原性糖，能使班氏试剂中二价铜离子还原为一价的亚铜离子，生成砖红色的氧化亚铜。淀粉酶不能催化蔗糖水解，所以不能产生具有还原性的葡萄糖和果糖，蔗糖本身又无还原性，故不与班氏试剂产生颜色反应。

三、实验试剂

1. 1%淀粉溶液　称取可溶性淀粉 1 g，加 5 mL 蒸馏水调成糊状，再加 80 mL 蒸馏水加热并不断搅拌，使其充分溶解，冷却后用蒸馏水稀释至 100 mL。

2. 1%蔗糖溶液　称取 1 g 蔗糖，加蒸馏水至 100 mL 溶解。

3. pH 6.8 缓冲溶液　量取 0.2 mol/L 磷酸氢二钠溶液 154.5 mL，0.1 mol/L 柠檬酸溶液 45.5 mL 混合即可。

4. 班氏试剂的配制　称取无水硫酸铜 17.3 g，溶于 100 mL 热水中，冷却后稀释到 150 mL，取柠檬酸钠 173 g，无水碳酸钠 100 g 和 600 mL 水共热，溶解后冷却并加水至 850 mL，再将冷却的 150 mL 硫酸铜倾入即可。

四、实验器材

试管、试管架、恒温水浴箱、滴管、沸水浴箱等。

五、实验步骤

1. 制备稀释唾液　先咳痰后漱口，再含一口蒸馏水做咀嚼运动 5 min 后吐入纸杯中备用。

2. 煮沸唾液的制备　取出 2 mL 的稀释唾液加入试管中，放入沸水浴中煮沸 5 min 备用。

3. 取试管 3 支　标号后按实验表 2-1 操作。

实验表 2-1　酶的特异性实验数据以及实验结果与分析

项目	1 号试管	2 号试管	3 号试管
pH 6.8 缓冲溶液/滴	20	20	20
1%淀粉溶液/滴	10	10	—

续表

项目	1号试管	2号试管	3号试管
1%蔗糖溶液/滴	—	—	10
稀释唾液/滴	5	—	5
煮沸唾液/滴	—	5	—
各管混匀后,37 ℃水浴保温 10 min			
班氏试剂/滴	20	20	20
将各管再次混匀放置到沸水中,观察各试管的变化			
结果(颜色、有无沉淀)			
结果分析			

六、观察实验结果并分析实验结果

(卢秀真)

实验三　影响酶促反应速度的因素

一、实验目的

通过实验理解和验证温度、pH、激活剂、抑制剂对酶促反应速度的影响。

二、实验原理

淀粉酶能催化淀粉水解，淀粉酶在不同的环境下，酶的活性高低不同，活性高时可将淀粉水解为麦芽糖及少量的葡萄糖，活性低时可将淀粉水解为大、中、小的糊精分子，而当酶失活时，不能将淀粉水解；而淀粉、糊精分子和麦芽糖、葡萄糖可以与碘液反应呈现不同的颜色反应。

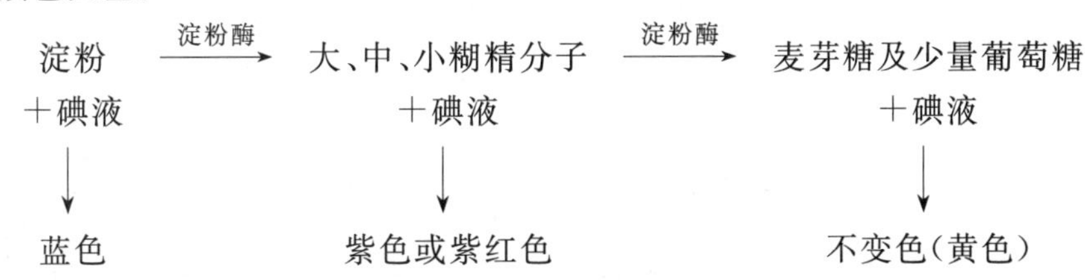

可以根据不同的颜色反应，判断酶活性受到的影响。

三、实验试剂

1. 1%淀粉溶液

称取可溶性淀粉 1 g，加 5 mL 蒸馏水调成糊状，再加 80 mL 蒸馏水加热并不断搅拌，使其充分溶解，冷却后用蒸馏水稀释至 100 mL。

2. pH 5.0 缓冲溶液

量取 0.2 mol/L 磷酸氢二钠溶液 103 mL，0.1 mol/L 柠檬酸溶液 97 mL，混合即可。

3. pH 6.8 缓冲溶液

量取 0.2 mol/L 磷酸氢二钠溶液 154.5 mL，0.1 mol/L 柠檬酸溶液 45.5 mL，混合即可。

4. pH 8.0 缓冲溶液

量取 0.2 mol/L 磷酸氢二钠溶液 194.5 mL，0.1 mol/L 柠檬酸溶液 5.5 mL，混合即可。

5. 0.9%生理盐水

6. 1%硫酸铜溶液

用天平称取无水硫酸铜 1 g 放入烧杯中，先用少量蒸馏水溶解后移入 100 mL 的容量瓶中，再将水加满至刻度后摇匀即可。

7. 1%硫酸钠溶液

将天平称好的 1 g 硫酸钠，放入 100 mL 容量瓶中，往 100 mL 容量瓶中加蒸馏水，加

Note

到刻度线时盖好瓶盖，摇动直至完全溶解。

8. 碘液

称取分析纯结晶碘 1 g，分析纯碘化钾 2 g，先用少量蒸馏水使碘完全溶解后，再加蒸馏水定容至 500 mL，储存于棕色瓶内。

四、实验器材

试管、试管架、恒温水浴箱、滴管、沸水浴箱、冰水浴箱等。

五、实验步骤

1. 制备稀释唾液 先咳痰后漱口，再含一口蒸馏水做咀嚼运动 5 min 后吐入纸杯中备用。

2. 取试管 3 支 标号后按实验表 3-1 操作，验证温度对酶活性的影响。

实验表 3-1 温度对淀粉酶的活性影响实验数据以及实验结果与分析

项目	1 号试管	2 号试管	3 号试管
pH 6.8 缓冲溶液/滴	20	20	20
1%淀粉溶液/滴	10	10	10
各管混匀后，不同温度放置 5 min			
	37 ℃	沸水浴	冰浴
稀释唾液/滴	5	5	5
各管混匀后，不同温度放置 10 min			
	37 ℃	沸水浴	冰浴
碘液/滴	1	1	1
结果(颜色)			
结果分析			

3. 取试管 3 支 标号后按实验表 3-2 操作，验证不同 pH 对酶活性的影响。

实验表 3-2 pH 对淀粉酶的活性影响实验数据以及实验结果与分析

项目	1 号试管	2 号试管	3 号试管
pH 5.0 缓冲溶液/滴	20	—	—
pH 6.8 缓冲溶液/滴	—	20	—
pH 8.0 缓冲溶液/滴	—	—	20
1%淀粉溶液/滴	10	10	10
稀释唾液/滴	5	5	5
各管充分混匀后，37 ℃水浴放置 10 min			
碘液/滴	1	1	1
结果(颜色)			
结果分析			

4. 取试管 4 支 标号后按实验表 3-3 操作，验证激活剂和抑制剂对酶活性的影响。

实验表 3-3　激活剂与抑制剂对淀粉酶的活性影响实验数据以及实验结果与分析

项目	1 号试管	2 号试管	3 号试管	4 号试管
pH 6.8 缓冲溶液/滴	20	20	20	20
1%淀粉溶液/滴	10	10	10	10
蒸馏水/滴	10	—	—	—
生理盐水	—	10	—	—
1%硫酸铜溶液	—	—	10	—
1%硫酸钠溶液	—	—	—	10
各管混匀后,37 ℃水浴放置 10 min				
稀释唾液/滴	5	5	5	5
碘液/滴	1	1	1	1
结果(颜色)				
结果分析				

六、观察实验结果并分析实验现象

(卢秀真)

Note

实验四　血糖含量的测定

一、实验目的

掌握葡萄糖氧化酶法测定血糖含量的原理和方法。

二、实验原理

葡萄糖氧化酶催化葡萄糖生成葡萄糖酸和过氧化氢，在过氧化氢酶的催化下，过氧化氢与4-氨基安替比林反应生成紫红色的化合物，此物质的生成量与血糖含量成正比。因此，将化合物的颜色与经过同样处理的标准物进行比较，即可求出血糖的含量。

$$葡萄糖+O_2+H_2O \longrightarrow 葡萄糖酸+H_2O_2$$

$$H_2O_2+4\text{-}氨基安替比林 \longrightarrow 紫红色复合物$$

三、实验试剂与器材

1. 试剂

标准葡萄糖溶液(5.55 mmol/L)，酶混合试剂，新鲜血浆或血清。

2. 器材

试管及试管架，移液管(5 mL)，微量进样器，恒温水浴锅，分光光度计等。

四、实验步骤

取3支试管，按照实验表4-1进行操作。

实验表4-1　血糖含量的测定的操作　(单位:mL)

试剂	空白管	标准管	测定管
血清	—	—	0.02
标准葡萄糖溶液	—	0.02	—
蒸馏水	0.02	—	—
酶混合物	3.00	3.00	3.00

混合后，37 ℃水浴15 min，用空白管调零，在505 nm波长下比色测定。

血糖浓度(nmol/L)=5.55×测定管光密度/标准管光密度

五、注意事项

(1) 葡萄糖氧化酶催化反应的最适宜pH范围是6.5～8.0，但当pH低至6.6时，反应终点的吸光度略有下降，故选用pH 7.0±0.1。国产的葡萄糖氧化酶溶液呈酸性，在配制时应用1 mmol/L NaOH调整pH。

(2) 由于温度对实验影响较大，故试剂从冰箱取出放置到室温以后再进行测定。

(雷　湘)

实验五　肝中酮体的生成

一、实验目的

(1) 了解酮体在体内生成的必要条件及过程。

(2) 深入理解为什么酮体的生成是肝特有的功能。

二、实验原理

肝脏中含有合成酮体的酶系,用丁酸作为底物,与新鲜的肝匀浆混合,一起放入与体内相似的环境中后保温,即有酮体生成,酮体与含亚硝基铁氰化钠的显色粉作用产生紫红色化合物。经同样处理的肌匀浆,因缺乏酮体生成的酶而不产生酮体,无显色反应。通过本实验证明酮体生成部位。

三、实验试剂

1. 生理盐水

2. 洛克溶液　氯化钠 0.9 g、氯化钾 0.042 g、氯化钙 0.024 g、碳酸氢钠 0.02 g、葡萄糖 0.1 g,将以上物质混合溶于水中,溶解后加入蒸馏水至 100 mL。

3. 0.5 mol/L 丁酸溶液　称取 4.40 g 丁酸溶于 0.1 mol/L 氢氧化钠溶液中,并用 0.1 mol/L 氢氧化钠溶液稀释至 100 mL。

4. 0.1 mol/L 磷酸缓冲液(pH 7.6)　准确称取磷酸氢二钠 7.74 g 和磷酸二氢钠 0.897 g,用蒸馏水稀释至 500 mL,精确测定 pH。

5. 15%三氯醋酸溶液

6. 显色粉　亚硝基铁氰化钠。

四、实验器材

试管及试管架、滴管,解剖剪刀、搅拌机、恒温水浴箱、台式天平、离心机、小药匙等。

五、实验步骤

(1) 肝匀浆和肌匀浆的制备:取家兔一只,处死后迅速取出肝和大腿肌肉各约 10 g,分别放入搅拌机磨成浆,然后各加入生理盐水 20 mL 混匀,过滤,备用。

(2) 取试管 4 支,标号,按实验表 5-1 操作。

实验表 5-1　肝中酮体的生成的操作

管号 试剂(滴)	1	2	3	4
洛克溶液	15	15	15	15
0.5 mol/L 丁酸	30	—	30	30

续表

试剂(滴) \ 管号	1	2	3	4
0.1 mol/L 磷酸缓冲液	15	15	15	15
肝匀浆	20	20	—	—
肌匀浆	—	—	—	20
蒸馏水	—	30	20	—

(3) 将各管摇匀后,置入 37 ℃水浴中保温 40～50 min。

(4) 取出各管,各加入 15%三氯醋酸 10 滴,混匀,离心 5 min(3000 r/min)。

(5) 分别取出上述各管上清液,如入显色粉一小匙,观察和记录所产生的颜色反应,并分析结果。

六、实验报告

1) 根据实验结果,填写实验表 5-2。

实验表 5-2　实验结果分析

管号	颜色	分析原因
1		
2		
3		
4		

2) 简答

(1) 何为酮体? 酮体在何处生成? 何处利用? 为什么?

(2) 酮体生成有何生理意义?

(张　佳)

实验六　血清丙氨酸氨基转移酶(ALT)测定——改良赖氏法

一、实验目的

了解丙氨酸氨基转移酶测定原理及方法。

二、实验原理

丙氨酸氨基转移酶(ALT)又称谷-丙转氨酶(GPT)。它催化L-丙氨酸和L-谷氨酸之间氨基的转移,反应式如下:

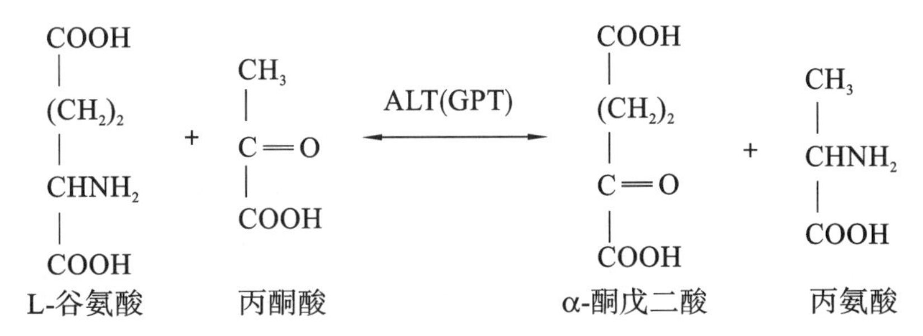

丙酮酸与2,4-二硝基苯肼作用生成丙酮酸二硝基苯腙。此二硝基苯腙在强碱溶液中显红棕色,色泽深浅与产生的丙酮酸多少即酶活性成正比。

三、实验仪器和实验试剂

1. 实验仪器　37 ℃水浴恒温装置,试管和试管架,吸管,722型分光光度计等。

2. 实验试剂

(1) 0.1 mol/L 磷酸盐缓冲液。

(2) 丙氨酸氨基转移酶基质液:称取DL-丙氨酸1.79 g,α-酮戊二酸0.0292 g,先溶于0.1 mol/L磷酸盐缓冲液约50 mL中,用1 mol/L NaOH(约0.5 mL)溶液调节pH至7.4,再加磷酸盐缓冲液至100 mL。4～6 ℃保存,并加1～2滴氯仿,防止细菌分解作用。

(3) 2,4-二硝基苯肼溶液:溶解2,4-二硝基苯肼0.2 g于热1 mol/L HCl中,继续加入1 mol/L HCl至1 L刻度,避光保存。

(4) 0.4 mol/L NaOH溶液。

(5) 丙酮酸标准液(2 mmol/L):溶解丙酮酸钠0.022 g于缓冲液100 mL中,存放于冰箱,此溶液在数天内是稳定的。

四、实验步骤

按实验表6-1加试剂/mL:

Note

实验表 6-1 试剂的加入 （单元：mL）

加入物	测定管	测定空白管
血清	0.10	—
加热至 37 ℃的丙氨酸氨基转移酶基质液	0.50	0.50
各管分别混匀，置于 37 ℃水浴中 30 min，取出		
2,4-二硝基苯肼溶液	0.50	0.50
血清	—	0.10
各管分别混匀，置于 37 ℃水浴中 20 min，取出		
0.4 mol/L NaOH 溶液	5.00	5.00

在 30 min 内用波长 505 nm 比色，以蒸馏水校正零点和 100%，读取各管吸光度。以各管吸光度减去空白管吸光度后，于标准曲线上查得酶活性单位。

标准曲线绘制如实验表 6-2 所示：（所加试剂按毫升计）

实验表 6-2 标准曲线的绘制

加入物	管号				
	1	2	3	4	5
丙酮酸标准液（2 mmol/L）/mL	0	0.05	0.10	0.15	0.20
丙氨酸氨基转移酶基质液/mL	0.50	0.45	0.40	0.35	0.30
0.1 mol/L 磷酸盐缓冲液/mL	0.10	0.10	0.10	0.10	0.10
相当于丙酮酸实际含量/（μmol/L）	0	0.1	0.20	0.30	0.40
相当于丙氨酸氨基转移酶活力/卡门氏单位	0	28	57	97	150

各管混匀后置于 37 ℃水浴中 5 min，加 2,4-二硝基苯肼溶液 0.5 mL 混匀，置于 37 ℃水浴 20 min，取出，每管各加 0.4 mol/L NaOH 溶液 5.0 mL，于 30 min 内用波长 505 nm 比色，以蒸馏水校正零点和 100%，读取各管吸光度。以各管读数减去空白管（第一管）读数后，以各管吸光度为纵坐标，各管对应的单位数为横坐标绘制标准曲线，两者应呈直线关系。

不绘制标准曲线时，可做 28 卡门氏单位标准管，按下式计算结果：

$$\frac{\text{测定管吸光度}-\text{测定空白管吸光度}}{\text{标准管吸光度}-\text{试剂空白管吸光度}}\times 28= \qquad \text{（卡门氏单位）}$$

五、参考值

丙氨酸氨基转移酶活力：5～28 卡门氏单位。

六、注意事项

（1）赖氏法校正曲线所定的单位是用比色法的实验结果和卡门分光光度法实验结果作对比后求得的，结果以卡门氏单位表示。卡门氏单位定义：一定条件下，1 mL 血清能使 A_{340} 值下降 0.001 的转氨酶活性定为 1 个卡门氏单位。实验证明 97 卡门氏单位以下的标本线性良好，但为了使用方便，将校正曲线延长至 150 卡门氏单位。

（2）血清 ALT 在室温（25 ℃）可以保存 2 天，在 4 ℃冰箱中可保存 1 周，在－25 ℃可保存 1 个月。

(3) 一般不需要每一份标本都作自身的对照管,以试剂空白管代替已符合要求。但严重脂血症、黄疸及溶血血清可增加测定的吸光度;糖尿病酮症酸中毒患者血中因含有大量酮体,能与2,4-二硝基苯肼作用呈现特殊颜色,因此,检测此类标本时,应做血清标本对照管。

(4) 当血清标本酶活力超过150卡门氏单位时,应将血清用生理盐水稀释后重测,其结果乘以稀释倍数。

(5) 加入2,4-二硝基苯肼溶液后,应充分混合,使反应完全。加入NaOH溶液的方法要一致,不同的方法也会导致吸光度读数的差异。

(6) 底物中的α-酮戊二酸和2,4-二硝基苯肼均为呈色物质,称量必须很准确,每批试剂的空白管吸光度上下波动不应超过0.015,如超出此范围,应检查试剂及仪器等方面的问题。

(代传艳)

参考文献

CANKAOWENXIAN

[1] 郭劲霞.生物化学[M].北京:人民卫生出版社,2016.

[2] 陈慧玲.人体机能学基础与应用[M].武汉:华中科技大学出版社,2015.

[3] 高国全.生物化学[M].4版.北京:人民卫生出版社,2017.

[4] 吴伟平.生物化学[M].北京:北京出版社,2014.

[5] 陈辉,张雅娟.生物化学[M].2版.北京:高等教育出版社,2015.

[6] 蔡太生,张申.生物化学[M].北京:人民卫生出版社,2015.

[7] 程牛亮.生物化学[M].2版.北京:高等教育出版社,2011.

[8] 陈孝英.生物化学基础[M].2版.北京:科学出版社,2013.

[9] 刘观昌,马少宁.生物化学检验[M].4版.北京:人民卫生出版社,2015.

[10] 艾旭光,王春梅.生物化学基础[M].3版.北京:人民卫生出版社,2015.

[11] 何旭辉.生物化学[M].北京:人民卫生出版社,2012.

[12] 查锡良,药立波.生物化学与分子生物学[M].8版.北京:人民卫生出版社,2013.

[13] 于有江,王卉.正常人体功能[M].北京:人民卫生出版社,2016.

[14] 杨胜萍.生物化学[M].2版.北京:科学出版社,2017.

[15] 王懿,马贵平,郑弋萍.生物化学基础[M].武汉:华中科技大学出版社,2013.

[16] 王易振,何旭辉.生物化学[M].2版.北京:人民卫生出版社,2013.

[17] 刘义成,王娟.正常人体功能(临床案例版)[M].武汉:华中科技大学出版社,2016.

[18] 李敏艳,金徽.生物化学实验教程与学习指导[M].西安:西安电子科技大学出版社,2018.

[19] 何旭辉,吕世杰.生物化学[M].7版.北京:人民卫生出版社,2014.

[20] 张向阳,常陆林.生物化学[M].北京:中国医药科技出版社,2018.

[21] 余蓉.生物化学[M].2版.北京:中国医药科技出版社,2015.

[22] 莫小卫,方国强.生物化学基础[M].3版.北京:人民卫生出版社,2017.

[23] 府伟灵,徐克前.临床生物化学检验[M].5版.北京:人民卫生出版社,2012.

[24] 尹一兵,倪培华.临床生物化学检验技术[M].北京:人民卫生出版社,2015.

[25] 杜江.生物化学[M].2版.南京:东南大学出版社,2016.

[26] 田余祥.生物化学[M].3版.北京:高等教育出版社,2016.

[27] 高国全.生物化学[M].3版.北京:人民卫生出版社,2012.

[28] 查锡良.生物化学[M].7版.北京:人民卫生出版社,2013.
[29] 高国全.生物化学学习指导及习题集[M].2版.北京:人民卫生出版社,2015.
[30] 任颖.生物化学与分子生物学实验教程[M].北京:清华大学出版社,2012.
[31] 郭蔼光.基础生物化学[M].2版.北京:高等教育出版社,2009.